湖北水利水电职业教育品牌建设项目规划教材

湖北水利水电职业技术学院课程改革系列教材

发电厂电气设备

（修订本）

主　编　王春民　余海明

副主编　袁玉桃　张　磊

主　审　丁官元　吴　斌

黄河水利出版社

·郑州·

内 容 提 要

本书是湖北水利水电职业教育品牌建设项目规划教材、湖北水利水电职业技术学院课程改革系列教材之一,由湖北省财政重点支持,根据高职高专教育发电厂电气设备课程标准及工学结合教学要求编写完成。该课程是高等职业教育中电力技术类专业的一门主要专业课程,具有内容丰富、实践操作性强、应用广泛等特点。通过课程学习,学生能够掌握发电厂一次电气设备、电气主接线系统、高压配电装置等基本专业知识,具备电气设备操作、电气设备选型和安装接线等基本职业技能,为发电厂电气运行、电气检修等岗位培养高技能人才。

本书既可作为高职高专电力技术类专业学生的必修教材,也可供工程技术人员培训、查阅使用。

图书在版编目(CIP)数据

发电厂电气设备/王春民,余海明主编 .—郑州:黄河水利出版社,2017.8 (2024.1 修订本重印)

湖北水利水电职业教育品牌建设项目规划教材

ISBN 978-7-5509-1819-1

Ⅰ.①发⋯ Ⅱ.①王⋯ ②余⋯ Ⅲ.①发电厂–电气设备–高等职业教育–教材 Ⅳ.①TM621.7

中国版本图书馆 CIP 数据核字(2017)第 198834 号

组稿编辑:简群 电话:0371-66026749 E-mail:931945687@qq.com

出 版 社:黄河水利出版社 网址:www.yrcp.com
 地址:河南省郑州市顺河路黄委会综合楼 14 层 邮政编码:450003
发行单位:黄河水利出版社
 发行部电话:0371-66026940、66020550、66028024、66022620(传真)
 E-mail:hhslcbs@126.com
承印单位:河南承创印务有限公司
开本:787 mm×1 092 mm 1/16
印张:15.50
字数:360 千字 印数:4 501—6 000
版次:2017 年 8 月第 1 版 印次:2024 年 1 月第 4 次印刷
 2024 年 1 月修订本
定价:39.00 元

编审委员会

前　言

按照"湖北水利水电职业教育品牌建设项目"规划要求,发电厂及电力系统专业是该项目的重点建设专业之一。按照项目建设方案和建设任务书,通过开展广泛深入的校企合作,不断创新基于职业岗位能力的"一主线、二融合、三层次、四岗位"的人才培养模式,以学生职业能力培养贯穿整个专业人才培养全过程,构建基于职业岗位能力分析的工学结合课程体系,优化课程内容,创新教学模式,不断进行优质核心课程、精品资源共享课程、在线开放课程的建设。经过多年的探索和实践,已形成初步建设成果。为了巩固专业建设成果,进一步将其应用到教学之中,最终实现让学生受益,经学院审核,决定正式出版系列课程改革教材。

"发电厂电气设备"是高等职业教育中电力技术类专业的一门主要专业课程,该课程具有内容丰富、实践操作性强、应用广泛等特点。通过课程学习,学生能够掌握发电厂一次电气设备、电气主接线系统、高压配电装置等基本专业知识,具备电气设备操作、电气设备选型和安装接线等基本职业技能,为发电厂电气运行、电气检修等岗位培养高技能人才。本书既可作为高职高专电力技术类专业学生的必修教材,也可供工程技术人员培训、查阅使用。

为了不断提高教材内容质量,编者于2024年1月根据教学实践中发现的问题和错误,对全书进行了系统修订完善。

本书根据教育部审定的电力技术类主要专业课程的教学大纲编写。在教材编写过程中,参照相关行业标准,充分体现了职业岗位工作过程的知识和能力要求,融入了职业技能关键要素。本书在内容选取上,以校外实习基地湖北恩施天楼地枕水力发电厂为载体,将该电厂作为工程实例引入教材内容。在内容组织上,以学习情境来组织课程内容,全书共设置八个学习情境,每个学习情境与对应的工程实例相配套。教材中引入了湖北恩施天楼地枕水力发电厂电气一次主系统的相关设备技术数据、电气主接线、户内外配电装置等内容,充分体现了教材的工程性、实践性特点,符合职业教育的特色和要求。

本书由湖北水利水电职业技术学院王春民、余海明担任主编,湖北恩施天楼地枕水力发电厂袁玉桃、张磊担任副主编,并由湖北水利水电职业技术学院丁官元、吴斌担任主审。本书在拟订方案和编写过程中得到了湖北恩施天楼地枕水力发电厂总工程师刘凤珊同志及企业其他生产技术人员的大力支持,并提出了很多宝贵的修改意见,我们在此一并表示最诚挚的感谢!

由于时间仓促,加之水平有限,书中难免存在错误和不妥之处,恳请读者批评指正。

编 者

2024 年 1 月

本书配有丰富的图片和视频等资料,并配有
大量练习题,可实现扫二维码在线答题

目　录

学习情境一　发电厂概况

任务一　发电厂的基本类型

发电厂是电力系统的中心环节,它是把其他形式的一次能源转换成电能的工厂。按照所使用一次能源的不同,发电厂可以分为火力发电厂、水力发电厂、核能发电厂、风力发电厂、地热发电厂、太阳能发电厂等。我国目前主要采用的发电类型是水力发电和火力发电,地热能、核能、太阳能和风能等新型能源也正在研究和开发之中。

一、火力发电厂

火力发电厂是将煤、石油、天然气等燃料的化学能转换成电能的工厂。其工作原理是利用燃料燃烧的热能将锅炉中的水变成高温高压蒸汽,蒸汽推动汽轮机转子转动,汽轮机转动带动发电机转子旋转产生电能。其能量转换过程是:燃料的化学能首先通过锅炉转换成热能,热能进入汽轮机做功转换成机械能,最后通过发电机转换成电能。通常将锅炉、汽轮机和发电机称为火力发电厂的三大主机,其中汽轮机又被称为原动机。火力发电厂除使用汽轮机作为原动机外,有的直接使用柴油机、燃汽机作为原动机。

火力发电厂又分为凝汽式火力发电厂和供热式火力发电厂。

(一)凝汽式火力发电厂

凝汽式火力发电厂专供发电,通常称之为火电厂。图 1-1 所示是凝汽式火力发电厂的生产过程示意图。从图中可以看出,在汽轮机中已做功的蒸汽进入汽轮机末端的凝结器,在凝结器中被冷却水还原为水,然后送回锅炉。因此,大量的热量被冷却水带走,使得热效率只有 30%~40%。一般情况下,大容量的凝汽式火力发电厂宜建在燃料基地及其附近,通常被称为坑口电站。

(二)供热式火力发电厂

供热式火力发电厂既生产电能,又向热用户供给热能,通常称热之为电厂。它与凝汽式火力发电厂的不同之处在于:它将汽轮机中已做功的一部分蒸汽,从汽轮机中段抽出供给热能用户,或者将抽出的蒸汽经热交换器把水加热后,将热水供给用户。由于减少了进入凝结器的排汽量,也就减少了被冷却水带走的热量,热效率可达 60%~70%。考虑到压力和温度参数的要求,热电厂宜建在热能用户附近。

二、水力发电厂

水力发电厂是将水流的位能和动能转换为电能的工厂。它是利用水流的能量推动水

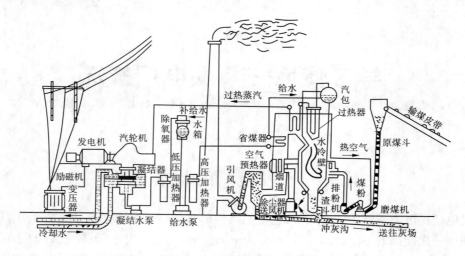

图 1-1 凝汽式火力发电厂的生产过程示意图

轮机转动,再带动发电机发电。其能量转换过程是:水轮机将水流的位能和动能转换为机械能,再通过发电机将机械能转换为电能。水电厂的装机容量与水头、流量及水库容积有关。按集中落差的方式,水力发电厂一般分为堤坝式、引水式和混合式三种;按主厂房的位置和结构又可分为坝后式、坝内式、河床式、地下式等数种;按运行方式不同又可分为有调节水电厂、无调节(径流式)水电厂和抽水蓄能水电厂。

下面介绍几种典型的水力发电厂。

(一)堤坝式水力发电厂

在河流的适当位置上修建拦河水坝,形成水库,抬高上游水位,利用坝的上下游水位形成的较大落差引水发电。堤坝式水力发电厂又可分为坝后式和河床式两种。

坝后式水力发电厂的厂房建筑在大坝的后面,不承受水头压力,全部水头压力由坝体承受。由压力水管将水库的水引入厂房,推动水轮发电机组发电。这种发电方式适合于高中水头的情况。坝后式水力发电厂示意图如图 1-2 所示。

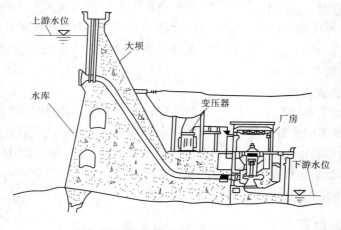

图 1-2 坝后式水力发电厂示意图

河床式水力发电厂的厂房和大坝连成一体,厂房是大坝的一个组成部分,要承受水的压力,因厂房修建在河床中,故称为河床式。这种发电方式适合于中低水头的情况。河床式水力发电厂示意图如图1-3所示。

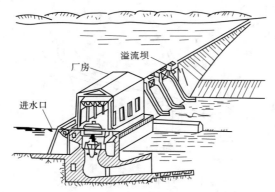

图1-3　河床式水力发电厂示意图

(二)引水式水力发电厂

引水式水力发电厂建在山区水流湍急的河道上,或河床坡度较陡的地方,由引水渠形成水头,压力水经引水管道引入厂房,一般不需要修坝或只修低堰。这种发电方式适用于水头比较高的情况。引水式水力发电厂示意图如图1-4所示。

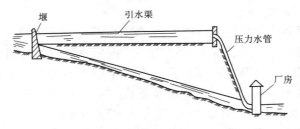

图1-4　引水式水力发电厂示意图

(三)抽水蓄能水电厂

有一种特殊形式的水电厂既可蓄水又可发电,称之为抽水蓄能水电厂。抽水蓄能水电厂由高落差的上下两个水库和具备水轮机－发电机或电动机－水泵两种工作方式的可逆机组组成。抽水蓄能水电厂示意图如图1-5所示。

当电力系统处于高负荷、电力不足时,机组按水轮机－发电机方式运行,使上游水库储蓄的水用于发电,发电后的水流入下游水库,以满足系统调峰的需要。当系统处于低负荷时,系统尚有富余的电力,此时机组按电动机－水泵方式运行,将下游水库的水抽到上游水库中储存起来,以便负荷高峰时或枯水时发电。此外,抽水蓄能水电厂还可以作系统的备用容量,具有调频、调相等用途。

三、其他类型电厂

除以上两种主要的能源用于发电外,还有其他形式的一次能源被用来发电,如风力发电、太阳能发电、地热发电、潮汐发电等,这些发电方式在我国都有极其广阔的发展前景。

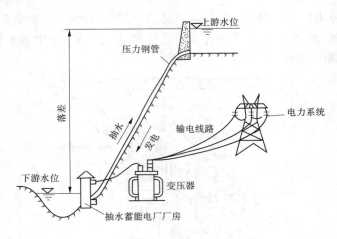

图 1-5　抽水蓄能水电厂示意图

核电厂是利用核燃料在反应堆中产生热能,将水变为高温高压蒸汽推动汽轮机组发电的电厂。核电厂一般建在自然资源匮乏的地区。核电机组与普通火力发电机组不同的是,以核反应堆和蒸汽发生器代替了锅炉设备,而汽轮机和发电机部分则基本相同。

风力发电厂是利用风力推动风车,风车带动发电机旋转来发电的。由于受自然条件的影响较大,风力发电运行很不稳定,功率也不稳定。我国最大的风电场是新疆达坂城风电场,总装机容量 5.75 万 kW。

太阳能发电已有近半个世纪的历史了,主要有太阳光和太阳热两种发电方式。太阳光发电是利用光电池将太阳光直接转换成电能。太阳热发电是利用太阳辐射转换成热能,再转换为机械能发电。1985 年,我国第一座太阳能光电站在甘肃省榆中县园子乡胜利建成并正式运转发电。这台太阳能光电装置由 224 块多晶硅光电池组、框架、蓄电池组、直流交流交换器及供电控制系统组成,额定功率为 10 kW。

地热发电厂是利用地下蒸汽或热水的热量来发电的电厂。一般地下热水温度不太高,所以需要采用减压扩容和低沸点工质才能使汽轮机做功。我国目前较大的地热发电厂是西藏拉萨的羊八井地热发电厂,总装机容量 25 180 kW。

潮汐发电厂是利用潮汐有规律的涨落时海水水位的升降使海水通过水轮发电机组来发电的,原理和水电厂类似。潮汐发电厂宜建在出口较浅窄的河口段或有大容量区的海岸,这种地形的筑坝工作量小,发电能力大。我国第一座潮汐发电站是 1980 年建成的、位于浙江省乐清湾的江厦潮汐电站,总装机容量 3 200 kW。

任务二　电气设备概述

一、电气设备的分类

为了满足用户对电力的需求,保证电力系统运行的安全稳定和经济性,发电厂通常装设有各种电气设备,按照功能不同可分为电气一次设备和电气二次设备。

（一）电气一次设备

直接参与生产、输送、分配和使用电能的电气设备称为电气一次设备，它通常包括以下几类。

1. 生产和转换电能的设备

如发电机、变压器、电动机等设备，其中的发电机和主变压器简称为发电厂的主机、主变。

2. 接通和断开电路的开关设备

这类电器用于电路的接通和开断。按其作用及结构特点，开关电器又分为以下几种：

（1）断路器。它不仅能接通和开断正常的负荷电流，也能关合和开断短路电流。它是作用最重要、结构最复杂、功能最完善的开关电器。

（2）熔断器。它不能接通和开断负荷电流，被设置在电路中专用于开断故障短路电流，切除故障回路。

（3）负荷开关。它允许带负荷接通和开断电路，但其灭弧能力有限，不能开断短路电流。将负荷开关和熔断器串联在电路中使用时相当于断路器的功能。

（4）隔离开关。它主要用于设备或电路检修时隔离电源，形成一个可见的、足够的空气间距。

按照功能可将开关电器分为保护电器、操作电器和隔离电器三类。其中，断路器既是保护电器，又是操作电器；熔断器是保护电器；负荷开关为操作电器，有时也兼作隔离电器；隔离开关是隔离电器。

3. 电抗器和避雷器

电抗器主要用于限制电路中的短路电流，避雷器则用于限制电气设备的过电压。

4. 载流导体

该类设备有母线、绝缘子和电缆等，用于电气设备或装置之间的连接，通过强电流，传递功率。母线是裸导体，需要用绝缘子支持和绝缘。电缆是绝缘导体，并具有密封的封包层以保护绝缘层，外面还有铠装或塑料护套以保护封包。

5. 互感器

互感器分为电流互感器和电压互感器等，分别将一次侧的大电流或高电压按变比转换为二次侧的小电流或低电压，以供给二次回路的测量仪表或继电器等。

6. 接地装置

接地装置指埋入地下的金属接地体或接地网。主要作用是防止人身遭受电击、设备和线路遭受损坏，预防火灾和防止雷击，保障电力系统正常运行。

（二）电气二次设备

电气二次设备是指对电气一次设备和系统的运行状况进行测量、控制、保护和监察的设备。

1. 测量表计

如电压表、电流表、功率表、电能表、频率表等，用于测量一次电路中的电气参数。

2. 继电保护及自动装置

如各种继电器和自动装置等，用于监视一次系统的运行状况，迅速反映不正常情况并进行调节，或作用于断路器跳闸，切除故障。

3. 直流设备

如直流发电机、蓄电池组、硅整流装置等,为保护、控制和事故照明等提供直流电源。

电气二次设备不直接参与电能的生产和分配过程,但对保证一次设备正常、有序的工作和发挥其运行经济效益起着十分重要的作用。

二、电气设备的额定参数

用来表明电气设备在一定条件下长期工作最佳运行状态的特征量的值叫作额定参数。各类电气设备的额定参数主要有额定电压、额定电流和额定容量。

(一)额定电压

额定电压是国家根据经济发展的需要、技术经济的合理性、制造能力和产品系列性等各种因素规定的电气设备的标准电压等级,即电气设备铭牌上所规定的标称电压。电气设备在额定电压下运行时,能保证最佳的技术性能与经济性。

为了使电气设备实现标准化和系列化生产,国家统一规定了标准电压系列。我国规定的额定电压,按电压高低和使用范围分为以下三类。

1. 第一类额定电压

第一类额定电压是指 100 V 及以下的电压等级,主要用于安全照明、蓄电池及开关设备的直流操作电压。直流电压等级有 6 V、12 V、24 V、48 V 等,交流电压等级有 12 V、36 V 等。

2. 第二类额定电压

第二类额定电压是指 100~1 000 V 的电压等级,这类额定电压应用最广、数量最多,主要用于动力、照明、家用电器和控制设备等。直流电压等级有 110 V、220 V、400 V 等,交流电压等级有 220 V、380 V 等。

3. 第三类额定电压

第三类额定电压是指 1 000 V 及以上的高电压等级,主要用于电力系统中的发电机、变压器、输配电设备和用电设备等。第三类额定电压如表 1-1 所示。

表 1-1　第三类额定电压　　　　　　　　　　(单位:kV)

用电设备与电网额定电压	交流发电机	变压器		设备最高工作电压
		一次绕组	二次绕组	
3	3.15	3 及 3.15	3.15 及 3.3	3.5
6	6.3	6 及 6.3	6.3 及 6.6	6.9
10	10.5 13.8 15.75 18 20	10 及 10.5 13.8 15.75 18 20	10.5 及 11	11.5
35		35	38.5	40.5
60		60	66	69
110		110	121	126
220		220	242	252

续表1-1

用电设备与 电网额定电压	交流发电机	变压器		设备最高工作电压
		一次绕组	二次绕组	
330		330	363	363
500		500	550	550
750		750	825	825
1 000		1 000	1 100	1 100

（二）额定电流

电气设备的额定电流是指周围介质在额定温度时,其绝缘和载流导体及其连接线的长期发热温度不超过极限值所允许长期通过的最大电流值。当设备周围的环境温度不超过周围介质的额定温度时,按照电气设备的额定电流工作,设备有正常的使用寿命。

我国采用的周围介质额定温度如下:

（1）电力变压器和大部分电器的额定周围空气温度为 40 ℃,少数电器的额定周围空气温度为 35 ℃。

（2）开启式空气冷却的发电机进入机内的额定空气温度为 35 ~ 40 ℃。

（3）敷设在空气中的母线、电缆和绝缘导线等的额定空气温度为 30 ℃或 25 ℃。

（4）埋设地下的电力电缆的额定泥土温度为 25 ℃或 15 ℃。

（三）额定容量

额定容量的规定条件与额定电流相同。变压器的额定容量用视在功率值(kVA)表示,表明最大一相绕组的容量;发电机的额定容量可以用视在功率值(kVA)表示,但常用有功功率值(kW)表示,这是因为发电机的原动机(汽轮机、水轮机等)和电动机的负载多用有功功率值表示。电动机的额定容量通常用有功功率值(kW)表示,以便与它拖动的机械设备的额定容量相比较。用有功功率值表示额定容量时,还必须表示出其额定功率因数。

任务三　电气设备的符号表示方法

实际生产中,发电厂、变电所工程的电气接线是靠电气图纸来表示的,电气图纸是电气工程的共同语言,它对于电气工程设计、安装、制造、试验、运行维护和生产管理等都是不可缺少的。

为了表达、传递和沟通信息,电气工程图纸必须按照统一的标准和规定绘制。而图形符号、文字符号和连接线则是电气图纸的三个要素。

图形符号是用于表示电气图中电气设备、装置、元器件的一种图形和符号。文字符号是电气图中电气设备、装置、元器件的种类字母和功能字母代码。文字符号分为基本文字符号和辅助文字符号两种,文字符号的字母应采用大写的拉丁字母。常用电气一次设备的图形符号和文字符号如表1-2所示。

表 1-2　常用电气一次设备的图形符号和文字符号

名称	图形符号	文字符号	名称	图形符号	文字符号
交流发电机		G	负荷开关		QL
电动机		M	普通电抗器		L
调相机		G	分裂电抗器		L
双绕组变压器		T	接触器的主动合、主动断触头		KM
三绕组变压器		T	母线、导线和电缆		W
三绕组自耦变压器		T	电缆终端头		—
隔离开关		QS	接地		E
接地刀闸		QS	带电显示器		XJ
熔断器		FU	电容器		C
跌落式熔断器		FU	双绕组、三绕组电压互感器		TA
手车式断路器		QF	具有一个铁芯和一个二次绕组、一个铁芯和两个二次绕组的电流互感器		TV
断路器		QF	避雷器		F
消弧线圈		L	火花间隙		F

　　电气图识读时应首先读懂标题栏、技术说明、图形、元件明细,从整体到局部、从电源到负荷、从主电路到辅助电路,按顺序读图。

　　识读电气图的基本要求如下:

　　(1)从简到繁、循序渐进。

(2)具备相关电工、电子技术的基础知识。

(3)熟记会用电气图形符号和文字符号。

(4)熟悉各类电气图的典型电路。

(5)掌握各类电气图的绘制特点。

(6)了解涉及电气图的有关标准和规程。

工程实例

一、天楼地枕水电厂

（一）"天楼地枕"名称的来历

"天楼地枕"位于恩施市屯堡乡桥坡河大桥下约50 m处,属恩施清江画廊八景之一,位于著名风景区恩施大峡谷的入口,峰岭奇峻,山翠水绿,朝晚美景入眼,犹如天然水墨画。

远古时代,群山隔绝,人们常把江河分段叫名,桥坡河就是清江在姚家坪、肖家坪、仓坪、桥坡这段的称谓。桥坡,顾名思义有桥,《恩施县志·津梁》载:"藤桥,在县北桥坡河之北,有藤四枝,纽结成桥,长数丈,里人呼为天藤桥。"天楼地枕的"天"字大概就是缘出于此。据老人们讲,其藤为牛麻藤,从河的一边长到彼岸,有的藤条落地生根,人们可以从藤上过河。于是土家人就有了在这水急滩险的清江上架桥的构想,从大山里砍回桥枕,在藤上密密地横铺一层,便成了原始的桥。后来,桥上走的人越来越多了,乡民们又在桥上搭起木架,让牛麻藤的藤条长满木架,如同葡萄架一样形成了天然的凉亭,过桥者晴天可歇凉,雨天可避雨。前清时期一位秀才在此桥上乘凉时,看到桥上凉亭如天楼,藤桥上垫木铺土如地枕,桥下巨石间翻滚的巨浪,便咏对联一副:天藤纽结,架鹊桥亭楼;地维系缀,寄黄梁木枕。上联藏天楼,下联藏地枕。上联写天楼之高,可以用纽结的藤子搭建"鹊桥"通往银河。下联写天楼之伟,可以做地维把大地缀住。一个富有诗意的"天楼地枕"之名,就这样诞生了!

（二）天楼地枕水电厂概况

天楼地枕水电厂位于恩施市屯堡乡车坝村境内,建在水流湍急的清江干流河道上,是清江干流上游的一座径流引水式水电厂,由引水渠形成水头,压力水经引水管道引入厂房内。

水电厂由取水建筑物(低拦栅坝、大坝进水闸、大坝放空闸)、引水建筑物(明渠、隧洞、渡槽)、其他建筑物(冲砂闸、节制闸)、前池、压力管道、厂房、升压站及高压输电线路等组成。

引水坝控制流域面积1 906 km²,多年平均来水量17.66亿 m³,多年平均流量56 m³/s,设计引用流量42 m³/s。渠道全长6 336 m,前池正常高水位567 m,设计水头80.2 m。

水电厂装机容量2.52万 kW(4台发电机组,每台发电机组单机容量6 300 kW),设计年发电量1.34亿 kWh,年利用小时数5 324 h。1987年12月5日开工建设,1994年1月25日全部机组正式投产发电。

水电厂一次主接线 110 kV 为单母带旁路母线接线方式,以一条 110 kV 坝天线路与 220 kV 龙凤坝变电站接入大电网系统。

二、天楼地枕水电厂的电气设备

天楼地枕水电厂在生产运行过程中,有各种电气设备参与生产、转换、控制、调节、保护、测量等各个环节,这里主要认识发电生产环节中的一些电气一次设备和电气二次设备。

(一)电气一次设备

1. 生产和转换电能的设备

(1)发电机。型号:SF6300 – 10/2600。额定出力 6 300 kW,双路并联波绕组,转子磁极 5 对。微机可控硅静止励磁装置,自并励方式。1#、2#、3#、4# 发电机具体参数见表1-3。

表1-3　1#、2#、3#、4# 发电机具体参数

型号	SF6300 – 10/2600	技术标准	GB 7894—87
额定功率	7 875(8 750)kVA	额定励磁电压	121(100)V
额定电流	722(802)A	额定励磁电流	480(505)A
额定功率因数	0.8　滞后	定子、转子绝缘等级	B/F
额定频率	50 Hz	定子接法	双路并联波绕组 Y 型
相数	3 相	允许温升	70 ℃
额定电压	6 300 V	磁极个数	10 个
短路比	不小于 1	转子型式	凸极式
额定转速	600 r/min	同步电抗	1.1(1.16)
飞逸转速	1 260 r/min	电机总重	52.5 t
出品编号	G90 – 07	出厂年月	1990 年 9 月
冷却形式	密闭自循环风冷	制造厂家	昆明电机厂
次暂态电抗	0.21(0.22)		

(2)主变压器。型号:SFL7 – 20000/110。额定容量 20 000 kVA,电压等级 6.3 kV/121 kV,接线组别 YN,d11,油浸风冷式结构。主变压器具体参数见表1-4。

表1-4　主变压器具体参数

型号	SFL7 – 20000/110	额定容量	20 000 kVA
频率	50 Hz	接线组别	YN,d11
高压侧额定电压	121 kV	低压侧额定电压	6.3 kV
高压侧额定电流	95.4 A	低压侧额定电流	1 833 A
阻抗电压	10.1%	空载电流	0.409%
空载损耗	22.3 kW	负载损耗	98.6 kW
+5% 抽头额定电压	127.05 kV	+5% 抽头额定电流	90.9 A

续表 1-4

+2.5% 抽头额定电压	124.02 kV	+2.5% 抽头额定电流	93.1 A
−2.5% 抽头额定电压	117.98 kV	−2.5% 抽头额定电流	97.9 A
−5% 抽头额定电压	114.95 kV	−5% 抽头额定电流	100 A
冷却方式	油浸风冷式	风扇个数	10 个
风扇额定电压	380 V	风扇额定电流	0.65 A
风扇转速	1 450 r/min	风量	4 200 m³/h
风压	10.5 mmHg	风扇直径	410 mm
绝缘水平	LI480AC200 − LI250AC95/LI60AC25	变压器油	25 号
出厂序号	A907L06	套管型号	TWBR − 110/630 低压 T5021
生产厂家	保定变压器厂	生产日期	1990 年 9 月

（3）厂用变压器。型号：S7 − 315/10。额定容量 315 kVA，电压等级 6.3 kV/0.4 kV，接线组别 Y,yn0，油浸自冷式。厂用变压器具体参数见表 1-5。

表 1-5　厂用变压器具体参数

型号	S7 − 315/10	额定容量	315 kVA
频率	50 Hz	接线组别	Y,yn0
使用条件	户外	冷却方式	油浸自冷式
高压侧额定电压	6.3 kV	低压侧额定电压	0.4 kV
高压电流	28.9 A	低压电流	454.7 A
阻抗电压	3.96%	油重	245 kg
器身重	740 kg	总重	1 285 kg
+5% 抽头额定电压	6.615 kV	−5% 抽头额定电压	5.985 kV
空载损耗	740 W	负载损耗	4 717 W
出厂序号	900335	变压器油	25 号
生产厂家	武汉变压器厂	生产日期	1990 年 4 月

（4）近区变压器。型号：S9 − 630/10。额定容量 630 kVA，电压等级 10 kV/6.3 kV。近区变压器具体参数见表 1-6。

（5）励磁变压器。型号：TST 型。额定容量 160 kVA，电压等级 6 300 V/212 V，接线组别 D,y11，油浸自冷式。

2. 接通和断开电路的开关设备

（1）Ⅰ段高压间、Ⅱ段高压间 6.3 kV 真空断路器。

表1-6 近区变压器具体参数

型号	S9－630/10	额定容量	630 kVA
频率	50 Hz	接线组别	Y,d11
使用条件	户外	冷却方式	油浸自冷式
高压电压	10 kV	低压电压	6.3 kV
高压电流	36.37 A	低压电流	57.7 A
阻抗电压	4.61%（75 ℃时）	油重	245 kg
器身重	740 kg	总重	1 285 kg
+5% 抽头额定电压	10.5 kV	－5% 抽头额定电压	9.5 kV
空载损耗	1.1 kW	负载损耗	6.69 kW
出厂序号	01070827	变压器油	25 号
生产厂家	宜昌鲁能瑞华昌耀电气有限公司	生产日期	2001 年 7 月

(2) Ⅰ段高压间、Ⅱ段高压间 6.3 kV 隔离开关。

(3) 开关站 110 kV 六氟化硫断路器。

(4) 开关站 110 kV 户外隔离开关。

3. 保护设备

(1) Ⅰ段高压间、Ⅱ段高压间 6.3 kV 避雷器。

(2) 主变出线侧、中性点侧避雷器。

(3) 开关站 110 kV 避雷器。

4. 载流导体(母线、电缆)

(1) 开关站 110 kV 主母线、旁母线。

(2) 110 kV 架空出线。

(3) Ⅰ段高压间、Ⅱ段高压间 6.3 kV 主母线。

(4) 高、低压电缆。

5. 互感器设备

(1) 发电机出口侧电压互感器、电流互感器。

(2) Ⅰ段高压间、Ⅱ段高压间 6.3 kV 母线电压互感器、电流互感器。

(3) 开关站 110 kV 母线电压互感器、电流互感器。

6. 接地装置

(1) 开关站 110 kV 接地刀闸接地装置。

(2) 主变中性点侧接地装置。

(3) Ⅰ段高压间、Ⅱ段高压间 6.3 kV 开关柜接地装置。

(二)电气二次设备

1. 测量、继电保护及自动装置

(1) 水轮机层自动化屏(共 14 块)。

1#机(天 71 开关)保护测控屏。

2#机(天 72 开关)保护测控屏。

3#机(天73开关)保护测控屏。

4#机(天74开关)保护测控屏。

公用屏。

6.3 kV高周切机(天71、天72、天73、天74)屏。

1F、2F、3F、4F励磁功率柜。

1F、2F、3F、4F励磁调节柜。

(2)发电机层现地控制屏(共12块)。

1F、2F、3F、4F蝴蝶阀控制柜。

天1F、2F、3F、4F制动测温屏。

天1F、2F、3F、4F机组自动化屏。

(3)中央控制室计量、保护、测控屏(共10块)。

110 kV线路、旁路(天12、天13开关)保护测控屏。

1#主变(天11开关)保护测控屏。

2#主变(天14开关)保护测控屏。

110 kV母线(天11、天12、天13、天14开关)保护屏。

6.3 kV Ⅰ段母线(天71、天72、天75、天77、天11开关)保护屏。

6.3 kV Ⅱ段母线(天73、天74、天76、天78、天14开关)保护屏。

厂B、近区B(天75、天76、天77、天78开关)保护测控屏。

电度表屏。

通信屏。

视频监控屏。

2. 直流设备

PZ61 - Z1号整流器屏(Ⅰ段整流器屏)。

PZ61 - Z2号整流器屏(Ⅱ段整流器屏)。

PZ61 - K直流馈电屏(Ⅰ段直流馈电屏)。

PZ61 - K直流馈电屏(Ⅱ段直流馈电屏)。

PZ61 - D蓄电池屏(Ⅰ段1#蓄电池屏)。

PZ61 - D蓄电池屏(Ⅰ段2#蓄电池屏)。

PZ61 - D蓄电池屏(Ⅱ段3#蓄电池屏)。

PZ61 - D蓄电池屏(Ⅱ段4#蓄电池屏)。

三、天楼地枕水电厂的电气主接线图

图1-6是天楼地枕水电厂的电气主接线图,该电气主接线图中各电气一次设备按照统一的标准和规定绘制,电气主接线中各图形符号所对应的电气一次设备的名称如图1-6所示。

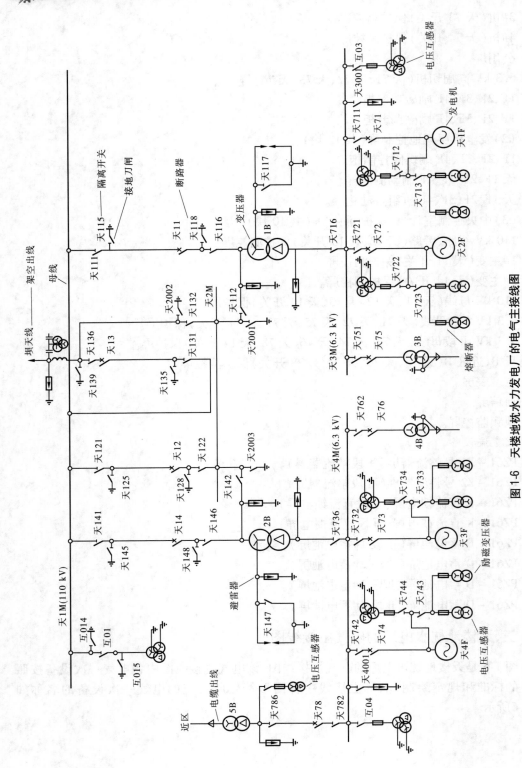

图 1-6 天楼地枕水力发电厂的电气主接线图

思考题

1. 熟记常用电气一次设备名称及图形符号和文字符号。
2. 会画常用电气一次设备图形符号。
3. 什么叫电气一次设备和电气二次设备？
4. 什么叫电气设备的额定电压、额定电流？
5. 按照所使用的一次能源不同分类,发电厂的类型有哪些？
6. 简要说明火力发电厂的生产过程。
7. 简要说明水力发电厂的生产过程。

学习情境二　发电厂中性点运行方式

任务一　中性点不接地系统

电力系统的中性点是指绕组作星形连接的变压器或发电机的中性点。这些中性点的运行方式主要有三种,即中性点不接地运行方式、中性点经消弧线圈接地运行方式和中性点直接接地运行方式。采用中性点不接地运行方式和中性点经消弧线圈接地运行方式的系统称为小电流接地系统,采用中性点直接接地运行方式的系统称为大电流接地系统。

电力系统中性点的运行方式对电力系统的设计和运行均有多方面的影响。系统中性点运行方式不同,对运行的可靠性、电气设备的绝缘、通信的干扰以及继电保护等各方面的影响和要求也不一样。

中性点不接地系统又称中性点绝缘系统。下面分别分析中性点不接地系统的正常运行和单相接地故障运行两种情况。

一、正常运行

中性点不接地系统正常运行时,其电路如图 2-1(a)所示。为了分析方便,假设该三相系统完全对称,即各相电压 $\dot{U}_a$、$\dot{U}_b$、$\dot{U}_c$ 对称,其大小均为 U_{xg}。将三相对地分布电容分别用集中电容 C_A、C_B、C_C 表示,若线路经过完整的换位后,各相线路对地电容相等,即 $C_A = C_B = C_C = C$,各相之间的电容和由它们所决定的电流不影响以下分析,不予考虑。因此,各相对地的电容电流是对称的,且各相对地电容电流的大小为

$$I_{ca} = I_{cb} = I_{cc} = I_{co} = \frac{U_{xg}}{X_C} = \omega C U_{xg} \tag{2-1}$$

式中　U_{xg} ——系统的相电压,kV;

　　　ω ——角频率,rad/s;

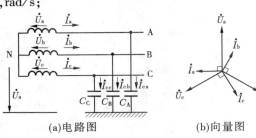

(a)电路图　　　　(b)向量图

图 2-1　中性点不接地系统的正常工作状态

C——各相对地电容,F。

假设线路为空载状态。正常运行时,三相电流 $\dot{I}_a$、$\dot{I}_b$ 和 $\dot{I}_c$ 分别为很小的接地电容电流 $\dot{I}_{ca}$、$\dot{I}_{cb}$ 和 $\dot{I}_{cc}$,其大小相等,相位超前于相应的相电压90°,它们的向量如图2-1(b)所示。

由此可见,当电源和负载完全对称时,地中没有电容电流通过,中性点对地电压为零,即 $\dot{U}_n = 0$。这说明系统正常运行时,中性点电位与地电位一致。在这种情况下,中性点接地与否不影响各相对地电压。

二、单相接地故障运行

在中性点不接地系统中,当发生单相完全接地(亦称金属性接地,即接地电阻为零)时,故障相对地的电压为零,中性点对地电压变为相电压,非故障相的对地电压值升高 $\sqrt{3}$ 倍,即变为系统的线电压。

以 C 相发生完全接地为例进行分析。如图2-2(a)所示,C 相对地电压等于零,故中性点对地电压 $\dot{U}_n$ 等于 C 相电压反号,即 $\dot{U}_n = -\dot{U}_c$。A 相对地电压设为 $\dot{U}'_a$,则 $\dot{U}'_a$ 等于 A 相电压加中性点对地电压,即 $\dot{U}'_a = \dot{U}_a - \dot{U}_c$。B 相对地电压设为 $\dot{U}'_b$,同理 $\dot{U}'_b = \dot{U}_b - \dot{U}_c$。

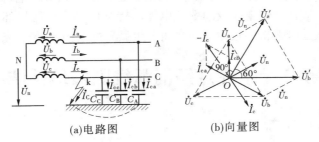

(a)电路图 (b)向量图

图2-2 中性点不接地系统的单相接地状态

由图2-2(b)可见,$U'_a = U'_b = \sqrt{3} U_{xg}$,$\dot{U}'_a$ 和 $\dot{U}'_b$ 之间的夹角为60°。由此可见,A、B 两相对地电压升高了 $\sqrt{3}$ 倍,即等于系统线电压。

正常运行时各相对地电容电流对称。发生单相接地故障后,C 相电容被短接,$I_{cc} = 0$。于是接地点流过的电流是 A 相和 B 相的对地电容电流之和,并经 C 相导线形成回路。因为非故障相对地电压升高了 $\sqrt{3}$ 倍,所以这两相的对地电容电流也相应增大 $\sqrt{3}$ 倍,即 $I_{ca} = I_{cb} = \sqrt{3} I_{co}$,其中 $I_{co} = \omega C U_{xg}$。假设电流的正方向是由电源到电网,则可得出通过 C 相接地点的电流(简称接地电流)为 $\dot{I}_C = -(\dot{I}_{ca} + \dot{I}_{cb})$。

如图2-2(b)所示,$\dot{I}_{ca}$ 和 $\dot{I}_{cb}$ 分别超前于 $\dot{U}'_a$ 和 $\dot{U}'_b$ 90°,$\dot{I}_{ca}$ 和 $\dot{I}_{cb}$ 两电流之间的夹角是60°,经向量相加,可知其绝对值为

$$I_C = \sqrt{3} I_{ca} = 3I_{co} = 3\omega C U_{xg} \tag{2-2}$$

由式(2-2)可知,单相接地时,通过接地点的电容电流等于正常运行时一相对地电容电流的3倍。接地电流 I_C 的值与系统的电压、频率和相对地电容有关,而相对地电容与网络的结构、线路的长度等因素有关。实际计算中,单相接地电流可用下式作近似计算:

$$\begin{cases} \text{架空线路} \quad I_C = \dfrac{UL}{350} \quad (A) \\[3mm] \text{电缆线路} \quad I_C = \dfrac{UL}{10} \quad (A) \end{cases} \qquad (2\text{-}3)$$

式中　U——系统的线电压,kV;

　　　L——电压为 U 的具有电联系的线路总长度,km。

当架空线路上装设有避雷线时,I_C 值约增大 20%。

当故障相发生不完全接地,即经过一定电阻接地时,由图 2-2(b)可知,故障相对地的电压值大于零而小于相电压,非故障相对地的电压值则大于相电压而小于线电压,此时,接地电流比完全接地时小些。

综上所述,在中性点不接地系统中,当发生单相完全接地时,情况如下:

(1)故障相对地电压为零,非故障相对地电压升高到线电压。因此,在这种系统中,相对地的绝缘水平应该按照线电压来考虑。

(2)各线电压大小和相位维持不变,三相系统的平衡没被破坏,可以继续运行一段时间,但为了防止事故扩大,应尽快消除故障。允许继续运行的时间最多不得超过 2 h。

(3)接地点通过的电流为电容性电流,其数值为正常时一相对地电容电流的 3 倍,该电流容易在接地点形成持续性电弧或间歇性电弧。持续性电弧可能烧坏设备,引发相间短路,扩大事故,间歇性电弧将导致相与地之间产生弧光过电压,危及设备绝缘。

任务二　中性点经消弧线圈接地系统

一、消弧线圈的工作原理

在中性点不接地系统中,当发生单相完全接地时,如果接地点单相接地电流较大、产生的电弧不能自行熄灭,往往在变压器或发电机的中性点与大地之间接入消弧线圈来减小接地电流,这种方式称为中性点经消弧线圈接地系统,如图 2-3(a)所示。

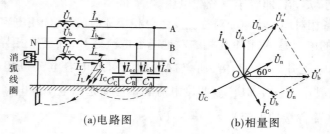

(a)电路图　　　　　　(b)相量图

图 2-3　中性点经消弧线圈接地系统

正常工作时,系统电源对称,三相对地电容值相等,则中性点对地电位为零,此时消弧线圈中无电流通过。

当某一相(如 C 相)发生金属性接地时,中性点电位升高为相电压,作用在消弧线圈两端的电压正是地对中性点的电压 $\dot{U}_C$。此时,接地点通过的电流为 $\dot{I}_C + \dot{I}_L$。其中,$\dot{I}_C$ 是单相接地电容电流,超前于 $\dot{U}_{\mathrm{C}}$ $90°$,其大小为 $I_{\mathrm{C}} = 3\omega C U_{\mathrm{xg}}$;$\dot{I}_{\mathrm{L}}$ 是消弧线圈电感电流,滞后于 $\dot{U}_{\mathrm{C}}$ $90°$,其大小为 $I_{\mathrm{L}} = \dfrac{U_{\mathrm{xg}}}{\omega L}$,其相位关系如图 2-3(b)所示。可见,$\dot{I}_{\mathrm{L}}$ 和 $\dot{I}_{\mathrm{C}}$ 两者相差 $180°$,在接地点起相互抵消的作用,即补偿作用。如果适当选择消弧线圈的电感值 L,改变消弧线圈电感电流 I_{L} 值的大小,就可使接地点的电流变得很小甚至等于零。这样,接地点的电弧就会很快自动熄灭。

根据消弧线圈的电感电流对接地电容电流的补偿的程度不同,可分以下三种补偿方式。

(一)全补偿

当 $\dfrac{1}{\omega L} = 3\omega C$ 时,$I_{\mathrm{L}} = I_{\mathrm{C}}$,此时接地点电流为零,这种补偿方式称为全补偿。从消弧的观点看,全补偿最好。但实际上并不采用这种补偿方式,因为在正常运行时,由于某些原因,如电网三相对地的电容并不完全相等,或断路器操作时三相触头不能同时闭合等,造成电网三相不对称,中性点出现一定的电压时,可能引起串联谐振过电压,危及电网的绝缘。

(二)欠补偿

当 $\dfrac{1}{\omega L} < 3\omega C$ 时,$I_{\mathrm{L}} < I_{\mathrm{C}}$,此时接地点还有未补偿的电容性电流,这种补偿方式称为欠补偿。在一般系统中,欠补偿方式较少采用。因为系统在欠补偿方式运行的情况下,由于某些原因,如系统频率降低,或在检修、事故情况下切除部分线路等,均有可能使欠补偿变成全补偿,以致出现串联谐振过电压。

(三)过补偿

当 $\dfrac{1}{\omega L} > 3\omega C$ 时,$I_{\mathrm{L}} > I_{\mathrm{C}}$,此时接地点还有多余的电感性电流,这种补偿方式称为过补偿。过补偿可避免产生谐振过电压,因此得到广泛采用。在过补偿方式下,接地点流过的电感性电流不能过大,否则故障点的电弧不能可靠地自动熄灭。

中性点经消弧线圈接地系统,可使接地点的电流减小,这也就减小了单相接地时产生弧光接地过电压和发展为多相短路的可能性。运行经验证明,这种系统发生单相接地时,可以继续运行一段时间(一般不超过 2 h),以便运行人员采取措施,查出故障点,消除故障,保证系统安全运行。

中性点经消弧线圈接地系统和中性点不接地系统一样,发生一相完全接地时,故障相对地的电压变为零,非故障相对地的电压值升高 $\sqrt{3}$ 倍。因此,这种系统各相对地的绝缘水平也按线电压考虑。

二、消弧线圈的构造、接线及选择

消弧线圈是一个带有铁芯的电感线圈,具有不饱和的、可调的电感值 L。消弧线圈外形和单相变压器相似。线圈的电阻很小,电抗很大,铁芯和线圈均浸泡在变压器油中,其铁芯的构造与一般的变压器铁芯不同,消弧线圈的铁芯有很多间隙,间隙中充填绝缘纸筒,如图 2-4(a)所示。采用带间隙铁芯,主要是为了避免磁饱和,得到一个比较稳定的电感值,使补偿电流与外加电压成正比例关系,因而消弧线圈能起到有效的消弧作用。

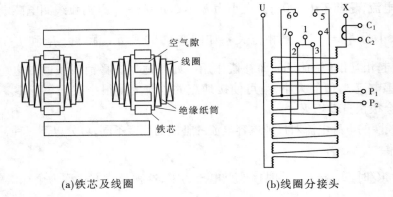

(a)铁芯及线圈   (b)线圈分接头

图 2-4   消弧线圈的铁芯及线圈

由于系统中的电容电流随运行方式变化,因此要求消弧线圈的电抗值也应能作相应的调节。如图 2-4(b)所示,消弧线圈设有分接头,用于调整线圈的匝数,改变电感值的大小,从而调节消弧线圈的电感电流值,补偿接地电容电流,以适应系统运行方式的变化,达到消弧的目的。

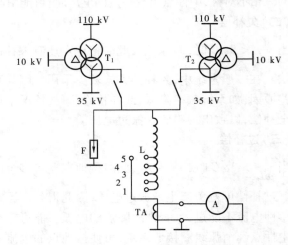

消弧线圈的接线如图 2-5 所示。为了测量系统单相接地时消弧线圈的补偿电流,在消弧线圈的接地端装有电流互感器 TA。在电流互感器二次侧接有电流表。中性点并接一只避雷器 F,是为了防止大气过电压损坏消弧线圈。

图 2-5   消弧线圈的接线

国产消弧线圈为 XDJ 系列。例如,XDJ － 550/35,型号含义按顺序表示为消弧线圈、单相、油浸、额定容量 550 kVA、额定电压等级 35 kV。消弧线圈的电压等级分 6 kV、10 kV、35 kV、60 kV 四种,容量为 175 ~ 3 800 kVA。

选择消弧线圈时,应使消弧线圈的额定电压等于被补偿电网的额定电压,消弧线圈的容量可按下式计算:

$$S_{\mathrm{h}} \geqslant 1.35 I_{\mathrm{C}} \frac{U_{\mathrm{N}}}{\sqrt{3}} \tag{2-4}$$

式中 S_{h} ——消弧线圈计算容量,kVA;

I_{C} ——最大运行方式下电力网的接地电容电流,A;

U_{N} ——电网额定电压,kV。

任务三　中性点直接接地系统

一、中性点直接接地系统概述

中性点直接接地的三相系统也称大接地短路电流系统,如图 2-6 所示。将系统的中性点直接接地,当发生一相(如 C 相)接地时,中性点电位由接地体所固定,基本上仍保持地电位。故障点通过很大的单相接地短路电流 $\dot{I}_k^{(1)}$,继电保护装置立即动作,断路器跳开,将接地的线路切除,避免在接地点产生稳定电弧或间歇电弧。

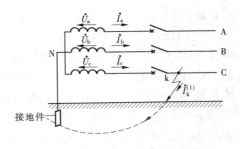

图 2-6　中性点直接接地系统

二、中性点直接接地系统的特点

中性点直接接地系统不需要任何消弧设备,减少了设备投资,运行维护工作相对简单。当系统发生单相接地时,由于中性点电位和非故障相的对地电压不会升高,因而各相对地的绝缘水平取决于相电压,这就大大降低了电网造价。网络电压等级愈高,其经济效益愈显著。这种系统彻底解决了接地点的接地电弧引起过电压的问题。

中性点直接接地系统也存在以下一些缺点:当系统发生单相接地时,必须断开故障线路,导致用户供电中断。同时产生的短路电流很大,甚至可能超过三相短路电流,这就要选择容量较大的开关设备。由于单相短路电流较大,引起网络电压降低,以致影响系统的稳定。另外,由于较大的短路电流在导体周围形成较强磁场,干扰邻近的通信线路。

在大容量的电力系统中,为了限制单相短路电流,只能将系统中的一部分变压器中性点直接接地,或在中性点加装电抗器。为了提高供电可靠性,通常在中性点直接接地系统的线路上装设自动重合闸装置,当发生单相接地故障时,继电保护动作使断路器跳闸,经过一定时间(0.5 s 左右)后,在自动重合闸装置的作用下使断路器合闸。如果单相接地故障是瞬时性的,则自动重合闸重合成功,用户恢复供电;如果单相接地故障为永久性的,则继电保护再次使断路器跳闸。对极重要的用户,为保证不中断供电,则应装设备用电源。

三、各种中性点运行方式的比较

中性点运行方式是电力系统的一个综合性问题,必须全面分析,进行技术经济比较,才能确定具体系统合适的中性点运行方式。

根据各种中性点运行方式的特点,结合实际运行经验,简要分析如下。

(一)供电可靠性与故障范围

单相接地是电力系统中最常见的一种故障,故障概率占 65% ~ 70%。中性点直接接地系统发生单相接地时,将产生很大的单相短路电流,必须将故障部分切除,因而引起较长时间的供电中断。同时,单相接地短路电流将产生很大的电动力和热效应,可能造成故障范围的扩大和设备损坏。发生单相接地时,断路器要跳闸,增加了断路器的维修量。较大的单相接地短路电流将引起系统电压的急剧下降,可能导致系统稳定性的破坏。

中性点不接地系统和中性点经消弧线圈接地系统不仅可避免上述缺点,而且发生单相接地故障后,还允许继续运行一段时间。因此,从供电可靠性和故障影响范围来看,中性点不接地系统,特别是中性点经消弧线圈接地系统具有明显的优越性。

(二)过电压与绝缘水平

中性点运行方式对于电网的过电压及电气设备的绝缘水平有很大的影响。电气设备和线路的绝缘水平,除与最大工作电压有关外,主要取决于各种过电压的高低。中性点直接接地系统的内部过电压是在相电压的基础上产生的,而中性点不接地系统则是在线电压的基础上产生的,因此前者比后者的内部过电压数值要低 20% ~30%,绝缘水平也可降低 20% 左右。降低绝缘水平具有的经济意义,随电网额定电压等级的不同而异。在 110 kV 以上的高压电网中,耐雷水平高,绝缘水平主要取决于内部过电压的高低。变压器等电气设备的造价大约与绝缘水平成比例增加。采用中性点直接接地后,设备造价大约可降低 20%。所以,从过电压和绝缘水平来看,中性点直接接地系统较好。但是,对于 3 ~10 kV 的电网,绝缘经费占总费用的比例较小,绝缘水平主要取决于防雷保护,因而绝缘裕度较大,内部过电压不是重要问题,采用中性点直接接地方式意义不大。

(三)对通信与信号系统的干扰

系统正常运行时三相对称,各相在线路周围空间各点形成的电场和磁场均彼此抵消,不致对通信和信号系统产生干扰。当系统发生单相接地时,出现的单相接地短路电流将形成强大的干扰源,电流愈大,干扰愈严重。因此,从防止干扰的角度看,中性点直接接地的方式最不利,而中性点不接地系统和中性点经消弧线圈接地系统一般都不会造成较严重的干扰问题。所以,在某些情况下,对通信干扰的考虑,甚至成为选择中性点运行方式的决定性因素。

四、各种中性点运行方式的选择

综上所述,中性点不接地系统和中性点经消弧线圈接地系统的主要优点是供电可靠性高,无通信干扰问题,主要缺点是绝缘水平要求高,中性点直接接地系统则相反。实际电力系统中,对于不同电压等级的电网,中性点运行方式的选择可归纳如下:

(1)3 ~10 kV 的电网,由于电压等级不高,绝缘费用在总投资中所占的比重不大,同时这个电压等级配电线路总长度较长,雷击瞬间跳闸事故多,供电可靠性与故障后果是主要的考虑因素,一般多采用中性点不接地的方式。当接地电流大于 30 A 时,应采用中性点经消弧线圈接地的方式。

(2)6 ~10 kV 的发电机,为了避免因电机内部故障产生电弧烧坏电机,当单相接地电流大于 5 A 时,应采用中性点经消弧线圈接地的方式。

(3)35 ~60 kV 的电网,降低绝缘水平经济价值不甚显著,同时这个电压等级都未全线架设避雷线,雷击事故较多。从供电可靠性出发,采用中性点不接地或中性点经消弧线圈接地的方式。但是,由于 35 ~60 kV 电网线路总长度一般都超过 100 km,单相接地电流大都越限,因此多采用中性点经消弧线圈接地的方式。

(4)110 kV 的电网,由于电压升高,绝缘费用在总投资中所占的比重增大,一般多采用中性点直接接地的方式。其供电可靠性则可通过全线架设避雷线和采用自动重合闸加以改善。

（5）220 kV及以上电压的电网，降低绝缘水平占首要地位，它对总投资影响很大，中性点直接接地方式具有明显的优越性，我国220 kV系统都采用这种接地方式。

（6）1 kV以下的低压电网，因为考虑照明和动力共用一个系统，常采用380 V/220 V三相四线制供电，采用中性点直接接地的方式。这是为了在发生单相接地时能及时切断故障电路，避免造成非故障相对地电压升高，危及人身安全。若安全条件要求较高，且装有能迅速可靠地自动切除接地故障的装置，也可采用中性点不接地方式。但为预防变压器高低压绕组间绝缘击穿后高电压窜入低压电路，变压器低压侧的中性线或一相线上须装设击穿保险器。

工程实例

一、天楼地枕水力发电厂发电机中性点运行方式

发电机中性点的接地方式有以下三种：

（1）中性点不接地：单相接地电流不超过允许值，且中性点装设避雷器，适用于125 MW及以下机组。

（2）中性点经消弧线圈接地：补偿后的接地电流小于1 A，适用于200 MW及以上能带单相接地运行的机组。

（3）中性点经高电阻接地：中性点直接接入或经接地变压器接入高电阻，中性点接入高电阻后可限制过电压和限制接地电流不超过10~15 A，但不小于3 A，适用于200 MW及以上大机组。

天楼地枕水力发电厂共安装4台水力发电机组。发电机型号为SF6300 – 10/2600，机端电压6.3 kV，额定出力6 300 kW，双路并联波绕组采用星形接线，转子磁极5对。微机可控硅静止励磁装置，采用自并励方式。4台发电机中性点为不接地方式，机端装有阀型磁吹式避雷器，避雷器型号为FCD – 4，额定电压为4 kV，持续运行电压为4.6 kV。天楼地枕水力发电厂发电机中性点接地方式示意图如图2-7所示。

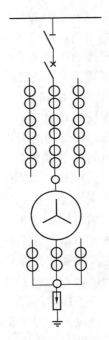

图2-7　天楼地枕水力发电厂发电机中性点接地方式示意图

天楼地枕水力发电厂6.3 kV电压等级的发电机中性点采用不接地运行方式，属于小电流接地系统。但是为了防止发电机内部或者外部过电压时对发电机的绝缘造成损坏，将发电机中性点通过一个避雷器接地。由于发电机定子绕组发生单相接地时，接地点流过的电流是发电机本身及其引出线回路所连接元件（主母线、厂用分支、主变压器低压绕组等）的对地电容电流之和，当接地电容电流超过允许值时，将烧伤定子铁芯，进而损坏定

子绝缘,引起匝间或相间短路,故需在发电机中性点处加装避雷器,在定子单相接地时限制住接地电容电流值,保护发电机不受到电容电流的损坏。

二、天楼地枕水力发电厂主变压器中性点运行方式

电网中变压器中性点接地方式的选择,是一个关系到电网安全运行的综合问题。它与电网的绝缘水平、保护配置、系统的供电可靠、发生接地故障时的短路电流及其分布等关系密切。

在我国,110 kV 及以上的电网属于大电流接地系统,要求中性点直接接地。其特点是当系统发生接地故障时,尤其是发生单相接地故障时,非故障相的对地电压不升高,接地相的故障电流较大。在电网实际运行中,为限制单相接地故障时的短路电流,保证系统运行方式在发生变化时零序网络保持基本不变,达到使接地保护范围基本不变的目的,通常采取将部分变压器中性点接地,另一部分变压器中性点不接地的运行方式。

而国产 110 kV 变压器一般采用分级绝缘结构,对于中性点不接地的分级绝缘变压器,中性点保护一般采用放电间隙并联氧化锌避雷器。放电间隙主要是针对在 110 kV 有效接地系统中因故障形成局部不接地系统所产生的工频过电压,以及非全相运行和铁磁谐振带来的过电压。避雷器主要是针对雷电过电压。这种方式既对变压器中性点进行保护,又达到互为保护的目的。

天楼地枕水力发电厂共设 2 台 110 kV 主变压器。主变压器型号为 SFL7 – 20000/110,额定容量 20 000 kVA,电压等级 6.3 kV/110 kV,接线组别为 YN,d11,采用油浸风冷式结构。两台主变压器高压侧绕组中性点通过接地刀闸与地连接,并在主变压器中性点并联放电间隙和避雷器。天楼地枕水力发电厂主变压器中性点接地方式示意图如图 2-8 所示。

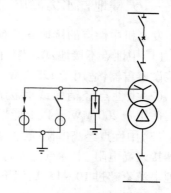

图 2-8 天楼地枕水力发电厂
主变压器中性点接地方式示意图

主变压器中性点接地刀闸型号:GW13 – 63/630,配用操动机构型号:CS17 – G。

主变压器中性点并联避雷器型号:YH10W5 – 100/260。

主变压器中性点并联放电间隙间距:155 mm。

当接地刀闸合上时,变压器为中性点直接接地运行方式;当接地刀闸断开时,变压器为中性点不接地运行方式。在主变压器中性点并联放电间隙和避雷器,是为了防止当变压器中性点接地刀闸断开时过电压损坏变压器。放电间隙和避雷器相互配合进行保护,当主变中性点电压逐渐升高到一定电压值时放电间隙先击穿,如果此时电压降低,则避雷器不动作;如果电压继续升高,则避雷器击穿放电。利用放电间隙可防止避雷器频繁动作,以延长避雷器的寿命。

电厂在正常运行方式下,两台主变(天 1B、天 2B)高压侧开关(天 11、天 14)在合闸位置,两台主变处于运行状态。主变中性点接地刀闸(天 117 或天 147)在接通位置。在运行中,主变中性点接地刀闸只有任意一个处于合闸位置,另一个处于断开位置。

对于中性点接地刀闸在断开位置的主变压器,在进行变压器投切操作前,必须先将该变压器中性点接地刀闸合闸,将变压器的中性点直接接地,以免因为断路器的非同期操作引起过电压危及变压器的绝缘。

思考题

1. 中性点直接接地系统有何优缺点? 为提高供电可靠性应采取什么措施?

2. 当系统采用中性点直接接地方式时,其变压器中性点上为什么还要装设隔离开关和避雷器?

3. 怎样确定电力系统的中性点运行方式?

4. 什么是大接地短路电流系统和小接地短路电流系统?

5. 消弧线圈如何补偿接地电容电流? 一般采取什么补偿方式? 为什么?

6. 某 35 kV 变压器的中性点经消弧线圈接地,在正常运行时可否用手指触摸该中性点? 为什么?

7. 中性点不接地系统发生单相接地时,各相对地电压、中性点对地电压、线电压、接地电容电流如何变化?

8. 什么样的电力网应采用中性点不接地的三相系统?

9. 中性点不接地的三相系统发生单相接地时,为什么只允许短时运行?

学习情境三　发电厂高压电气设备

任务一　电弧基本知识

当用开关电器切断有电流通过的电路时,在开关触头间就会产生电弧,尽管触头已经分开,但电流通过电弧继续流通,只有触头间的电弧熄灭后,电流才真正被切断。电弧的温度很高,很容易烧毁触头,或使周围的绝缘材料遭受破坏。如果电弧燃烧时间过长,开关内部压力过高,有可能使电器发生爆破事故。因此,当开关触头间出现电弧时,必须尽快使其熄灭。

一、电弧的形成

电弧是气体导电现象。在断路器触头开断、电网电压较高、开断电流较大的情况下,在触头间形成由绝缘气体或绝缘油分解出气体游离产生的自由电子导电的现象。这时伴随有强光和高温(可达数千摄氏度甚至上万摄氏度)。直流电弧的组成如图 3-1 所示。

静触头　阴极区　　弧柱区　　阳极区　动触头

图 3-1　直流电弧的组成

触头周围的介质是绝缘的,电弧的产生说明绝缘介质变成了导电的介质,发生了物态的转化。任何一种物质都有三态,即固态、液态和气态,这三态随温度的升高而改变。当物质变为气态后,若温度再升高,一般要到 5 000 ℃ 以上,物质就会转化为第四态,即等离子状态。任何等离子状态的物质都是以离子状态存在的,具有带电的特性。因此,电弧的形成过程就是介质向等离子状态的转化过程。

(一)电弧的游离过程

电弧的产生和维持是触头间中性质点(分子和原子)被游离的结果。游离就是中性质点转化为带电质点。从电弧的形成过程来看,游离过程主要有以下四种形式。

(1)强电场发射。当开关动、静触头分离的瞬间,触头间距离 s 很小,在外施压的作用下,触头间出现很高的电场强度 E,当电场强度超过 3×10^6 V/m 时,阴极表面的自由电子在电场力的作用下被强行拉出而形成触头空间的自由电子。这种游离方式称为电场发射,也是在弧隙间最初产生电子的原因。

(2)热电子发射。触头是用金属材料做成的,在常温下,金属内部存在大量运动着的自由电子。随着温度的升高,自由电子能量增加,运动加剧,有的电子就会跑出金属表面,形成热电子发射。特别是电弧形成后,弧隙间的高温使阴极表面受热出现剧烈的炽热点,不断地发射出电子,在电场作用下,向阳极作加速运动。

(3)碰撞游离。阴极表面发射出的电子和弧隙中原有的少数电子在电场作用下,向阳极方向运动,不断与其他粒子发生碰撞。只要电子的运动速度 v 足够高,电子的动能 $A = \dfrac{mv^2}{2}$ 大于原子或分子的游离能,则在电子与气体分子或原子碰撞时,就可使束缚在原子核周围的电子释放出来,形成自由电子和正离子,这种现象称为碰撞游离。新产生的电子向阳极加速释放出来,同样也会使它所碰撞的中性质点游离,碰撞游离不断进行、不断加剧,带电质点成倍增加,如图 3-2 所示。碰撞游离连续进行就可能导致在触头间充满电子和离子,在外加电压作用下,触头间介质可能被击穿而形成电弧。

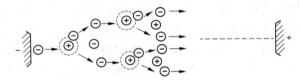

图 3-2　碰撞游离过程示意图

(4)热游离。电弧产生之后,弧隙的温度很高,在高温作用下,气体的不规则热运动速度增加。具有足够动能的中性质点相互碰撞时,可能游离出电子和离子,这种现象称为热游离。一般气体开始发生热游离的温度为 9 000~10 000 ℃。金属蒸气的游离能较小,其热游离温度为 4 000~5 000 ℃。因为开关电器的电弧中总有一些金属蒸气,而弧心温度总大于 4 000~5 000 ℃,所以热游离的强度足以维持电弧的燃烧。

（二）电弧的去游离过程

电弧中发生游离的同时,还进行着使带电质点减少的去游离过程,去游离的主要形式有复合和扩散。

1. 复合去游离

复合是指正离子和负离子互相吸引,结合在一起,电荷互相中和的过程。两异号电荷要在一定时间内,处在很近的范围内,才能完成复合过程,两者相对速度值越大,复合的可能性越小。因电子质量小,易于加速,其运动速度约为正离子的 1 000 倍,所以电子和正离子直接复合概率很小。通常,电子在碰撞时,先附在中性质点上形成负离子,速度大大减慢,而负离子与正离子的复合比电子与正离子的复合容易得多。

2. 扩散去游离

扩散是指带电质点从电弧内部逸出而进入周围介质中的现象。弧隙内的扩散去游离有以下几种形式。

(1)浓度扩散。由于弧道中带电质点浓度高,而弧道周围介质中带电质点浓度低,存在着浓度上的差别,带电质点会由浓度高的地方向浓度低的地方扩散,使弧道中的带电质点减少。

(2)温度扩散。由于弧道中带电质点向温度低的周围介质中扩散,减少了弧道中的带电质点。

游离和去游离是电弧燃烧中的两个相反过程,游离过程使弧道中的带电离子增加,有助于电弧的燃烧,去游离过程使弧道中的带电离子减少,有利于电弧的熄灭。当这两个过程达到动态平衡时,电弧稳定燃烧。若游离过程大于去游离过程,将使电弧更加剧烈地燃烧;若游离过程小于去游离过程,将使电弧燃烧减弱,以致最终电弧熄灭。

二、交流电弧的特性及熄灭

当其他条件不变时,电弧电压与电弧电流的关系曲线称为电弧的伏安特性。

交流电弧的电流变化速度很快,不可能保持稳定平衡状态,因此电弧的特性应是动态特性,并且交流电流每半个周期经过一次零值,电弧自动熄灭。如果电弧是一直燃烧的,则电弧电流过零熄灭后,在另半个周期又会重新燃烧。

在交流电弧中,因温度随电流而变化,电弧的温度也是变化的。但气体的热惯性很大,甚至在工频电流情况下,也会引起温度的变化滞后于电流的变化,这种现象称为电弧的热惯性,如图 3-3(a)所示。由电流的波形及伏安特性,得到的电弧电压随时间的变化波形呈马鞍形,如图 3-3(b)所示。其中,A 点为电弧产生时的电压,称为燃弧电压;B 点为电弧熄灭时的电压,称为熄弧电压。

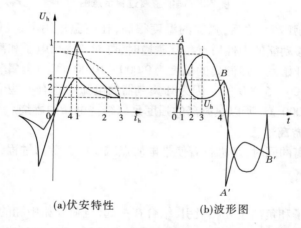

(a)伏安特性　　　(b)波形图

图 3-3　交流电弧伏安特性和电弧电流、电压波形

交流电弧燃烧过程中电流每半周要过零值一次,此时电弧暂时熄灭。如果在电流过零时弧隙介质的绝缘能力达到不会被弧隙外加电压击穿的程度,则电弧就不会重燃而最终熄灭。

在电流过零值前后,弧隙中发生的现象是很复杂的。一个是弧隙去游离及其介质强度的增大;另一个是加于弧隙的电压增大。

弧隙介质绝缘能力或介质强度恢复到正常情况需要有一个过程,称为介质强度的恢复过程。而加在弧隙上的电压,由电弧熄灭时的熄弧电压逐渐恢复到电源电压,也要有一个过程,称为弧隙电压的恢复过程。电弧熄灭后,弧隙上的电压称为恢复电压 U_h。

电弧电流过零值时,是熄灭电弧的有利时机,但电弧是否能熄灭,取决于上述两方面竞争的结果。

为了使电流过零后电弧熄灭不发生重燃,就必须使介质强度的恢复速度始终大于弧隙电压的恢复速度。在如图 3-4(b)所示情况下,电弧熄灭;在如图 3-4(a)所示情况下,在曲线交点 1 处电弧则重燃。

交流电弧熄灭的条件为 $U_j(t) > U_h(t)$。

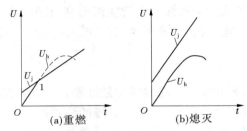

(a)重燃　　　　　　　(b)熄灭

图 3-4　交流电弧在电流过零后的重燃和熄灭

三、灭弧方法及灭弧装置

由交流电弧的特性可知,交流电流每个周期通过零点两次,电弧自然熄灭两次,因此熄灭交流电弧的主要问题是如何防止电弧重燃。当交流电流过零值时,如果采取措施使弧隙介质的绝缘能力达到不会被外加电压击穿的程度,则在下半周电弧就不会重燃而最终熄灭。即电流过零后电弧是否重燃,取决于弧隙中去游离过程和游离过程的竞争结果。

在开关电器中,广泛采用下面几种方法来熄灭电弧。

(一)提高触头的分闸速度灭弧

迅速拉长电弧,有利于迅速减小弧柱中的电位梯度,增加电弧与周围介质的接触面积,加强冷却和扩散的作用。因此,现代高压开关中都采取了迅速拉长电弧的措施灭弧,如采用强力分闸弹簧,其分闸速度已达 16 m/s 以上。

(二)吹弧

吹弧是利用气体或油吹动电弧的灭弧方法,广泛应用于各种电压的开关电器,特别是高压断路器中。吹弧时由于电弧被拉长变细,弧隙的电导下降,电弧的温度下降,热游离减弱,复合加快。按吹弧气流的产生方法和吹弧方向的不同,吹弧可分为以下几种。

1. 空气吹弧

在开关电器中,常形成各种形式的灭弧室,使气体或液体产生较高的压力,有力地吹向电弧。吹动电弧的方式有纵吹和横吹,如图 3-5 所示。纵吹主要使电弧冷却变细,加大介质压强,加强去游离,使电弧熄灭。而横吹可将电弧拉长,增加弧柱表面积使冷却加强,熄弧效果较好。不少断路器采用纵横混吹弧的方式,效果更好。

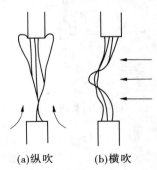

(a)纵吹　　(b)横吹

图 3-5　吹弧方式

空气断路器利用压缩空气来吹弧,一般采用纵吹,灭弧能力强,开断容量大。

2.六氟化硫气体吹弧

六氟化硫（SF_6）气体是一种不可燃的惰性气体,它的热导率随温度的不同而变化,其绝缘性能也很好,它的灭弧能力比空气高 100 倍左右,是比较理想的灭弧介质。当用它吹弧时,采用不高的压力和不太大的吹弧速度就能熄灭高压断路器中的电弧。由于六氟化硫断路器具有开关容量大、电寿命长、开断性能好、无火灾危险等优点,因此受到用户的普遍欢迎。

3.油气吹弧

利用变压器油作为灭弧介质的断路器叫作油断路器。在油断路器中,电弧是浸在油中燃烧的。由于电弧的温度很高,所以在电弧周围的油被加热,分解出大量气体,但是因气体的体积受到周围灭弧室的限制,故气体的压力增大。当触头逐步分离时,气体从喷口喷出,对电弧进行强烈的吹动。在灭弧室被预先设计好吹弧方向形成纵吹或横吹。在横吹灭弧室内设有空气垫,它起着调节灭弧室的压力和储存气压的作用。当电流在峰值时,灭弧室内压力大,原已贮存在空气垫内的高压气体把油和气吹向电弧,进行吹弧。采用这种方法,可以提高熄弧能力。

4.产气管吹弧

产气管由纤维、塑料等有机固体材料制成,电弧燃烧时与管的内壁紧密接触,在高温作用下,一部分管壁材料迅速分解为氢气、二氧化碳等,这些气体在管内受热膨胀,增高压力,向管的端部移动形成吹弧。

（三）采用多断口灭弧

采用多断口把电弧分割成许多小弧段,在相等的触头行程下,电弧被拉长了,而且拉长的速度也成倍增加,因而能提高灭弧能力,如图 3-6 所示。110 kV 以上电压等级的断路器,往往把相同形式的灭弧室串联起来,用于较高的电压等级,称之为组合式或积木式结构。如用两个双断口的 110 kV 的断路器串联,即成为 220 kV 四断口的断路器。

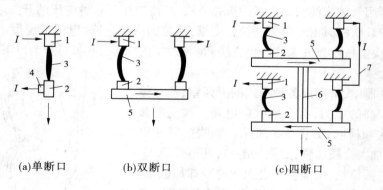

(a)单断口　　　(b)双断口　　　(c)四断口

1—静触头;2—动触头;3—电弧;4—可动触头;5—导电横担;6—绝缘杆;7—连线

图 3-6　一相有多个断口的触头示意图

（四）采用短弧原理灭弧

在电流过零瞬间,弧隙介质介电强度突然出现升高的现象称为近阴极效应。这是因为电流过零后,弧隙的电极极性发生了改变,弧隙中剩余的带电质点的运动方向也相应改变,质量小的电子立即向新的阳极运动,而比电子质量大很多倍的正离子由于惯性大,来不及改变运动方向停留在原地未动,导致在新的阴极附近形成了一个只有正电荷的离子层,如图 3-7 所示,正空间电荷层使阴极附近出现了 150～250 V 的外加电压。

在低压开关电器中,广泛地利用近阴极效应,将长电弧分割成许多短弧,把电弧熄灭。如图 3-8 所示,其灭弧装置是一个金属灭弧栅,触头间产生的电弧被磁吹线圈驱入灭弧栅,每两个栅片间就是一个短弧,每个短弧在电流过零时新阴极产生 150～250 V 的起始介电强度,如果所有串联短弧的起始介电强度总和始终大于触头间的外加电压,电弧就不会重燃而熄灭。在低压电路中,电源电压远小于起始介电强度之和,因而电弧不能重燃。

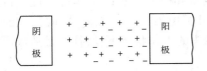

图 3-7　电流过零后电荷分布示意图

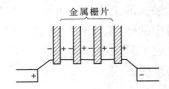

图 3-8　金属灭弧栅熄弧示意图

(五)固体介质的狭缝狭沟灭弧

低压开关电器中也广泛应用狭缝狭沟灭弧装置灭弧。狭缝由耐高温的绝缘材料(如陶土或石棉水泥)制作,通常称为灭弧罩。触头间产生电弧后,在磁吹装置产生的磁场作用下,将电弧吹入由灭弧片构成的狭缝中,把电弧迅速拉长的同时,使电弧与灭弧片的内壁紧密接触,对电弧的表面进行冷却和吸附,产生强烈的去游离,如图 3-9 所示。

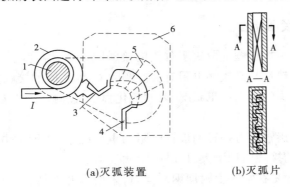

(a)灭弧装置　　　　(b)灭弧片

1—磁吹铁芯;2—磁吹绕组;3—静触头;4—动触头;5—灭弧片;6—灭弧罩

图 3-9　狭缝灭弧装置的工作原理示意图

(六)利用耐高温金属材料制作触头灭弧

触头材料对电弧中的去游离也有一定影响,用熔点高、导热系数和热容量大的耐高温金属制作触头,可以减少热电子发射和电弧中的金属蒸气,从而减弱了游离过程,有利于熄灭电弧。

(七)真空灭弧

利用真空作为绝缘和灭弧介质是非常理想的灭弧方法。由于真空间隙内的气体稀薄,分子的自由行程大,发生碰撞的概率很小,因此碰撞游离不是真空间隙击穿产生电弧的主要因素。真空中的电弧是由触头电极蒸发出来的金属蒸气形成的,具有很强的扩散能力,因而电弧电流过零后触头间隙的介质强度能很快恢复起来,使电弧迅速熄灭。目前真空断路器已得到广泛应用。

任务二　电气触头

电气触头是指两个或几个导体之间相互接触的部分。如母线或导体的接触连接处,以及开关电器中的动、静触头,都是电气触头。

电气触头的工作是否可靠,直接影响到电气设备和电气装置的工作可靠性。特别是开关电器中的触头,常被用来接通和断开电路,是开关电器的执行元件,因此其性能好坏就直接决定了开关电器的品质。在运行中,电气触头的工作状态不良,往往是造成严重设备事故的重要原因。

一、对电气触头的要求

(1)结构可靠。
(2)有良好的导电性能和接触性能。
(3)通过规定的电流时,发热温度不超过规定值。
(4)断开规定容量的电流时,有足够的抗熔焊和抗电弧灼伤能力。
(5)通过短路电流时,具有足够的动稳定性和热稳定性。

二、电气触头的接触电阻

电气触头的质量在很大程度上取决于触头的接触电阻值,因为电气触头在正常工作和通过短路电流时的发热都与其接触电阻有关。实际上,触头间的接触并不是全部接触,而仅仅是几点接触。触头的表面加工状况、表面氧化程度、接触压力以及接触情况都会影响接触电阻的数值。

开关电器触头间的接触压力是影响接触电阻的重要因素,当增大电气触头之间的接触压力时,两触头表面的接触面积增大,接触电阻就减小了。

在开关电器中,一般是在触头上附加钢性弹簧,来增大并保持触头间的接触压力,使触头接触可靠,减小接触电阻并且保持稳定。

用金属材料制成的触头在空气中容易氧化,对接触电阻有很大的影响。金属表面的氧化物一般都是不良导体,氧化程度越严重,氧化层越厚,接触电阻越大。氧化程度与温度有关,当温度在60 ℃以上时,氧化最为剧烈。因此,可断触头的结构使触头接通或断开时形成较大的摩擦,使触头表面的氧化层自动净化,以减小接触电阻。

三、电气触头的材料

电气触头一般由铜、黄铜、青铜、铝、钢等金属材料制成。这些材料在空气中极易氧化,为了防止氧化,电气触头表面通常要采取一定的预防氧化的措施。

通常在铜触头表面镀上一层锡或铅锡合金。镀锡后,触头的接触电阻比没有氧化的铜触头的接触电阻高30%～50%,但在运行中不再增加。镀锡铜触头的使用环境温度可在60 ℃以上,它可以用在户外装置中,也可以用在潮湿的场所。没有镀锡的铜触头在上述条件下使用时,必须加以密封。在户外装置或潮湿场所使用的大电流触头,最好在触头表面镀银。银在空气中不易氧化,镀银触头的接触电阻比较稳定。

铝制触头在空气中最易氧化,并产生具有很大电阻的氧化膜层,对接触电阻的影响最大,因此铝制触头必须在表面涂中性凡士林油加以覆盖,以防氧化。对钢制触头,其接触表面应镀锡,并涂上两层漆加以密封。

四、电气触头的分类和结构

(一)按接触面的形式划分

1.平面触头

这种触头在受到很大的压力时,接触点数和实际接触面仍然较小,自动净化能力弱,压强小,接触电阻较大,只限于低压开关中使用,如闸刀开关和插入式熔断器等。

2.线触头

在高低压开关中普通采用线触头。线触头是指两个触头间的接触面为线接触的触头,如柱面与平面接触或两圆柱面接触。线接触的接触压力较大,在接通和断开时自动净化能力较强。

3.点触头

点触头是指两个触头接触面为点接触,如球面和平面接触,或者两个球面的接触。它的优点是接触点更加固定,接触电阻稳定;缺点是接触面积小,不易散热。这种触头一般应用在工作电流和短路电流较小的情况下,如用于继电器和开关电器的辅助触点。

(二)按结构形式划分

1.可断触头

可断触头广泛应用于高低压开关中,主要有以下几种形式。

(1)刀形触头:广泛应用于高压隔离开关和低压闸刀开关中。

(2)指形触头:结构如图3-10所示。它由装在载流导体两侧的接触指、楔形触头和夹紧弹簧等组成。其特点是动稳定性较好,接通和断开过程中有自净作用;触头系统与灭弧室配合较难;工作表面易受电弧烧损。主要在断路器中作主触头,如SN4型少油断路器,隔离开关中应用也较多。

(3)插座式触头:结构如图3-11所示。它的静触头是由多片梯形触指组成的插座,动触头是圆形铜导电杆。由于触指的数量较多,每片触指的接触压力并不很大,接触面的工作非常可靠。动触头的运动方向与动、静触头间的压力方向垂直,接通时触头的弹跳很小。触指片以及触指与导电杆之间的电流是同一方向,电动力使触指压紧导电杆,短路时的接触很稳定。但是,插座式触头的结构比较复杂,允许通过的电流也受到限制,断开时间也较长。插座式触头应用于SN4和SN10等少油断路器中,作为主触头或灭弧触头。为了增加触头抗电弧灼伤的能力,一般在外套的端部加装铜钨合金保护环,在动触头的端部镶嵌铜钨合金支持的耐弧触头。

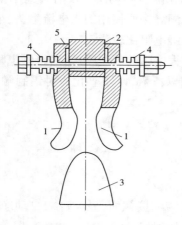

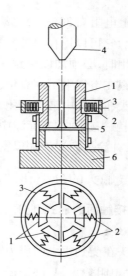

1—接触指;2—载流导体;3—楔形触头;
4—夹紧弹簧;5—接触指上端的凸部

图 3-10 指形触头示意图

1—静触头;2—弹簧;3—保护环;
4—动触头;5—挠性连接条;6—触头底座

图 3-11 插座式触头示意图

2. 固定触头

固定触头是指连接导体之间不能相对移动的触头,如母线之间、母线与电器的引出端头的连接等。常见的固定连接如图 3-12、图 3-13 所示。固定触头的接触表面都应有适当的防腐措施,以防止外界的侵蚀,保证可靠性和耐久性。防腐的方法是,一般在触头连接后,在外面涂以绝缘漆、瓷釉或中性凡士林油等。

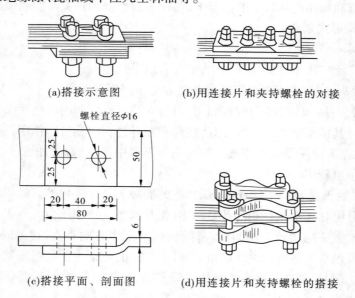

(a)搭接示意图 　　(b)用连接片和夹持螺栓的对接

(c)搭接平面、剖面图 　　(d)用连接片和夹持螺栓的搭接

图 3-12 母线的连接示意图

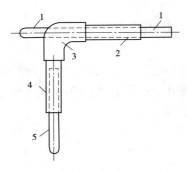

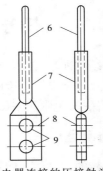

(a)绞线分支的压接触头　　　　(b)与电器连接的压接触头

1、5、6—绞线;2、4、7—栅管;3—夹具的外壳;8—滑板;9—螺孔

图 3-13　绞线分支与电器连接的压接接头示意图

3. 滑动触头

滑动触头是指在工作中被连接的导体总是保持接触,能由一个接触面沿着另一个接触面滑动的触头,如电机中的滑环与碳刷、滑线电阻等。如图 3-14 为豆形触头,它的静触指分上下层,均匀分布在上下触头的圆周上,每一触指配有小弹簧作缓冲,以防止动触杆卡塞和减小摩擦,动触杆由其中心孔通过。由于其接触点多,因此在较小的压力下,具有良好的导电能力,且结构紧凑。豆形触头不能制作成可断触头,通用性差,应用于 SW3 型和 SW6 型少油断路器中。

如图 3-15 所示为滚动式滑动触头,由圆形导电杆、成对的滚轮、固定导电杆及弹簧组成。弹簧的作用是保持滚轮和可动导电杆以及滚轮和固定导电杆的接触压力。在接通和断开过程中滚轮绕着自身轴转动,并沿导电杆滚动。这种触头由于接触面的摩擦力很小,自净作用不如插座式触头有效,主要应用于 SN10 系列少油断路器中。

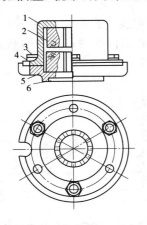

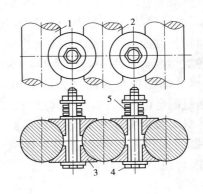

1—上触头座;2—弹簧;3—螺栓;　　　　　1—固定导电杆;2—可动导电杆;
4—弹簧垫圈;5—触指;6—下触头座　　　　　3—滚轮;4—螺栓;5—弹簧

图 3-14　豆形触头示意图　　　　　　**图 3-15　滚动式滑动触头示意图**

任务三 高压熔断器

熔断器因具有结构简单、体积小、质量小、价格低廉、使用灵活、维护方便等优点,从而广泛应用在 60 kV 及以下电压等级的小容量装置中,主要作为小功率辐射形电网和小容量变电所等电路的保护,也常用来保护电压互感器。

一、熔断器的型号

高压熔断器型号的含义如下所示:

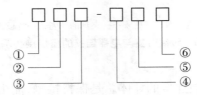

①代表产品名称:R—熔断器。
②代表安装场所:N—户内式;W—户外式。
③代表设计系列序号,用数字表示。
④代表额定电压,kV。
⑤代表补充工作特性:G—改进型;Z—直流专用;GY—高原型。
⑥代表额定电流,A。
例如 RW4 – 10/50 型,是指额定电流 50 A、额定电压 10 kV、户外 4 型高压熔断器。

二、熔断器的保护特性

熔断器熔体的熔断时间 t 与熔断器熔体中通过的电流 I 的关系,称为安秒特性,又称为保护特性。按照保护特性选择熔体,就可获得熔断器动作的选择性。熔断器的保护特性与熔体的材料、截面大小、散热方式及结构等有关,所以各类熔断器的保护特性曲线均不相同。熔断器熔体的保护特性曲线如图 3-16 所示,熔体中通过的电流越大,熔化时间越短。由此可见,熔体具有反时限的保护特性。保护特性由制造厂提供,上下级熔断器通过上述两个特性的合理配合或与其他电器动作配合,可实现选择性保护要求。

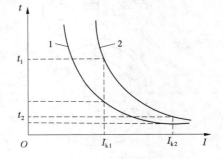

图 3-16 熔断器熔体的保护特性曲线

三、RN 系列高压熔断器

常见的户内式高压熔断器有 RN1、RN2、RN3、RN5 和 RN6 等型,均为填充石英砂的限流型熔断器。RN1、RN3、RN5 型适用于 3 ~ 35 kV 的电气设备和电力线路的过载及短路保护；RN2 与 RN6 型熔体额定电流为 0.5 A,故专用于 3~35 kV 电压互感器的短路保护。

RN1 型熔断器由两个支柱绝缘子、静触头座、熔管及底座等几个部分组成。图 3-17 为 RN1 型熔断器的外形图,熔管 1 卡在静触头座 2 内,静触头座 2 固定在支柱绝缘子 3 上,支柱绝缘子 3 固定在底座 4 上。

熔断器及其主要部件熔管的结构如图 3-18 所示。它由熔管、端盖、顶盖、熔体和石英砂等组成,具有较高的机械强度和耐热性能。熔管是灭弧装置的主要组成部分,又起支持和保护熔体的作用。

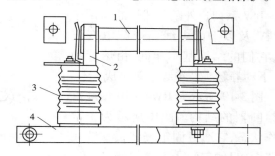

1—熔管;2—静触头座;3—支柱绝缘子;4—底座

图 3-17 RN1 型熔断器的外形

熔断器的熔体装在密封熔管内。瓷质熔管 6 两端有黄铜端盖 7,熔管内有绕在陶瓷芯 9 上的熔体 10,熔体 10 由几根并联的镀银铜丝组成,中间焊有小锡球 11,如图 3-18(b)所示。另一类型熔体由两种不同直径的铜丝做成螺旋形,连接处焊有小锡球,如图 3-18(c)所示。在熔断体内还有细钢丝 13 作为指示器,它与熔体 10 并联,一端连接熔断指示器 14。熔管中填入石英砂 12,两端焊上顶盖 8,使熔体密封。

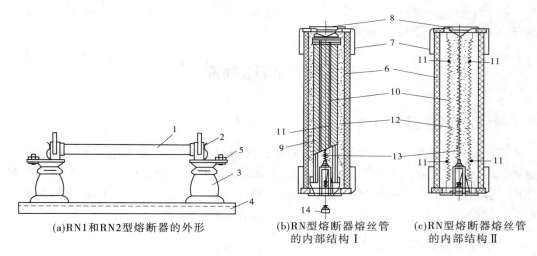

(a)RN1和RN2型熔断器的外形　　(b)RN型熔断器熔丝管　　(c)RN型熔断器熔丝管
　　　　　　　　　　　　　　　　的内部结构Ⅰ　　　　　　的内部结构Ⅱ

1—熔管;2—静触头座;3—支柱绝缘子;4—底座;5—接线座;6—瓷质熔管;7—黄铜端盖;
8—顶盖;9—陶瓷芯;10—熔体;11—小锡球;12—石英砂;13—细钢丝;14—熔断指示器

图 3-18 RN1 和 RN2 型熔断器的结构

当过负荷电流流过时,熔体在小锡球处熔断,产生电弧,电弧使熔体 10 沿全长熔断,随后指示器 14 熔断,熔断指示器 14 被弹簧弹出,显示该熔断器已动作。

四、RW 系列高压熔断器

户外高压熔断器分为限流式熔断器和跌落式熔断器两种类型。限流式熔断器主要用于电压互感器及其他用电设备的过载与短路保护,跌落式熔断器用于输配电线路和电力变压器的过载和短路保护。

RW 系列户外跌落式熔断器用于 10 kV 及以下配电线路或配电变压器,它们的结构基本相同,由熔管和上、下动静触头及绝缘子等组成。

图 3-19 所示为 RW4－10 型跌落式熔断器的结构。图中所示为正常工作状态,它通过固定安装板安装在线路中(呈倾斜),上下接线端(1、10)与上下静触头(2、9)固定于绝缘瓷瓶 11 上,下动触头 8 套在下静触头 9 中,可转动。熔管 6 的动触头借助于熔体张力拉紧后,推入上静触头 2 内锁紧,成闭合状态,熔断器处于合闸位置。当线路发生故障时,大电流使熔体熔断,由于熔体熔断,熔管的上下动触头失去熔体的张力,在熔管自

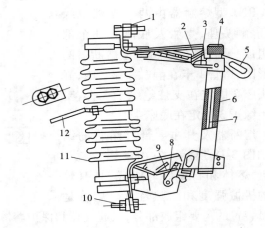

1—上接线端;2—上静触头;3—上动触头;4—管帽;
5—操作环;6—熔管;7—熔丝;8—下动触头;9—下静触头;
10—下接线端;11—绝缘瓷瓶;12—固定安装板

图 3-19　RW4－10 型跌落式熔断器基本结构

重力和上下静触头弹簧片弹力的作用下,熔管迅速回转跌落,造成明显可见断口,使电路断开,切除故障段线路或者故障设备。

任务四　高压断路器

一、高压断路器的用途

高压断路器是电力系统中结构最为复杂的控制和保护设备,是发电厂和变电所中最重要的电气设备之一。在正常运行方式下,它能接通或切断电路中的负荷电流,起着控制作用;当设备或线路发生故障时,通过继电保护装置的作用,它可将故障电路切除,保证故障部分的设备安全与无故障部分的正常运行,起着保护作用。

二、高压断路器的基本要求

断路器在正常工作时接通和切断负荷电流,在电气设备或电力线路发生短路时要切断短路电流,并受装设地点环境变化的影响。因此,它应满足以下要求:

(1)工作可靠性。高压断路器在厂家给定的技术条件下工作时,应能够可靠地长期正常工作。

(2)具有足够的断路能力。由于电网发生短路时产生很大的短路电流,所以断路器要有很强的灭弧能力才能可靠断开电路,并保证具有足够的热稳定性和动稳定性。

(3)具有尽可能短的切断时间。当电网发生短路故障时,要求断路器迅速切断故障电路,这样可以缩短电力网的故障时间和减轻短路电流对电气设备的损害。

（4）实现自动重合闸。架空输电线路的短路故障大多数是暂时性的。为了提高供电可靠性并增强电力系统的稳定性,线路保护多采用自动重合闸。当发生瞬时性短路故障时,继电保护使断路器跳闸,经很短时间后断路器又自动重合。

（5）结构简单、价格低廉。在满足安全、可靠的同时,还应考虑到经济性,故要求断路器结构简单、尺寸小、重量轻、价格低廉。

三、高压断路器的类型

高压断路器根据其安装地点的不同可分为户内式和户外式两种。根据断路器的灭弧介质的不同分为以下几种:

（1）油断路器。采用绝缘油作为灭弧介质的断路器称为油断路器,根据油的用途和多少的不同分为多油断路器和少油断路器。由于高压油断路器体积庞大,消耗大量的钢材和变压器油,运输和安装均有较大困难,引起爆炸和火灾的危险性大,所以高压油断路器已趋于淘汰。

（2）压缩空气断路。采用压缩空气作为灭弧介质,具有灭弧能力强、动作迅速等优点。但是,由于压缩空气断路器结构复杂,要求制造时的加工工艺水平很高,而且有色金属消耗量较大。

（3）六氟化硫（SF_6）断路器。采用具有优良灭弧性能和绝缘性能的 SF_6 气体作为灭弧介质的断路器称为 SF_6 断路器。其结构复杂,金属消耗量大,价格昂贵,主要用于 220 kV 及以上电压等级与短路功率较大的配电装置中。

（4）真空断路器。利用真空的高介质强度来实现灭弧的断路器,具有灭弧速度快、结构简单、耗材少、开断能力强、维护简便、使用寿命长、体积小等优点,但是它的造价较高,制造工艺复杂,在额定电压较低的系统中有着很广泛的使用。

（5）磁吹断路器。依靠电磁力吹动电弧,将电弧吹入固体灭弧介质的狭缝中,利用固体介质灭弧的断路器称为磁吹断路器。它具有频繁开断性能好,不需要油、压缩空气等灭弧介质,维护工作量少等优点。但是,它结构复杂,加工工艺要求严格,成本较高。

四、高压断路器的技术参数

高压断路器型号的含义如下所示:

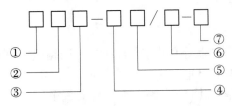

①代表产品名称:S—少油断路器;D—多油断路器;K—空气断路器;L—六氟化硫断路器;Z—真空断路器;Q—产气断路器;C—磁吹断路器。

②代表安装场所:N—户内式;W—户外式。

③代表设计序号,用数字表示。

④代表额定电压,kV。

⑤代表其他标志:G—改进型;F—分相型。

⑥代表额定电流,A。

⑦代表额定断路电流,kA。

高压断路器通常用下列技术参数表示它的技术特性和工作性能:

(1)额定电压。指断路器长时间运行能承受的正常工作电压。它不仅决定了断路器的绝缘水平,而且在相当程度上决定了断路器的总体尺寸和灭弧条件。

国家有关标准规定,断路器的额定电压有 3 kV、6 kV、10 kV、35 kV、63 kV、110 kV、220 kV、330 kV、500 kV 等级别。

(2)额定电流。指断路器在额定容量下允许长期通过的工作电流。它决定了断路器触头及导电部分的截面,并且在某种程度上也决定了它的结构。

国家有关标准规定,断路器的额定电流有 200 A、400 A、630 A、1 000 A、1 600 A、2 000 A、2 500 A、4 000 A、5 000 A、6 300 A、8 000 A、10 000 A、12 500 A、16 000 A、20 000 A 等级别。

(3)额定断路电流。指在额定电压下断路器能可靠切断的最大电流。它表明断路器的断路能力。当电压不等于额定电压时,断路器能可靠切断的最大电流称为该电压下的开断电流。当电压低于额定电压时,开断电流比额定断路电流有所增大,但有一最大值,并称其为极限开断电流。

(4)额定断路容量。指断路器的切断能力,在三相电路中,其大小等于额定电压与额定断路电流乘积的 $\sqrt{3}$ 倍。

(5)动稳定电流。动稳定电流表明断路器能承受短路电流电动力作用的能力,即断路器在闭合状态时能通过的不妨碍其继续正常工作的最大短路电流(峰值)。其值由导电和绝缘等部件的机械强度决定。

(6)热稳定电流。指断路器在某一规定时间范围内允许通过的最大电流。它表明断路器承受短路电流热效应的能力。

(7)热稳定时间。当热稳定电流通过断路器的时间为热稳定时间时,断路器的各部分温度不超过其短时所允许发热的最高温度,并且不发生触头熔接或其他妨碍正常工作的异常现象。热稳定时间一般为 2 s,如果需要大于 2 s 则可取 3 s,经用户与制造厂协商也可取 1 s 或 4 s。

(8)动作时间。

固有分闸时间:处于合闸状态的断路器,从分闸回路接收分闸命令(脉冲)瞬间起,直到所有触头均分离瞬间的时间间隔。

燃弧时间:从首先分离主回路的触头刚脱离电接触起,到断路器各极触头间的电弧最终熄灭瞬间为止的时间间隔。

开断时间:从断路器接收分闸命令瞬间起,到断路器各极触头间的电弧最终熄灭瞬间为止的时间间隔。断路器的开断时间一般等于其固有分闸时间与燃弧时间之和。

五、高压断路器的基本结构

高压断路器种类繁多，具体构造也不相同，但就其基本结构而言，可分为电路通断元件、绝缘支撑元件、基座、操动机构及其中间传动机构等几部分，如图3-20所示。

断路器中的电路通断元件是其关键部件，它承担着接通或断开的任务。断路器的通断由操动机构控制，进行分合闸时，操动机构经中间传动机构操纵动触头来实现。电路通断元件主要包括接线端子、导电杆、触头和灭弧室等，这些元件均安装在绝缘支撑元件之上。绝缘支撑元件起着固定通断元件的作用，并使其带电部分与地绝缘。绝缘支撑元件则安装在断路器的基座之上。

图3-20 断路器的基本结构示意图

（一）高压真空断路器

真空断路器在35 kV及以下电压等级中处于优势地位，目前我国生产的35 kV及以下真空断路器广泛应用于各种高压配电装置。

真空是指绝对压力低于1个大气压的气体稀薄的空间。真空断路器是以真空作为灭弧和绝缘介质的断路器。断路器在断开电路的一瞬间，如果触头间中性质点发生碰撞连续进行的游离，就可能导致在触头间充满了电子和离子，在外加电压作用下，触头间介质可能被击穿而形成电弧。真空间隙内气体稀薄，分子自由行程大，发生碰撞游离的概率很小，其绝缘强度较高，电弧较易熄灭。

真空断路器主要由真空灭弧室、绝缘支撑件和操动机构三部分组成。

真空断路器的灭弧室由外壳、屏蔽罩、静触头、动触头、动触杆、波纹管组成，如图3-21所示。

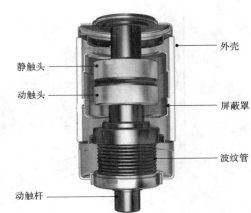

图3-21 真空灭弧室的结构示意

真空断路器的外壳采用透明玻璃材料制成，玻璃外壳可以起到真空密封和绝缘双重作用。

真空断路器的屏蔽罩采用无氧铜板制成，固定在玻璃外壳腰部，包围在动触头四周，可以防止触头间隙燃弧时飞出的电弧生成物破坏玻璃外壳。

　　真空断路器的波纹管采用不锈钢制成,动触杆与动触头的密封靠金属波纹管来实现。

　　真空断路器的静触头和动触头采用铜铬金属材料制成,动触头在机构驱动力的作用下,能在灭弧室内沿轴向移动,完成分合闸。

　　静触头和动触头一般采用磁吹对接式内螺槽触头,如图 3-22 所示。其触头的中间是一接触面的四周开有三条螺旋槽的吹弧面,触头闭合时,只有接触面相互接触。当开断电流时,最初在接触面上产生电弧,在电弧磁场作用下,驱使电弧沿触头四周切线方向运动,即在触头外缘上不断旋转扩散,避免了电弧固定在触头某处而烧损触头。

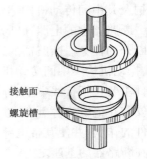

接触面

螺旋槽

图 3-22　磁吹对接式内螺槽触头示意

　　ZN12-10 型户内式真空断路器的原理结构图如图 3-23 所示。断路器的整体呈 V 型悬挂式结构,三只真空灭弧室通过铸铝合金的上、下出线端 2 和 3 用六只环氧树脂浇注的绝缘子悬挂在手车框架的前方。上出线端直接通过拐臂与上隔离触头相连,下出线端上装有软连接 4,软连接 4 的一端通过拐臂与下隔离触头相连,

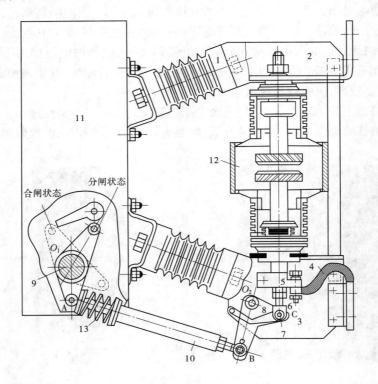

1—绝缘子;2—上出线端;3—下出线端;4—软连接;5—导电夹;6—万向杆端轴承;
7—轴销;8—转向杠杆;9—主轴;10—绝缘拉杆;11—机构箱;
12—真空灭弧室;13—触头压力弹簧

图 3-23　ZN12-10 型真空断路器的原理结构

另一端直接固定在真空灭弧室动导电杆的导电夹 5 上。在导电杆的底部装有万向杆端轴承 6,该杆端轴承通过轴销 7 与三角形转向杠杆 8 相连,杠杆 8 通过轴销 7 与绝缘拉杆相连,操动机构就是通过绝缘拉杆 10 经摇臂滑块变直机构使断路器分、合闸的。

ZN63 – 12 型真空断路器的结构图如图 3-24 所示。真空断路器的主体安装在断路器框架后部,三个真空灭弧室及主导电元件整体浇注成固封极柱,主导电回路绝缘稳定可靠,真空灭弧室可以得到充分保护,这种结构能有效防止外力冲击和污秽环境的影响。

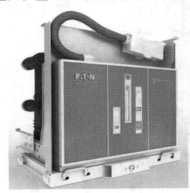

图 3-24 ZN63 – 12 型真空断路器的结构图

弹簧操动机构安装在断路器框架前方,与断路器本体一体式设计,一台操动机构操作三相真空灭弧室。在断路器面板上布置有分合闸按钮、手动储能轴、储能状态指示牌、分合闸指示牌等部件。断路器在开关柜内的安装形式可以是固定式或抽出式,还可安装于框架上使用。

真空断路器具有触头开距短、体积小、重量轻、触头不易氧化、防火防爆、便于维护检修等优点。但是,真空断路器的灭弧室工艺及材料要求较高,灭弧室玻璃外壳机械强度较差,不能承受较大的冲击和振动。开断电流及断口电压不能做得很高,价格较贵,主要适用于频繁操作的场所。

(二)六氟化硫高压断路器

六氟化硫高压断路器是利用 SF_6 气体作为绝缘和灭弧介质的断路器。SF_6 气体是一种无色、无毒、不可燃且具有良好冷却特性的惰性气体,它具有很高的绝缘强度和很好的灭弧性能。SF_6 气体在均匀电场中的绝缘强度是空气的 2 ~ 3 倍,当气压达 3 000 kPa 时,其绝缘强度与变压器油相同。SF_6 气体在电弧作用下分解为低氟化合物,但在电弧电流为零时低氟化合物急剧地结合成 SF_6 气体,因此 SF_6 的灭弧能力强,在同等条件下 SF_6 气体的灭弧能力为空气的 100 倍。SF_6 气体的液化温度高,SF_6 断路器应保证 SF_6 气体在气态下工作。

SF_6 断路器的结构,按其灭弧方式分,有双压式和单压式两类。双压式具有两个气压系统,低压区作为断路器内部绝缘,高压区用于灭弧。单压式只有一个气压系统,灭弧原理及过程如图 3-25 所示,灭弧室的可动部分带有压气装置,分闸过程中压汽缸与触头同时运动,将压气室内气体压缩,触头分离后电弧受到高速气流纵吹灭弧。

SF_6 断路器的优点是:结构简单,体积小,重量轻;额定电流和开断电流很大,断口耐

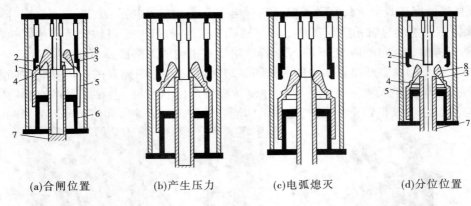

(a)合闸位置　　　(b)产生压力　　　(c)电弧熄灭　　　(d)分位位置

1—静触头;2—静弧触头;3—动弧触头;4—动触头;5—压汽缸;6—压气活塞;7—拉杆;8—喷嘴

图 3-25　压气式变开距灭弧室的工作原理

压高,灭弧时间短,允许开断次数多;运行稳定,安全可靠,防火防爆。其缺点是:对制造加工的精度要求很高,密封性能要求严格,因此价格也较贵。

LW 系列户外高压六氟化硫断路器在110 kV 及以上高压和超高压系统中应用广泛。

LW36 – 126/T3150 – 40 型断路器为户外交流高压六氟化硫断路器,额定电压为126 kV,额定电流为 3 150 A,额定断路电流为 40 kA。断路器的外形如图 3-26 所示。

断路器采用三极瓷套支柱式结构,三个极柱安装在共同的基座上。极柱上部为灭弧室,下部为支柱瓷套。基座内装有三相联动的传动系统和三极柱 SF_6 气体连通的管路系统及 SF_6 气体密度控制器。控制柜居

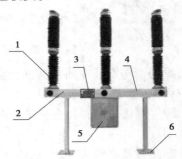

1—极柱;2—基座;3—铭牌;
4—充气管与指针式密度控制器;
5—操动机构及控制柜;6—地脚螺栓
图 3-26　LW36 – 126/T3150 – 40 型断路器的外形

中吊装在基座下面,柜内有三极共同配用的一个弹簧操动机构和控制单元。

1. 基座

基座起到支撑三极柱并连接控制柜的作用,用钢板弯制而成。基座正面有三个安装手孔和一个观察分合指示的视窗,以及一块产品铭牌。基座背面有一个观察密度控制器的视窗,基座内装有三极 SF_6 气体连通的管路和指针式气体密度控制器。

2. SF_6 气体密度控制器

指针式 SF_6 气体密度控制器(即压力表)用于对设备内 SF_6 气体的密度进行监视,并随气体压力即密度的变化而发出相应的控制信号。密度控制器具有温度补偿功能,即当环境温度变化而引起 SF_6 气体压力变化时,控制器不会动作。只有当 SF_6 气体泄漏而引起气体密度变化时,控制器才会发出相应的报警及闭锁信号。

3. 极柱

极柱主要由灭弧室、支柱瓷套及拐臂箱等组件组装而成。每一极柱为一气密单元。

极柱自上而下,分为上出线板、灭弧室、下出线板、支柱瓷套、绝缘拉杆、拐臂箱、机构操作杆几部分,如图3-27(a)所示。

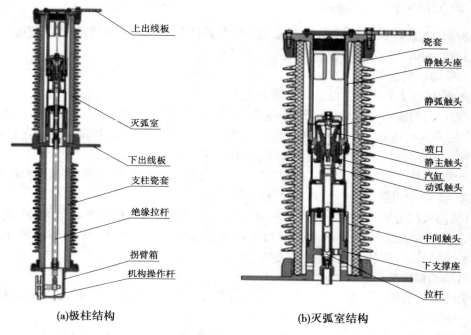

(a)极柱结构　　　　　　　　**(b)灭弧室结构**

图3-27　LW36 – 126／T3150 – 40型断路器极柱及灭弧室结构

上、下出线板为一次线路接线用。下出线板与下支撑座为一体式结构,下出线板在断路器正反面都有出线。

灭弧室包含了断路器的一次导电回路及灭弧系统零部件。灭弧系统安装在灭弧室瓷套内,是断路器的核心部件。它主要由瓷套、静触头座、静弧触头、喷口、静主触头、汽缸、动弧触头、中间触头、下支撑座、拉杆等零部件组成,如图3-27(b)所示。灭弧室上部装设了吸附剂,用于吸咐气体中的水分和气体分解物。拉杆与支柱瓷套内的绝缘拉杆相连,并最终连接至拐臂箱内的传动轴上。灭弧室瓷套用高强瓷制成,具有很高的强度和很好的气密性。灭弧室内的一次载流回路是由上接线板、静触头座、汽缸、中间触头、下支撑座、下接线板构成的。

支柱瓷套起支撑灭弧室以及对地绝缘的作用,瓷套内装有绝缘拉杆,拉杆起对地绝缘和机械传动的作用。支柱瓷套也用优质高强瓷制成,具有很高的强度和很好的气密性。

拐臂箱是将传动元件内外相连通的重要部件,对其密封功能有特殊的要求。它将操动机构的输出动作传递到绝缘拉杆,并最终传递到灭弧室运动部件单元,完成断路器的分、合闸动作。拐臂箱壳体用铝合金铸造而成。

LW36 – 126／T3150 – 40型六氟化硫高压断路器采用自能式灭弧原理,利用电弧能量建立起灭弧所需的压力进行吹弧。当断路器接到分闸命令后,由拉杆、汽缸、动触头、喷口等组成动触头组件,在机构分闸弹簧力的作用下拉杆受力向下运动,静主触头先与动主触头分离,电流转移至仍在闭合的动、静弧触头上,随后动、静弧触头分离便形成电弧。在开断短路电流时,弧触头间的电弧能量很大,弧区大量热气流流入汽缸,在汽缸内进行热交换,形成低温高压气体。当电流过零时,这些具有一定流速的高压气体吹向断口使电弧熄灭。

六、断路器的操动机构

断路器的操动机构,是用来通过传动机构使断路器合闸、维持合闸和分闸的设备。操动机构性能的好坏,直接影响着断路器的工作可靠性。

(一)操动机构的组成

一般来说,操动机构主要由以下几部分组成。

(1)做功与储能部分。它的作用是将其他形式的能量转换为机械能。例如,电磁操动机构中的合闸电磁铁,通电后由电磁铁的动能使传动机构动作,同时将能量储存起来,以备分闸时只使用很小能量去释放机械能,使其快速分闸。

(2)传动系统。用以改变操作力的方向、位置、行程以及运动性质等。它是一套机械连杆机构,要求机械能量损失小、动作准确、寿命长。

(3)维持机构与脱扣机构。维持机构就是将已经完成的合闸操作可靠地保持在合闸状态;脱扣机构是用于解除合闸的机构,当断路器分闸时,能将死点机构脱开,实现分闸。它可以"一碰即脱",以使分闸动作快,需要功率小。

(二)操动机构的类型及特点

操动机构根据合闸能源取得方式的不同,可分为手动式、电磁式、弹簧式、气动式和液压式等几种类型。

(1)手动式操动机构,依靠人力合闸、弹簧力分闸,并具有自由脱扣机构;构造简单,不需要其他辅助设备;一般只用于额定断路电流不超过 6.3 kV 的断路器。它的最大缺点是操作功率受人力限制,合闸时间长,不能实现自动重合闸。

(2)电磁式操动机构,是由电磁铁将电能转换成机械能作为合闸动力。这种机构结构简单,运行可靠,能用于自动重合闸和远距离操作,因而在 10 ~ 15 kV 断路器中得到了广泛应用。

(3)弹簧式操动机构,是利用弹簧预先储存的能量作为合闸动力。此种机构成套性强,不需配备附加设备,弹簧储能时耗用功率小,但结构复杂,加工工艺及材料性能要求高,且机构本身重量随操作功率增加而急剧增大。目前,我国生产的 CT7、CT8 等系列操动机构可供 SN10 系列断路器使用,CT6 型弹簧操动机构供 SW4 系列断路器使用。

(4)气动式操动机构,是利用压缩空气进行断路器分闸,利用弹簧力进行断路器合闸。此种机构结构简单,动作可靠,正在获得越来越广泛的应用。

(5)液压式操动机构,是利用压缩气体(氮气)作为能源,以液压油作为传递能量的媒介,推动活塞做功,使断路器合闸或分闸。CY3 、CY3Ⅲ和 CY4 型液压操动机构具有压力高、出力大、体积小、传递快、延时小、动作准确及出力比较均匀等优点。目前,液压操动机构广泛用于我国电压为 110 kV 及以上的少油断路器和 SF_6 断路器中。

(三)操动机构的基本要求

(1)应具有足够的操作功率。在断路器合闸过程中,操动机构要克服很大的机械力和电动力,因此断路器合闸时,操动机构必须发出足够大的功率,而在断路器分闸时所需功率较小。

（2）要求动作迅速。通常要求快速断路器的分闸时间不大于 0.08 s,近代高压、超高压断路器甚至要求为 0.02 ~ 0.04 s。而断路器的全分闸时间中,固有分闸时间约占一半以上,它与操动机构的结构有关。

（3）要求操动机构工作可靠、结构简单、体积小、重量轻、操动方便等。

任务五 高压隔离开关

高压隔离开关是高压电器中使用最多的一种电器,结构简单,在分闸状态下,动静触头间应有明显可见的断口,绝缘可靠;在合闸状态下,导电系统中可以通过正常的工作电流和故障下的短路电流。因没有灭弧装置,所以不能用来接通或断开有负荷电流及短路电流的电路。

一、隔离开关的用途

隔离开关的用途主要有以下几种。

（一）隔离电源,保证安全

在停电检修时,用隔离开关将需要检修的部分与其他带电压的部分可靠地断开隔离,以保证工作人员安全地检修电气设备,而且不影响装置的其余部分正常工作。

（二）倒闸操作

隔离开关经常用来进行倒闸操作、切换电路,以改变电力系统的运行方式。例如,当主接线为双母线时,利用隔离开关将设备或线路从一组母线切换到另一组母线。

（三）切合小电流

由于隔离开关能通过拉长电弧的方法来灭弧,可利用隔离开关进行下列操作:

（1）接通或切断电压互感器和避雷器。

（2）接通或切断长度不超过 10 km 的 35 kV 空载线路或长度不超过 5 km 的 10 kV 空载线路。

（3）接通或切断 35 kV、100 kVA 及以下和 110 kV、3 200 kVA 及以下的空载变压器等。

（4）在系统没有发生接地故障时,接通或切断变压器中性点的接地线。

二、隔离开关的型号

隔离开关型号的含义如下所示:

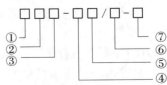

①代表产品名称:G—隔离开关;J—接地开关。

②代表安装场所:N—户内式;W—户外式。

③代表设计系列序号,用数字表示。

④代表额定电压,kV。

⑤代表补充工作特征:D—带接地闸刀;G—改进型;K—快分型;T—统一设计;W—防污型。

⑥代表额定电流,A。

⑦代表额定短时耐受电流,kA。

例如,GN2-10/400 型,指额定电压 10 kV、额定电流 400 A、2 型户内式隔离开关;又如 GW5-60GD/1000 型,指额定电压 60 kV、额定电流 1 000 A,改进的、带接地闸刀的 5 型户外隔离开关。

三、隔离开关的基本结构

(一)导电系统部分

(1)触头。隔离开关的触头是裸露在大气中的,表面易氧化和脏污,从而影响触头接触的可靠性。因此,隔离开关的触头要有足够的压力和自清扫的能力。

(2)刀闸(或称导电杆)。由两条或多条平行的铜板或铜管组成的,其铜板厚度和条数是由隔离开关的额定电流决定的。

(3)接线座。一般根据额定电流的大小不同而有所区别,常见的有板形和管形两种。

(4)接地闸刀。隔离开关带接地闸刀的作用是保证人身安全。当断路器分闸后,将回路可能存在的残余电荷或杂散电流通过接地闸刀可靠接地。

(二)绝缘结构部分

隔离开关的绝缘主要有两种,一种是对地绝缘,另一种是断口绝缘。对地绝缘一般由支柱绝缘子和操作绝缘子构成。它们通常采用实心棒形瓷质绝缘子,有的也采用环氧树脂或环氧玻璃布板等作为绝缘材料。断口绝缘具有明显可见的间隙断口,绝缘必须稳定可靠,通常以空气为绝缘介质,断口绝缘水平应较对地绝缘高 10% ~ 15%,以保证断口不发生闪络或击穿。

四、GN 系列户内高压隔离开关

GN19-10/400 型三极隔离开关结构如图 3-28 所示。

隔离开关在工作时,工作电流经上引线端子从静触头 4、刀闸 5、动触头和下引线端子 6 流出。引线端子与静触头为一整体,固定在支柱绝缘子 3 上。动触头用槽形铜材制成刀闸式,每相两条,散热性能好,机械强度高,有较高的动稳定性和热稳定性。刀闸由拉杆绝缘子 2 牵动,三相的拉杆绝缘子经连杆与轴 7 铰接。隔离开关进行分、合闸操作时,操动机构经连杆带动拐臂 8 转动,完成操作。

为提高触头的接触压力,可在刀闸外侧安装弹簧。为保证触头有可靠的接触面,额定电流较大的隔离开关的刀闸一般可做成四条。为保持触头通过短路电流时的稳定性,在刀闸端部装有磁锁,即刀闸外侧装钢片,这样,在通过短路电流时,电流磁场使钢片间产生吸持力,以维持动、静触头间的接触压力。运行中,隔离开关容易发生过热的部位是上、下引线和触头之间的接触部分。引起引线过热的主要原因是导体截面面积过小或接头螺栓松动,因接触压力过小使接触电阻增大造成过热。引起静触头与刀闸之间过热的主要原

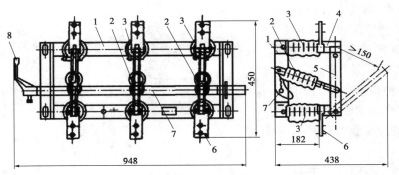

1—底座;2—拉杆绝缘子;3—支柱绝缘子;4—静触头;

5—刀闸;6—下引线端子;7—轴;8—拐臂

图 3-28　GN19 – 10/400 型三极隔离开关结构

因是:负荷电流过大,超过隔离开关的允许电流;静触头与刀闸间实际接触面积过小;触头接触压力过小和操动机构调整不当,造成合闸不到位等。

　　运行中若发现隔离开关局部过热,应尽快查明造成故障的原因,并采取措施。根据实际过热温度的高低及供电回路的性质,采取措施尽早降低过热温度或使其退出运行,以免进一步扩大故障。

　　GN6 – 10T 型三极隔离开关的外形如图 3-29 所示。其结构为平装式,采用支柱瓷绝缘子。它的动触头每相有两条铜制的闸刀,用弹簧紧夹在静触头两边,并形成线接触,以增加接触压力,提高动稳定性。

　　GN2 – 10 户内高压隔离开关为三相联动式,由底架、转轴及联动板、支柱绝缘子、导电闸刀及静触头等部分组成,如图 3-30 所示。转轴装在底架上,轴上焊有联动板,通过拉杆绝缘子与闸刀相连。转轴两端伸出底架,其任何一端均可与操作机构相连进行分、合闸。本系列隔离开关可以水平、垂直或倾斜安装。该开关配用 CS6 – 2 型手动操作机构或 CX6 电动机构。

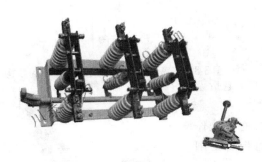
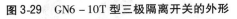

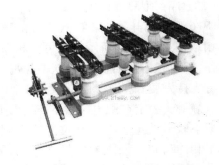

图 3-29　GN6 – 10T 型三极隔离开关的外形　　**图 3-30　GN2 – 10 户内高压隔离开关的外形**

五、GW 系列户外高压隔离开关

GW 系列户外高压隔离开关用于户外有电压无负载时切断或闭合 6 ~ 500 kV 电压等

级的电气线路,可安装在户外支架或支柱上。由于其触头直接暴露在大气中,其工作条件比较恶劣,应能抵抗风、雨、雾、冰、灰尘和气温突变等多种不良环境的影响,一般要求有较高的绝缘和机械强度,动、静触头间应有良好的防冻和破冻结构。

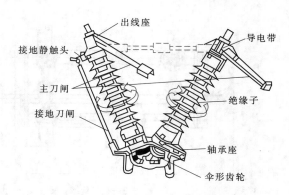

图3-31　GW5型隔离开关的结构

(一)GW5型隔离开关

GW5型隔离开关是应用范围较广的一种隔离开关。GW5型隔离开关(一相)的结构如图3-31所示。主闸刀端部装有楔形触头,并有防护罩;刀闸与接线端子之间用挠性导体连接;刀闸与支承座之间为刚性连接。隔离开关合闸后,电流由接线端子流入,经挠性导体和接线端子流出。

轴承座固定在棒式绝缘子的一端,棒式绝缘子装在底座之上;两个棒式绝缘子的下端经伞形齿轮连接,可作90°旋转。隔离开关的分、合闸操作,是由操动机构经连杆带动伞形齿轮旋转,两个棒式绝缘子以相同的速度向相对的方向转动,使触头随刀闸运动而分、合。接地刀闸的作用是,当主刀闸断开后,利用接地刀闸将隔离开关待检修的一侧设备接地,以保证检修工作的安全。

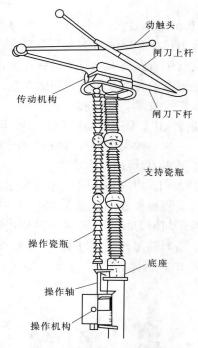

图3-32　GW6型户外隔离开关单相的结构

(二)GW6型隔离开关

GW6型隔离开关为单柱式户外隔离开关,其单相结构如图3-32所示。它可分相布置,单相操作,以节省占地面积。GW6型隔离开关每相具有支持瓷瓶和操作瓷瓶。动触头固定在导电折架之上。静触头固定在配电装置的架空硬母线上或者悬挂在架空软母线上。隔离开关进行合闸时,通过操作绝缘子和传动装置操纵导电折架运动,同时带着刀闸垂直向上运动,升至最高处完成合闸操作。

(三)GW13型隔离开关

GW13型隔离开关的外形如图3-33所示。该型号隔离开关是在无载荷情况下,分合变压器中性点连线的,在闸刀处于正常分闸位置时,可提供一个符合安全

图3-33　GW13型隔离开关的外形

要求的绝缘距离。操动机构输出轴可作180°水平旋转,其上的定位装置能保证动触头与静触头处于正确位置。它性能可靠、运行安全、结构简单、安装调整方便,广泛使用于63~110 kV变电站。

本隔离开关为单相式结构,每相由底架、支柱绝缘子、闸刀、触头等部分组成,闸刀侧面有调节接触压力的螺丝和压紧用的弹簧,上端装有固定拉扣和与其相连的自锁装置,用于绝缘钩棒进行分合闸。新型产品在结构上与未改进的产品比较,具有接触面积大、接触电阻低、导电性能好、机械强度强等优点。

六、高压隔离开关的操动机构

隔离开关一般都配有操动机构,其作用是提高工作的安全性,使操作简化,防止隔离开关在短路时自动断开,以及便于实现隔离开关与断路器之间、主闸刀与接地刀闸之间在机械上互相闭锁而防止误操作。

隔离开关的操动机构可分为手动式和动力式两类。手动式操动机构中,有杠杆操动机构和涡轮操动机构两种;动力式操动机构中,主要有电动操动机构、压缩空气操动机构和电动液压操动机构三种。

(一)手动式操动机构

手动式操动机构的结构简单、维护工作量少、价格便宜,在水电站和变电所中使用较为广泛。

手动杠杆式操动机构是利用手力由手柄操作,经杠杆传动,带动刀闸运动,完成隔离操作的机构,一般适用于额定电流小于3 000 A的隔离开关。

图3-34为CS6型手动式杠杆操动机构的安装示意图。图中实线表示隔离开关的合闸位置,虚线表示隔离开关的分闸位置,箭头表示隔离开关进行分、合闸操作时手柄1的转动方向。

分闸时,将手柄1向下旋转150°,经连杆带动使扇形杆6向下旋转90°,由牵引杆3带动隔离开关拐臂4向下旋转90°,使隔离开关分闸。

合闸时,手柄向上旋转150°,经连杆传动使隔离开关拐臂4向上旋转90°,完成合闸操作。隔离开关合闸后,连杆之间的铰接轴d处于死点位置之下。因此,可以防止短路电流通过隔离开关时因电动力使刀闸自行断开。

隔离开关操动机构还联动辅助开关F1。辅助开关有若干对动合、动断辅助触点,用于信号、联锁等二次电路中。

(二)动力式操动机构

电动式操动机构的结构复杂、维护工作量大、价格贵,但可以实现远方操作,主要适用于户内重型隔离开关和110 kV以上的隔离开关。

电动液压操动机构的工作原理,与压缩空气操动机构相似,但电动液压操动机构利用电动机驱动的油泵产生高压油,再利用高压油推动油缸中的活塞运动,经传动机构完成分、合闸操作。图3-35所示为CY2型电动液压操动机构的原理示意图。

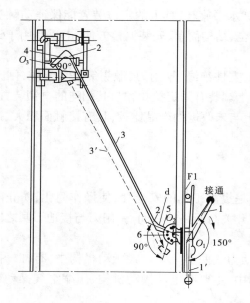

1—手柄;2、5、7—连杆;3—牵引杆;4—拐臂;6—扇形杆

图 3-34　CS6 型手动式杠杆操动机构的安装示意图

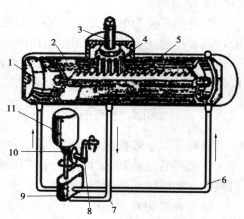

1—油缸;2—活塞;3—主轴;4—齿轮;
5—齿条;6—主油管;7—泄油管;8—手摇把;
9—齿轮油泵;10—伞形齿轮;11—电动机

图 3-35　CY2 型电动液压机构的原理示意图

任务六　电流互感器

　　电流互感器(TA)又称仪用变流器,它是将电路中的大电流转变成小电流的电气设备,作为测量仪表和继电器的交流电源。

　　电流互感器的主要作用是将一次系统的大电流变成小电流,便于实现对一次系统的测量和保护作用,也易于实现自动化和远动化。电流互感器二次绕组的额定电流一般为 5 A 或 1A。电流互感器能使二次测量仪表、继电器等设备实现标准化和小型化,使其结构轻巧、价格便宜。

一、电流互感器的基本原理

　　电流互感器的基本原理如图 3-36 所示。它是按电磁感应原理构成的,其工作原理与单相变压器相似。它的结构特点是:一次绕组匝数很少,有的电流互感器(如母线式)是利用穿过其铁芯的一次电路(如母线)作为一次绕组(相当于匝数为 1),而且一次绕组导体相当粗;其二次绕组匝数很多,导体较细。

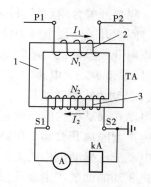

1—铁芯;2——次绕组;3—二次绕组

图 3-36　电流互感器的基本原理

　　工作时,一次绕组串接在被测的一次电路中,因而一次绕组通过的电流几乎完全取决于被测一次电路的负荷,而与二次负荷无关。二次绕组则与仪表、继电器等的电流线圈串联,形成一个闭合回路。由于这些电流线圈的阻抗很小,因此电流互感器

工作时其二次回路接近于短路状态。

电流互感器的一次电流 I_1 与其二次电流 I_2 之间有下列关系：

$$I_1 \approx \frac{N_2}{N_1}I_2 \approx K_iI_2$$

式中　N_1、N_2——电流互感器一、二次绕组匝数；

　　　　K_i——电流互感器的电流比，一般表示为其一、二次的额定电流之比，即 $K_i = I_{1N}/I_{2N}$，如 100 A／5 A。

高压电流互感器多制成不同准确度级的两个铁芯和两个二次绕组，分别接测量仪表和继电器，以满足测量和保护的不同要求。电气测量对电流互感器的准确度要求较高，且要求在一次电路短路时仪表受的冲击小，因此测量用电流互感器的铁芯在一次电路短路时应易于饱和，以限制二次电流的增长倍数。而继电保护用电流互感器的铁芯则在一次电路短路时不应饱和，使二次电流能与一次电流成比例地增长，以适应保护灵敏度的要求。

二、电流互感器的型号

电流互感器全型号的表示和含义如下所示：

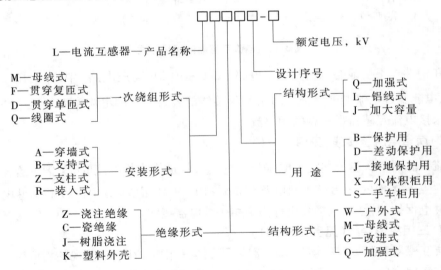

三、电流互感器的接线方式

电流互感器在三相电路中的几种常见接线方式如图 3-37 所示。

（一）一相式接线（见图 3-37（a））

电流线圈通过的电流，反映一次电路相应相的电流。通常用于三相对称负荷的电路如低压动力线路中，供测量电流、电能或接过负荷保护装置之用。

（二）两相 V 形接线（见图 3-37（b））

电流互感器和测量仪表均为不完全星形接线，在继电保护装置中，称为两相三继电器

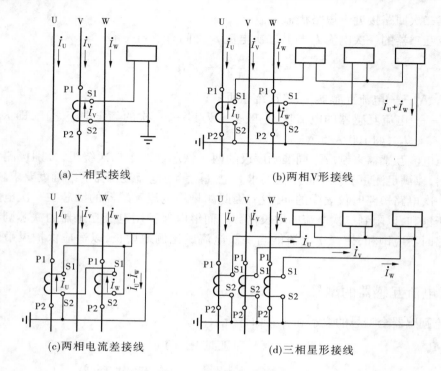

(a)一相式接线　　　　　　　　　　(b)两相V形接线

(c)两相电流差接线　　　　　　　　(d)三相星形接线

图 3-37　电流互感器的接线方式

接线。在中性点不接地的三相三线制电路(如 6 ~ 10 kV 高压电路)中,广泛用于测量三相电流、电能及过电流继电保护。两相 V 形接线的公共线上的电流为 $\dot{I}_U + \dot{I}_W = -\dot{I}_V$,反映的是未接电流互感器那一相的相电流。

（三）两相电流差接线（见图 3-37（c））

电流互感器二次侧公共线上电流为 $\dot{I}_U - \dot{I}_W$,其量值为相电流的 $\sqrt{3}$ 倍。这种接线适用于中性点不接地的三相三线制电路(如 6 ~ 10 kV 高压电路)中作过电流继电保护之用。在继电保护装置中,此接线也称为两相一继电器接线。

（四）三相星形接线（见图 3-37（d））

电流互感器和测量仪表均为星形接线,可测量三相负荷电流,监视各相负荷的不对称情况。广泛用在负荷一般不平衡的三相四线制系统如 TN 系统中,也用在负荷可能不平衡的三相三线制系统中,用于三相电流、电能测量及过电流继电保护。

四、户内式电流互感器结构

电流互感器结构与双绕组变压器相似,由铁芯和一、二次绕组两个主要部分构成,按一次绕组的匝数分为单匝式和复匝式。0.5 kV 电流互感器的一、二次绕组都套在同一铁芯上,结构最简单。10 kV 及以上电压等级的电流互感器,为了使用方便和节约材料,常用多个没有磁联系的独立铁芯和二次绕组组成一台有多个二次绕组的电流互感器。这样,一台互感器可同时供测量和保护用。通常,10 ~ 35 kV 电压等级有两个二次绕组;

63～110 kV 电压等级有 3～5 个二次绕组;220 kV 及以上电压等级有 4～7 个二次绕组。

（一）LDZ1 - 10、LDZJ1 - 10 型环氧树脂浇注绝缘单匝式电流互感器

LDZ1 - 10、LDZJ1 - 10 型互感器的结构及外形如图 3-38 所示,当一次电流为 800 A 及以下时,其一次导电杆为铜棒;1 000 A 及以上时,考虑散热和集肤效应,一次导电杆做成管状,互感器铁芯采用硅钢片卷成,两个铁芯组合对称地分布在金属支持件上,二次绕组绕在环形铁芯上。一次导电杆、二次绕组用环氧树脂和石英粉的混合胶浇注加热固化成型,在浇注体中部有硅铝合金铸成的面板。板上预留有安装孔。

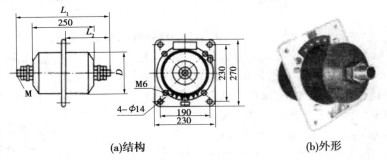

(a)结构　　　　　　　(b)外形

图 3-38　LDZ1 - 10、LDZJ1 - 10 型电流互感器的结构及外形

（二）LMZ1 - 10、LMZD1 - 10 型环氧树脂浇注绝缘单匝母线式电流互感器

LMZ1 - 10、LMZD1 - 10 型环氧树脂浇注绝缘单匝母线式电流互感器结构及外形如图 3-39 所示。该互感器为树脂浇注式绝缘、穿心母线型结构。互感器本身不带一次绕组,工作时,由母线穿过预留铁芯孔构成一次绕组。一次绕组可配额定电流大(2 000～5 000 A)的母线,一次极性标志 P_1 在窗口上方,两个二次绕组出线端为 $1S_1$、$1S_2$ 和 $2S_1$、$2S_2$。互感器的绝缘、防潮、防霉性能良好,机械强度高,维护方便,多用于发电机、变压器主回路。

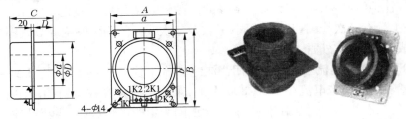

(a)结构　　　　　　　(b)外形

图 3-39　LMZ1 - 10、LMZD1 - 10 型电流互感器的结构及外形

（三）LFZB - 10 型环氧树脂浇注绝缘有保护级复匝式电流互感器

由于单匝式电流互感器准确度等级较低,所以在很多情况下需要采用复匝式电流互感器。复匝式可用于额定电流为各种数值的电路。LFZB - 10 型环氧树脂浇注绝缘有保护级复匝式电流互感器的结构及外形如图 3-40 所示。该型互感器为半封闭浇注绝缘结构,铁芯采用硅钢叠片呈二芯式,在铁柱上套有二次绕组,一、二次绕组用环氧树脂浇注整体,铁芯外露。

（四）LQJ - 10 型环氧树脂浇注绝缘半封闭式电流互感器

图 3-41 是户内高压 LQJ - 10 型电流互感器的外形图。它适用于 50 Hz、10 kV 及以下

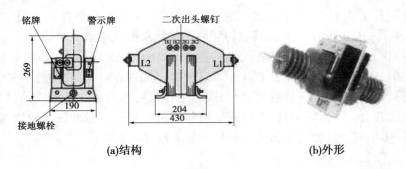

(a)结构   (b)外形

图 3-40　LFZB - 10 型电流互感器的结构及外形

线路中用于电流、电能的测量及继电保护。它有两个铁芯和两个二次绕组,分别为 0.5 级和 3 级,0.5 级用于测量,3 级用于继电保护。该互感器采用环氧树脂或不饱和树脂绝缘胶进行浇注作为主绝缘。一次线圈引出在顶部,二次接线座在侧面,上、下铁芯采用磁分路改善误差性能。LQJ - 10 型电流互感器的电流比从 5 ~ 100/5 到 150 ~ 600/5。准确级分为 0.5 级、1 级、3 级。该电流互感器在110% 额定电流下允许长期工作,连接的母线在110% 额定电流通过时温升不超过 +40 ℃。

(五)LAJ - 10 型穿墙式电流互感器

LAJ - 10 型穿墙式电流互感器半封闭浇注绝

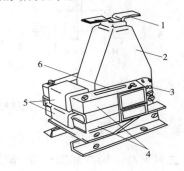

1——一次接线端子;2——一次绕组;3——二次接线端子;4——铁芯;5——二次绕组;6——警示牌

图 3-41　LQJ - 10 型电流互感器的外形

缘的外形如图 3-42 所示。LAJ - 10 型穿墙式电流互感器一次额定电流在 300 A 以下的,采用半封闭浇注绝缘结构,半封闭浇注绝缘的产品铁芯采用叠片铁芯,为二芯式铁芯结构,在铁芯柱上套有一次线圈与二次线圈,一次及二次线圈间用树脂绝缘。线圈与铁芯间的骨架浇注成整体,铁芯外露。

LAJ - 10 型穿墙式电流互感器全封闭浇注绝缘的外形如图 3-43 所示。LAJ - 10 型穿墙式电流互感器一次额定电流在 400 ~ 800 A 的,采用单匝贯穿式全封闭浇注绝缘结构,铁芯为圆环形,二次线圈均匀绕制于圆周,一次线圈为铝棒单匝贯穿。线圈与铁芯浇注为整体,采用全封闭绝缘结构。浇注体安装在面板上,其上有铭牌、接地螺栓及 4 个安装孔。

图 3-42　LAJ - 10 型穿墙式电流互感器
半封闭浇注绝缘的外形

图 3-43　LAJ - 10 型穿墙式电流互感器
全封闭浇注绝缘的外形

（六）LFSB – 10 型电流互感器

LFSB – 10 型电流互感器型号含义如下所示：

L　F　S　B　－　10
额定电压，kV
保护用
手车式开关柜用
复匝式
电流互感器

LFSB – 10 型电流互感器的外形如图 3-44 所示。LFSB – 10 型电流互感器为环氧树脂浇注结构，采用优质进口树脂、自动压力凝胶注射工艺成型。环形铁芯采用微晶合金或优质导磁硅钢片绕制而成，二次导线均匀绕制其上。一次导体外包加强绝缘绕制，以避免导体之间匝间短路。一次出线板镀锡处理，互感器二次出线端子在接线端子盒内，安全可靠。

图 3-44　LFSB – 10 型电流互感器的外形

其中，一次电流为 5～200 A 时采用环氧树脂浇注半封闭式绝缘结构，300～1 000 A 时为单匝全封闭式绝缘结构。适用于额定频率为 50 Hz、额定电压 10 kV 及以下的电力系统中，起电气测量和电气保护作用。

五、户外式电流互感器结构

（一）LCWB6 – 110 型电流互感器

LCWB6 – 110 型电流互感器为油浸式全密封电容绝缘结构，如图 3-45 所示。一次绕组为 U 字形，器身固定在托架上，器身及托架安装在油箱内部。主绝缘为电容型油纸绝

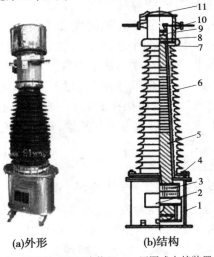

(a)外形　　　　(b)结构

1—油箱；2—二次接线盒；3—环形铁芯及二次绕组；4—压圈式卡接装置；5——次绕组；6—瓷套管；
7—均压护罩；8—储油箱；9——次绕组切换装置；10——次接线端子；11—呼吸器

图 3-45　LCWB6 – 110 型电流互感器的外形及结构

缘,用高压电缆纸包绕在一次绕组的线芯上,其间设若干电容屏,内屏接高电位,外屏可靠接地。

互感器具有 4 个二次绕组、2 个 10P 级和 1 个测量级。4 个环形铁芯及二次绕组分布在 U 字形一次绕组下部的两侧,二次绕组为漆包圆铜线,铁芯采用优质冷轧晶粒取向硅钢板卷成。二次出线板采用防潮性能较好的环氧玻璃布板制成。

油箱上部装有瓷套,瓷套顶部置有储油柜,一次出线端在储油柜上,串并联为外换接装置,即在储油柜外便可以换接,一次接线端子尺寸均按相关标准规定。

采用波纹式膨胀器作为油保护装置,且是密封装置,保证了油的质量。产品的油面指示是通过膨胀器上端盖(涂有红漆)随油温变化而上下运动表示出来的。

油箱上装有标明技术数据的铭牌及线圈排列示意图,并有 4 个供起吊产品用的吊攀,油箱底部装有放油阀门及接地螺栓。

(二)LRGBJ2 – 110 型干式高压电流互感器

LRGBJ2 – 110 型干式高压电流互感器的外形如图 3-46 所示。该型电流互感器主要由干式高压套管和贯穿式电流互感器组合而成。一次绕组的干式高压套管由氟塑料、硅橡胶等有机绝缘材料代替油、纸、瓷,采用氟有机材料作主绝缘及硅橡胶伞裙外套,具有无油、无瓷、无气的特点。

图 3-46 LRGBJ2 – 110 型干式高压电流互感器的外形

该型干式高压电流互感器体积小、重量轻,电场分布均匀,局部放电量低,无油、无瓷、无气,维护简便,运行安全,具有防火、防爆、抗污闪性能。适用于额定频率 50 Hz、额定电压 110 kV、额定电流 100～2 500 A 的电力系统中,用于电流、电能测量及继电保护。

(三)L – 110 型串级式电流互感器

L – 110 型串级式电流互感器的结构及原理接线如图 3-47 所示。互感器由两个电流互感器串联组成。Ⅰ级属高压部分,置于充油的瓷套内,它的铁芯对地绝缘,铁芯为矩形叠片式,一、二次绕组分别绕在上、下两个芯柱上,其二次电流为 20 A;为了减少漏磁,增强一、二次绕组间的耦合,在上、下两个铁芯柱上设置了 2 个匝数相等、互相连接的平衡绕组,该绕组与铁芯有电气连接。Ⅱ级属低压部分,有 3 个环形铁芯及 1 个一次绕组、3 个二次绕组,装在底座内;Ⅰ级的二次绕组接在Ⅱ级的一次绕组上,作为Ⅱ级的电源,Ⅱ级的互感比为 20/5 A。由于这种两级串级式电流互感器,每一级绝缘只承受装置对地电压的一半,因而可节省绝缘材料。

(四)SF₆ 气体绝缘电流互感器

SF₆ 电流互感器有两种结构形式,一种是与 SF₆ 组合电器(GIS)配套用的,另一种是可单独使用的,通常称为独立式 SF₆ 电流互感器,这种互感器多做成倒立结构。SF₆ 气体绝缘电流互感器有 SAS、LVQB 等系列,电压为 110 kV 及以上。

LVQB – 220 型 SF₆ 气体绝缘电流互感器的结构及外形如图 3-48 所示,由壳体、器身(一、二次绕组)、瓷套和底座组成。互感器器身固定在壳体内,置于顶部;二次绕组用绝缘件固定在壳体上,一、二次绕组间用 SF₆ 气体绝缘;壳体上方设有压力释放装置,底座有 SF₆ 压力表、密度继电器、充气阀、二次接线盒。

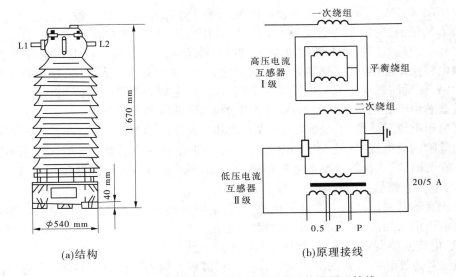

(a)结构　　　　　　　　　(b)原理接线

图 3-47　L - 110 型串级式电流互感器的结构及原理接线

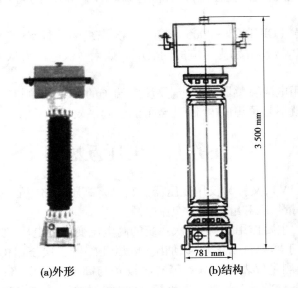

(a)外形　　　　　　　(b)结构

图 3-48　LVQB - 220 型 SF_6 气体绝缘电流互感器的外形及结构

这种互感器中气体压力一般选择 0.3 ~ 0.35 MPa,要求其壳体和瓷套都能承受较高的压力。壳体用强度较高的钢板焊接制造。瓷套采用高强瓷制造,也有采用环氧玻筒与硅橡胶制成的复合绝缘子作为 SF_6 互感器外绝缘筒。

六、电流互感器使用注意事项

(1)电流互感器在工作时其二次侧不得开路。

电流互感器正常工作时,由于其二次回路中所串接的测量仪表、继电器的电流线圈阻抗很小,因此电流互感器在正常工作情况下接近于短路状态。根据磁动势平衡方程式

$\dot{I}_1 N_1 - \dot{I}_2 N_2 = \dot{I}_0 N_1$ 可知,其一次电流 I_1 产生的磁动势 $I_1 N_1$,绝大部分被二次电流 I_2 产生的磁动势 $I_2 N_2$ 抵消,所以总的磁动势 $I_0 N_1$ 很小,励磁电流(即空载电流)I_0 只有一次电流 I_1 的百分之几。但是当二次侧开路时,$I_2 = 0$,这时迫使 $I_0 = I_1$,而 I_1 是一次电路的负荷电流,只受一次电路负荷影响,与互感器二次负荷变化无关,使 I_0 突然增大到 I_1,比正常工作时增大几十倍,使励磁磁动势 $I_0 N_1$ 也增大几十倍,这将产生如下严重后果:

①铁芯由于磁通量剧增而过热,并产生剩磁,降低铁芯准确度级。

②由于电流互感器的二次绕组匝数远比其一次绕组匝数多,所以在二次侧开路时会感应出危险的高电压,危及人身和设备的安全。因此,电流互感器工作时二次侧不允许开路。在安装时,其二次接线要求连接牢靠,且二次侧不允许接入熔断器和开关。

(2)电流互感器的二次侧有一端必须接地。

电流互感器二次侧有一端必须接地,是为了防止其一、二次绕组间绝缘被击穿时一次侧的高电压窜入二次侧,危及运行人员和设备的安全。

(3)电流互感器在连接时,要注意其端子的极性。

我国互感器和变压器的绕组端子,均采用"减极性"标号法。用"减极性"标号法所确定的同名端,实际上就是同极性端,即在同一瞬间,两个对应的同名端同为高电位,或同为低电位。

《电流互感器》(GB 1208—2006)规定,一次绕组端子标 P_1、P_2,二次绕组端子标 S_1、S_2,其中 P_1 与 S_1、P_2 与 S_2 分别为对应的同名端。如果一次电流 I_1 从 P_1 流向 P_2,则二次电流 I_2 从 S_2 流向 S_1。

在安装和使用电流互感器时,一定要注意端子的极性,否则其二次侧所接仪表、继电器中流过的电流就不是预想的电流,甚至可能引起事故。

任务七　电压互感器

电压互感器(TV),又称为仪用变压器。它是将高压回路中的高电压转变成低电压的电气设备,作为测量仪表和继电器的交流电源。

电压互感器的主要作用是:将一次系统的高电压变成低电压,便于实现对一次系统的测量和保护,也易于实现自动化和远动化。电压互感器二次绕组的额定电压一般为 100 V。电压互感器使测量仪表和继电器等二次设备与高压一次电路在电气方面隔离,以保证工作人员的安全。当一次侧电路发生短路时,能保护测量仪表和继电器的电流线圈免受大电流的损害,以保证设备的安全。

一、电压互感器的基本原理

电压互感器的基本原理如图 3-49 所示。它的结构特点是:一次绕组匝数很多,二次绕组匝数较少,相当于降压变压器。

电压互感器工作时,一次绕组并联在一次电路中,而二次绕组则并联测量仪表、继电器的电压线圈。由于电压线圈的阻抗一般都很大,所以电压互感器工作时其二次侧接近于空载状态。

电压互感器的一次电压 U_1 与其二次电压 U_2 之间有下列关系:

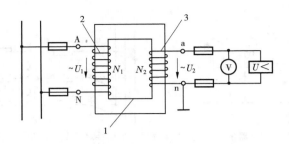

1—铁芯;2——次侧绕组;3—二次侧绕组

图 3-49　电压互感器的基本原理

$$U_1 \approx \frac{N_1}{N_2}U_2 \approx K_u U_2$$

式中　N_1、N_2——电压互感器一次、二次绕组的匝数;

　　　K_u——电压互感器的电压比,一般表示为其额定一、二次电压比,即 $K_u = U_{1N}/U_{2N}$,

　　　如 10 000 V/100 V。

二、电压互感器的型号

电压互感器型号的表示和含义如下所示:

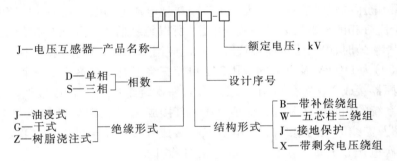

三、电压互感器的接线方式

电压互感器应用较多的几种接线方式如图 3-50 所示。

图 3-50(a)为低压只有 1 个单相电压互感器的接线,用于只需测量任意两相之间电压的电路。电压互感器额定电压为 380 V 时,一次绕组与被测电路之间经熔断器连接,熔断器既是一次绕组的保护元件,又是控制电压互感器接入电路的控制元件。二次绕组侧熔断器为二次侧保护元件。

图 3-50(b)为 3 ~ 35 kV 具有 2 个单相电压互感器接成 V/V 接线,用于测量中性点不接地系统的 3 个相间电压的电路。电压互感器额定电压为 3 kV 及以上时,一次绕组经隔离开关接入被测电路。当电压互感器需要接入或断开时,由隔离开关来控制开断。电压互感器的额定电压为 3 ~ 35 kV 时,其一次绕组与隔离开关之间安装高压熔断器作为一次侧的短路保护设备。

图 3-50(c)为 3 个单相电压互感器接成 Y_0/Y_0 形供电给要求线电压的仪表、继电器,

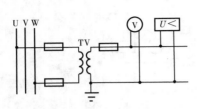

(a)低压只有1个单相电压互感器的接线方式

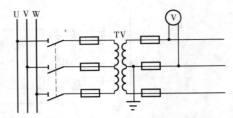

(b)3~35 kV具有2个单相电压互感器的接线方式

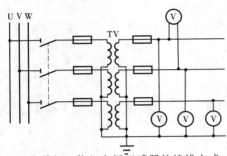

(c)3个单相三绕组电压互感器的接线方式

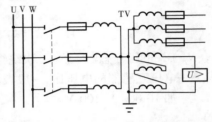

(d)三相五芯柱绕组电压互感器的接线方式

图 3-50　电压互感器接线示意图

并供电给接相电压的绝缘监视电压表。由于小接地电流电力系统在一次电路发生单相接地时，另两个完好相的相电压要升高到线电压，所以绝缘监视电压表要按线电压选择，否则在发生单相接地时，电压表可能被烧毁。广泛应用于 3 ～ 10 kV 的系统中。

图 3-50(d) 为 110 kV 及以上的采用 3 个单相三绕组电压互感器或一个三相五芯柱三绕组电压互感器接成 $Y_0/Y_0/\triangle$（开口三角形），一次绕组中性点直接接地。这种接线可以直接测量系统的相间电压和各相对地电压。其接成 Y_0 的二次绕组，供电给需线电压的仪表、继电器及需线电压的绝缘监视用电压表；接成开口三角形的辅助二次绕组，接电压继电器。一次电压正常时，由于三个相电压对称，因此开口三角形两端的电压接近于零。当某一相接地时，开口三角形两端将出现近 100 V 的零序电压，使电压继电器动作，发出信号。

四、户内式电压互感器结构

电压互感器型式很多，其结构与变压器有很多相同之处，主要由一次绕组、二次绕组、铁芯、绝缘等几部分组成。

（一）JDZJ － 6 型浇注式电压互感器

JDZJ － 6 系列电压互感器为单相、三绕组、户内、环氧树脂浇注绝缘、干式、半封闭产品，结构如图 3-51 所示。其铁芯为三柱式，一、二次绕级为同心圆筒式连同引出线用环氧树脂浇注成型，并固定在底座上；铁

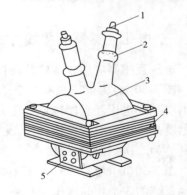

1——一次接线端子；2——高压绝缘套管；
3——一次侧、二次侧绕组、树脂浇注绝缘；
4—铁芯；5—二次侧接线端子

图 3-51　JDZJ － 6 型电压互感器的结构

芯外露,由经热处理的冷轧硅钢片叠装而成,为半封闭式结构。

浇注式电压互感器结构紧凑、维护简单、容易制造。缺点是铁芯外露会产生锈蚀,需要定期维护。使用时单台或两台一组,两台一组时为 V/V 连接。

(二)JDZX14－6 型电压互感器

JDZX14－6 型电压互感器型号含义如下所示:

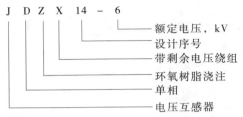

JDZX14－6 型电压互感器为单相、三绕组、全封闭浇注绝缘结构,如图 3-52 所示。铁芯采用优质冷轧硅钢片卷绕成环形,并经过严格的热处理。铁芯与一次绕组、二次绕组及剩余电压绕组一起,以先进的全真空浇注工艺用环氧树脂浇注成型。所有绕组完全浇注在环

图 3-52　JDZX14－6 型电压互感器的外形

氧树脂中,具有优良的绝缘性能,耐冲击和机械压力,并可以保护绕组不受潮。互感器产品体积小、重量轻、耐污秽、耐潮湿性能好。

该型号电压互感器使用时 3 台为一组,接成 $Y_0/Y_0/\triangle$ 接线,其中剩余电压绕组接成开口三角形,以便在接地故障情况下产生一剩余电压。

(三)JSJW－10 型油浸式三相五柱电压互感器

JSJW－10 型油浸式三相五柱电压互感器的原理及外形如图 3-53 所示。该电压互感器为油浸式、户内型产品,适用于频率为 50 Hz 的三相交流线路上,作为测量电压、电能及继电保护之用。本型互感器的铁芯为三相五柱式,由条形硅钢片叠装而成,其中间三柱铁芯分别套入 A、B、C 三相线圈,另二柱铁芯作为相地间短路时产生零序磁通的磁路,每相的线圈均由一次线圈、二次线圈及零序电压线圈构成。一次线圈分为二段,段间由绝缘纸

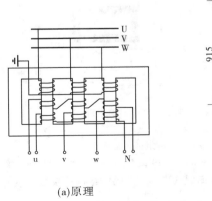

(a)原理

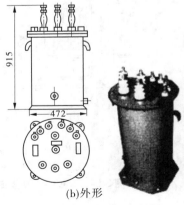

(b)外形

图 3-53　JSJW－10 型油浸式三相五柱电压互感器的原理及外形　(单位:mm)

圈隔开。一次线圈与二次线圈均按 Y_0 接线,零序电压线圈接成开口三角形。油箱为圆桶形,内装 25 号变压器油,油面至箱盖 10 ~ 15 mm。瓷套均从箱盖上引出,器身由铁芯夹件固定在箱盖上,箱盖上安设有注油塞。

五、户外式电压互感器结构

(一)JCC3 - 110 型串级式电压互感器

JCC3 - 110 型串级式电压互感器型号含义如下所示:

JCC3 - 110 型串级式电压互感器的结构及原理如图 3-54 所示。互感器的器身由铁芯、一次绕组、平衡绕组及二次绕组构成,装在充满油的瓷套中。一次绕组分两部分,分别绕在上下两铁芯柱上,二次绕组只绕在下铁芯柱上并置于一次绕组的外面,铁芯和一次绕组的中点相连。当电网电压 U 加到互感器一次绕组时,其铁芯的电位为 $1/2U$,而且一、二次绕组间的电位差,一次绕组的两个出线端与铁芯间的电位差,二次绕组和铁芯间的电位差都将是 $1/2U$。这就降低了对铁芯与一次绕组之间,以及一、二次绕组之间的绝缘要求。

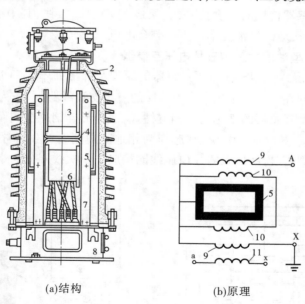

(a)结构　　　　　　　　(b)原理

1—储油柜;2—瓷套;3—上柱及绕组;4—隔板;5—铁芯;
6—下柱及绕组;7—支撑绝缘板;8—底座;9——次绕组;10—平衡绕组;11—二次绕组
图 3-54　JCC3 - 110 型串级式电压互感器的结构及原理

由于上铁芯柱上没有二次绕组,所以绕在上铁芯柱上的一次绕组和二次绕组间的电磁耦合就比较弱。为了加强上下两个绕组的电磁耦合,在上下铁芯柱上增设了平衡绕组。绕在上下铁芯柱上的平衡绕组匝数相等,在电气上反向连接闭合。由于上铁芯柱绕组的感应电势比下铁芯柱绕组的感应电势高,因此平衡绕组对上铁芯柱起去磁作用,对下铁芯柱起助磁作用,从而平衡了上下两个铁芯柱上一次绕组的电压。

所谓串级式,就是一次绕组由匝数相等的几个绕组元件串联而成,最下面一个元件接地,二次绕组只与最下面一个元件耦合。随着电压的升高,电压互感器的绝缘尺寸需增大,为了减少绕组绝缘厚度,缩短磁路长度,110 kV 及以上电压互感器采用串级式,铁芯不接地,带电位,由绝缘板支撑。

(二)TYD－110 型电容式电压互感器

TYD－110 型电容式电压互感器的型号含义:T 代表成套装置,YD 代表电容式电压互感器,110 代表额定电压(kV)。电容式电压互感器结构简单、质量轻、体积小、成本低,而且电压越高,效果越显著,此外,分压电容还可以兼作载波通信的耦合电容。广泛应用于110 ~ 500 kV 中性点直接接地系统中,作电压测量、功率测量、继电防护及载波通信之用。

TYD－110 型电容式电压互感器原理如图 3-55 所示。电容式电压互感器实质上是一个电容分压器,在被测装置的相和地之间接有电容 C_1 和 C_2,按反比分压,C_2 上的电压为

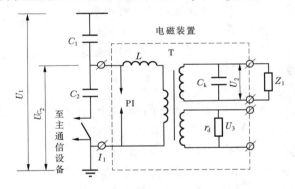

图 3-55　TYD－110 型电容式电压互感器原理

$$U_{C_2} = \frac{U_1 C_1}{C_1 + C_2} = K U_1$$

式中　K——分压比,$K = C_1 / (C_1 + C_2)$。

由于 U_{C_2} 与一次电压 U_1 成比例变化,故可测出相对地电压。为了减少负荷电流的影响,将测量仪表经电磁装置中的中间变压器 T 升压后与分压器相连。

TYD－110 型电容式电压互感器的外形如图 3-56 所示,该型电容式电压互感器为组合式单柱结构,由电容分压器和电磁装置叠装而成。高压端在电容分压器顶部,中压端和低压端通过电容器底盖上的小瓷套引出与电磁装置连接。

电容分压器由瓷套和装在其中的若干串联电容器组成。瓷套内充满保持正压的绝缘油,内部装有经过高真空浸渍处理的若干元件串联而成的芯子,芯子由高压电容 C_1 和中压电容 C_2 两部分组成,中压引出线和低压引出线分别通过瓷套由电容器底板上引出,接到电磁装置中的中间变压器的高压端子和接线板上的低压端子。电容分压器瓷套内灌注二芳基乙烷绝缘油,并装有金属膨胀器,在不同的温度下施加不同的内部剩余油压,以补

偿油体积随温度的变化,保证产品安全可靠。

电磁装置由箱体及内装的中间变压器、补偿电抗器、保护装置和阻尼装置组成,箱体内灌注绝缘油。中间变压器采用外轭内铁式三柱铁芯,一次绕组带有多级调节端子,用于互感器的误差调整。二次绕组及载波通信端由电磁装置正面的出线端子盒引出。

补偿电抗器采用 C 型电铁芯,端面平整,气隙均匀、稳定,不会发生变化,而且结构简单,同时又有效地改善了互感器的高频性能。补偿电抗器也带有线圈调节端子,调节线圈的连接方式在误差试验时调定。

阻尼装置由速饱和电抗器、电阻串联组成。电磁装置箱体采用钢结构,表面采用喷塑处理。

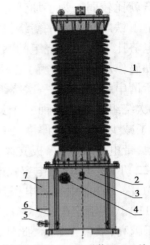

1—分压电容器;2—电磁装置;3—注油孔;
4—油位视察孔;5—自封阀;
6—接地座;7—出线端子盒
**图 3-56　TYD－110 型电容式
电压互感器的外形**

六、电压互感器使用注意事项

(1)电压互感器工作时其二次侧不得短路。

由于电压互感器一次绕组与二次绕组均是在并联状态下工作的,如果二次侧短路,将产生很大的短路电流,有可能烧毁电压互感器,甚至影响一次电路的安全运行。因此,电压互感器的一、二次侧都必须装设熔断器进行短路保护。

(2)电压互感器的二次侧有一端必须接地。

与电流互感器二次侧有一端接地的目的相同,用于防止一、二次绕组间的绝缘击穿时,一次侧的高电压窜入二次侧,危及人身和设备的安全。

(3)电压互感器在连接时也应注意其端子的极性。

《电磁式电压互感器》(GB 1207—2006)规定,单相电压互感器的一、二次绕组端子标以 A、N 和 a、n,端子 A 与 a、N 与 n 各为对应的同名端或同极性端;而三相电压互感器,一次绕组端子分别标 A、B、C、N,二次绕组端子分别标 a、b、c、n,A 与 a、B 与 b、C 与 c 及 N 与 n 分别为同名端或同极性端,其中 N 与 n 分别为一、二次三相绕组的中性点。电压互感器连接时也应保证端子极性的正确性。

任务八　避雷器

避雷针和避雷线并不能保证100%的屏蔽效果,仍有一定的绕击率;另外,从输电线路上可能有危及设备绝缘的过电压波传入发电厂和变电所。所以,还需要另一类与被保护绝缘相并联的、能限制过电压波幅值的保护装置,统称为避雷器。

一、避雷器的作用

避雷器是发电厂保护设备免遭雷电冲击波袭击的设备。当雷电过电压沿架空线路侵入变配电所或其他建筑物时,将发生闪络,甚至将电气设备的绝缘击穿。因此,假如在电气设备的电源进线端并联一种保护设备即避雷器,如图 3-57 所示,当过电压值达到规定的动作电压时,避雷器立即动作,流过电荷,限制过电压幅值,保护设备绝缘;电压值正常后,避雷器又迅速恢复到原状,以保证系统正常供电。

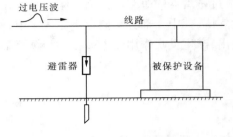

图 3-57　避雷器的连接示意图

二、避雷器的相关参数

(1)持续运行电压:允许长期工作电压。它应等于或大于系统的最高相电压。

(2)额定电压(kV):保证避雷器能灭弧的最高工频电压允许值(灭弧电压)。避雷器能在此工频电压下动作放电并熄弧,但不能在此电压下长期运行。它是避雷器特性和结构的基本参数,也是设计的依据。

(3)工频耐受伏秒特性:氧化锌避雷器在规定条件下耐受过电压的能力。

(4)标称放电电流(kA):用于划分避雷器等级的放电电流峰值。

(5)残压:在冲击电流作用下,避雷器两端所产生的电压,也可以理解为避雷器两端所能承受的最高电压值。

三、避雷器的分类及结构

避雷器按其发展历史和保护性能可分为保护间隙、管式避雷器、阀式避雷器、金属氧化物避雷器等类型。

(一)保护间隙

保护间隙可以说是最简单和最原始的限压器。如图 3-58 所示,它的工作原理就是将其与被保护绝缘并联,且前者的击穿电压要比后者低,当过电压波来袭时,保护间隙先被击穿,从而保护了设备的绝缘。

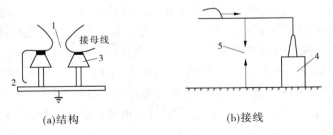

(a)结构　　　　　　　　　　(b)接线

1—主间隙;2—辅助间隙;3—瓷瓶;4—设备;5—间隙

图 3-58　角型保护间隙示意图

(二)管式避雷器

管式避雷器实质上是一只具有较强灭弧能力的保护间隙。如图 3-59 所示,它由装在产气管 1 的内部间隙(S_1)和外部间隙(S_2)构成。其保护过程是在大气过电压的作用下,间隙 S1 和 S2 同时被击穿,冲击波被截断。间隙被击穿后,在电力系统工频电压的作用下,流过避雷器的短路电流为工频续流。在工频续流电弧的高温作用下,产气管分解出大量的气体,其中大部分均储存于储气室中,使管中压力升高。高压的气体急速地由其开口端喷出,产生纵吹作用使电弧在工频续流第一次过零时熄灭,系统恢复至正常状态。

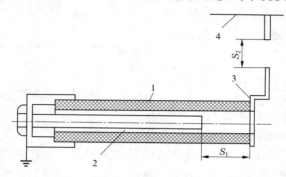

1—产气管;2—棒形电极;3—环形电极;4—工作母线;S_1—内部间隙;S_2—外部间隙

图 3-59　管式避雷器的结构

(三)阀式避雷器

阀式避雷器在电力系统中起着重要的作用,它的保护特性是选择高压电力设备绝缘水平的基础。阀式避雷器主要由火花间隙 F 及与之串联的工作电阻(阀片)R 两大部分组成,两者串联叠装在封闭的瓷套中,如图 3-60 所示。

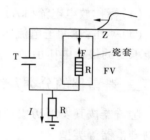

图 3-60　阀式避雷器原理图

阀式避雷器的限流电阻是由多个非线性电阻盘串联叠加而成的,这种非线性电阻盘又称为阀片。阀片的作用是:当雷电流通过时,阀片呈低阻抗,在阀片上的电压(残压)受到限制。当工频续流通过时,由于电压较低,阀片呈高阻抗,因而限制了工频续流,使工频续流在第一次过零时熄灭。

在电力系统正常运行时,间隙将阀片电阻与工作母线分开,以免母线上的工作电压在电阻阀片上产生的电流烧坏阀片。当母线上出现过电压且其幅值超过间隙放电电压时,间隙被击穿,冲击电流通过阀片流入大地。由于阀片的非线性特性,故在阀片上的压降将得到限制,使其低于被保护设备的冲击耐压,设备得到了保护。当冲击电压消失时,间隙中由于工作电压产生工频电弧电流并仍将流过避雷器,因阀片的非线性特性作用,此电流较冲击电流小,从而在工频续流第一次过零时就将电弧切断,继电保护来不及动作系统就恢复正常。

普通阀式避雷器有 FS 和 FZ 两种系列。FS 系列阀式避雷器阀片直径较小,通流容量较低,一般用于保护变配电设备和线路。FZ 系列阀式避雷器阀片直径较大,且火花间隙并联了具有非线性的碳化硅电阻,通流容量较大,一般用于保护 35 kV 及以上大中型工厂中总降压变电所的电气设备。

为了减小阀式避雷器的切断比和保护比,即为了改进阀式避雷器的性能,又开发出一种新的带磁吹间隙的阀式避雷器,简称为磁吹避雷器。它的主要区别在于采用了灭弧能力较强的磁吹火花间隙和通流能力较大的高温阀片。磁吹火花间隙是利用磁场对电弧的电动力,迫使间隙中的电弧加快运动、旋转或拉长,使弧柱中去游离作用增强,从而大大提高灭弧能力。因为磁吹间隙能切断的工频续流很大,所以磁吹避雷器采用通流能力较大的阀片电阻。这种阀片电阻是以碳化硅(SiC)为原料,在高温下(1 350 ~ 1 390 ℃)焙烧而成的,所以称高温阀片。

磁吹阀式避雷器有 FCD 和 FCZ 两种系列。FCD 系列电机用磁吹阀式避雷器,用于保护相应额定电压的交流旋转电机(包括发电机、同步调相机、调频机、电动机)和高频阻波器的绝缘,免受大气过电压的损害。FCD 系列磁吹阀式避雷器由于采用磁吹灭弧间隙,增大了灭弧能力,同时增大了续流值,相应地降低了残压,在火花间隙旁并联分路电阻,使工频放电电压沿火花间隙均匀分布,提高了工频放电电压,改善了冲击系数,而且利用改变间隙的主电容或杂散电容的办法,使间隙组之间的冲击电压分布不均匀,以降低避雷器的冲击放电电压,使其有较好的保护特性。

FCD 系列磁吹阀式避雷器的型号含义如下:

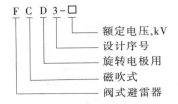

F C D 3-□
　　　　　　额定电压,kV
　　　　　设计序号
　　　　旋转电极用
　　　磁吹式
　　阀式避雷器

(四)金属氧化物避雷器

氧化锌避雷器将氧化锌电阻片的优良性能与新型硅橡胶相组合,具有优异的非线性、大的通流容量和持久的耐老化能力。它的关键元件是氧化锌阀片,是以氧化锌为主要原料,掺以各种金属氧化物,经高温烧结而成,其结构由氧化锌晶粒及其间的晶界层组成。当所加电压较低时,近于绝缘状态,电压几乎都加在晶界层上,流过避雷器的电流仅为微安级;而当电压增加时,其电阻率骤然下降呈低阻态,使流过避雷器的电流急剧增大,从而使被保护设备得到可靠保护。由于上述优点,氧化锌避雷器在雷击过电压防护上较磁吹阀式避雷器更胜一筹,目前广泛用于超高压电网中,正逐渐取代磁吹阀式避雷器。

氧化锌避雷器主要由避雷元件、绝缘底座组成,如图 3-61 所示。避雷元件由氧化锌电阻片、绝缘支架、密封垫、压力释放装置等组成,内部一般充氮气或 SF$_6$ 气体。氧化锌电阻片通常用尼龙或机械强度高、吸潮能力小的聚脂玻璃纤维引拔绝缘棒作支撑材料固定,外部采用绝缘筒与绝缘外套相隔离。

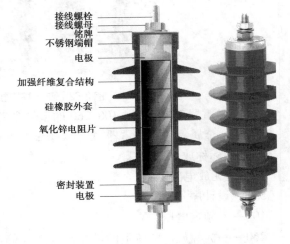

接线螺栓
接线螺母
铭牌
不锈钢端帽
电极
加强纤维复合结构
硅橡胶外套
氧化锌电阻片

密封装置
电极

图 3-61　氧化锌避雷器的结构

氧化锌避雷器根据电压等级由多节组成,如图 3-62 所示。35 ~ 110 kV 氧化锌避雷器是单节,220 kV 氧化锌避雷器由两节组成,500 kV 氧化锌避雷器由三节组成,750 kV 氧化锌避雷器由四节组成。在 220 kV 及以上避雷器顶部均安装有均压环,用于改善电场分布。

金属氧化物避雷器的型号说明如下:

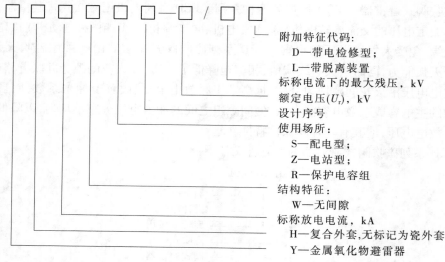

附加特征代码:
D—带电检修型;
L—带脱离装置
标称电流下的最大残压,kV
额定电压(U_r),kV
设计序号
使用场所:
S—配电型;
Z—电站型;
R—保护电容组
结构特征:
W—无间隙
标称放电电流,kA
H—复合外套,无标记为瓷外套
Y—金属氧化物避雷器

图 3-62 氧化锌避雷器的外形

例如,避雷器 YH10W5 – 100/260 的型号含义如下:

YH——金属氧化物避雷器,复合外套;

10——标称放电电流,kA;

W——无放电间隙;

5——设计序号;

100——额定电压,kV;

260——标称放电电流下的最大残压,kV(峰值)。

与传统的有串联间隙的碳化硅(SiC)避雷器比较,无间隙氧化锌(ZnO)避雷器具有以下优点：

（1）由于省去了串联火花间隙，所以结构大大简化，体积也可缩小很多。

（2）保护性能优越。由于氧化锌（ZnO）阀片具有优异的非线性伏安特性，进一步降低其保护水平和被保护设备绝缘水平的潜力很大。

（3）无续流，动作负载轻，能重复动作实施保护。

（4）通流容量大，能制成重载避雷器。

（5）耐污性能好。

任务九　绝缘子及载流导体

一、绝缘子

（一）绝缘子的用途

绝缘子俗称为绝缘瓷瓶，它广泛地应用在发电厂和变电站的配电装置、变压器、各种电器以及输电线路中。绝缘子用来支持和固定裸载流体，并使裸导体与地绝缘，或者用于使装置和电器中处在不同电位的载流导体之间相互绝缘。因此，要求绝缘子具有足够的绝缘强度、机械强度，并能在恶劣环境（高温和潮湿等）下安全运行。

（二）绝缘子的分类

绝缘子按结构可分为支柱式绝缘子、针式绝缘子、悬式绝缘子和套管绝缘子等。绝缘子按用途可分为电站绝缘子、电器绝缘子和线路绝缘子等。

1. 电站绝缘子

电站绝缘子的作用是支持和固定水电站及变电所屋内外的配电装置的硬母线，并使母线与地绝缘。按其作用的不同可分为支柱绝缘子和套管绝缘子两种。套管绝缘子简称为套管，作为母线在屋内穿过墙壁和天花板，以及从屋内引向屋外时的外壳使用。

2. 电器绝缘子

电器绝缘子的作用是固定电器的载流部分，也分为支柱绝缘子和套管绝缘子两种。支柱绝缘子用于固定没有封闭外壳的电器的载流部分，如隔离开关的动、静触头等。套管绝缘子作为有封闭外壳的电器的载流部分的引出外壳，如断路器、变压器等的载流部分的引出外壳。

3. 线路绝缘子

线路绝缘子的作用是固定架空输电导线和屋外配电装置的软母线，并使它们与接地部分绝缘。线路绝缘子又可分为针式绝缘子和悬式绝缘子两种。

（三）绝缘子的结构原理

高压绝缘子通常是用电工瓷制成的绝缘体，电工瓷具有结构紧密均匀、不吸水、绝缘性能稳定和机械强度高等优点。绝缘子有的采用钢化玻璃制成，它具有重量轻、尺寸较小、机电强度高、价格低廉、制造工艺简单等优点。

一般高压绝缘子应能可靠地在超过其额定电压15%的电压下安全运行。绝缘子的机械强度用抗弯破坏荷重表示。所谓抗弯破坏荷重，对支柱绝缘子而言，系指将绝缘子底端法兰盘固定,在绝缘子顶帽的平面施加与绝缘子轴线相垂直方向上的机械负荷,在该机械负荷作用下绝缘子被破坏。

为了将绝缘子固定在支架上和将载流导体固定在绝缘子之上,绝缘子的瓷制绝缘体两端还要牢固地安装金属配件。金属配件与瓷制绝缘体之间多用水泥胶合剂黏合在一起。瓷制绝缘体表面涂有白色或深棕色的硬质瓷釉,用以提高其绝缘性能和防水性能。运行中绝缘子的表面瓷釉遭到损坏之后,应尽快处理或更换绝缘子。绝缘子的金属附件与瓷制绝缘体胶合处黏合剂的外露表面应涂有防潮剂,以阻止水分浸入到黏合剂中去。金属附件表面需镀锌处理,以防金属锈蚀。

1. 支柱绝缘子

1) 户内式支柱绝缘子

户内式支柱绝缘子可分为外胶装式、内胶装式及联合胶装式等三种。如图 3-63(a)所示为外胶装式 ZA-10Y 型户内式支柱绝缘子的结构示意图。它主要由绝缘瓷体 1、铸铁底座 2 和铸铁帽 3 组成。绝缘瓷体为上小下大的空心瓷件,起对地绝缘的作用。绝缘瓷体上端装有一个铸铁制成的底座(法兰盘),底座上有圆孔,以便于用螺栓将绝缘瓷体固定在墙壁或构架之上。绝缘瓷体与铸铁帽、铸铁底座之间,均用水泥黏合剂胶合在一起。

内胶装式支柱绝缘子绝缘瓷体的上下金属配件均胶装在绝缘瓷体孔内。它主要由绝缘瓷体和上下铸铁配件组成。铸铁配件用水泥黏合剂与绝缘瓷体黏合在一起。上下铸铁配件均有螺孔,分别用于导体和绝缘子自身的固定。其结构如图 3-63(b)所示。

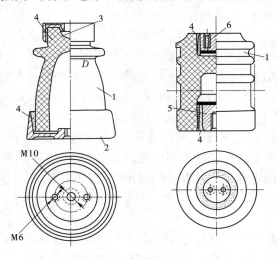

(a)外胶装式ZA-10Y型　　　　(b)内胶装式ZNF-10MM型

1—绝缘瓷体;2—铸铁底座;3—铸铁帽;4—水泥黏合剂;5—铸铁配件;6—螺孔

图 3-63　户内式支柱绝缘子

联合胶装式支柱绝缘子的上金属配件采用内胶装,而下金属配件采用外胶装式结构。

内胶装式支柱绝缘子可以降低绝缘有效高度,质量一般要比外胶装式绝缘子轻。但是,金属配件安装在绝缘瓷孔体内时,因几何尺寸受到限制,所以不能承受较大的扭矩,其机械强度较低。因此,对绝缘子的机械强度要求较高时,应采用外胶装式或联合胶装式结构。

2)户外式支柱绝缘子

户外式支柱绝缘子有针式和实心棒式两种。图 3-64 所示为户外式支柱绝缘子的结构,它主要由绝缘体(瓷件)2,上下附件 1、3 等组成。

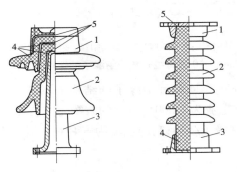

(a)针式支柱绝缘子　　　(b)实心棒式支柱绝缘子

1—上附件;2—瓷件;3—下附件;4—黏合剂;5—纸垫

图 3-64　户外式支柱绝缘子

2.套管绝缘子

套管绝缘子简称为套管,按其安装地点可分为户内式和户外式两种。

1)户内式套管绝缘子

户内式套管绝缘子根据其载流导体的特征可分为以下三种形式:采用矩形截面的载流导体、采用圆形载流截面的导体和母线型。前两种套管载流导体与其绝缘部分制作成一个整体,使用时由载流导体两端与母线直接相连。而母线型套管本身不带载流导体,使用安装时,将原载流母线装于该套管的矩形窗口内。

图 3-65 所示为 CME - 10 型母线式套管绝缘子的结构。其主要由瓷体 1、法兰盘 2、金属帽 3 等部分组成。金属帽 3 上有矩形窗口 4,窗口为穿过母线的地方,这种母线式套管绝缘子本身不具有载流导体。矩形窗口的尺寸取决于穿过套管母线的尺寸和数目。CME - 10 型母线式套管绝缘子可以穿过 60 mm × 8 mm 母线两条,两条母线之间垫以衬垫,衬垫的厚度与母线厚度相同。套管的额定电流由穿过母线的额定电流确定。

2)户外式套管绝缘子

户外式套管绝缘子用于配电装置中的户内载流导体与户外载流导体之间的连接处,例如线路引出端或户外式电器由接地外壳内部向外引出的载流导体部分。因此,户外式套管绝缘子两端的绝缘分别按户内外两种要求设计:一端为户内式套管绝缘子安装在户内;另一端则为有较多伞裙的户外式套管绝缘子,以保证户外部分的绝缘要求。

由于工作环境条件要求,户外式绝缘子应有较大的伞裙,用以增长沿面放电距离,并且能够阻断水流,保证绝缘子在恶劣的雨、雾等气候条件下可靠地工作。在有严重的灰尘或有害绝缘气体存在的环境中,应选用具有特殊结构的防污型绝缘子。

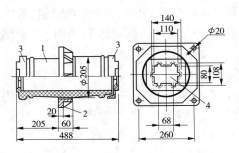

1—瓷体;2—法兰盘;3—金属帽;4—矩形窗口

图 3-65　CME－10 型母线式套管绝缘子的结构 （单位:mm）

CWC－10/1000 型户外式穿墙套管绝缘子的结构如图 3-66 所示,其载流导体为圆形,额定电压为 10 kV,额定电流为 1 000 A。它的右端为安装在户内部分,其表面结构平滑,无伞裙,为户内式套管绝缘子结构;它的左端为安装在户外部分,瓷体表面有伞裙,为户外式套管绝缘子结构。

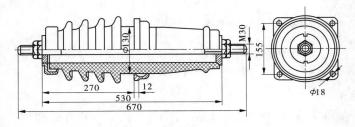

图 3-66　CWC－10/1000 型户外式穿墙套管绝缘子的结构 （单位:mm）

二、母线

在发电厂和变电站的各级电压配电装置中,将发电机、变压器等大型电气设备与各种电器之间连接的导线称为母线,又称为汇流排。母线的用途是汇集、分配和传送电能。母线处于配电装置的中心环节,是构成电气主接线的主要设备。

母线按所使用的材料,可分为铜母线、铝母线和钢母线等。铜母线的电阻率低,机械强度较高,防腐性能好,是很好的母线材料。但铜在工业上有很多用途,而且储量不多,是一种贵重金属,价格也较高,因此只在大电流装置或有腐蚀性的配电装置中才使用。

铝母线的电阻率为铜的 1.7～2 倍,而且其机械强度和抗腐蚀性能均比铜差,但铝母线的重量只有铜的 30%,比重小,加工方便,价格也比铜低。总的说来,用铝母线比用铜母线经济,因此目前我国在屋内和屋外配电装置中都广泛采用铝母线。

钢母线的机械强度比铜高,材料来源方便,价格较低,但因为它的电阻率比铜大 7 倍,用于交流时会产生强烈的集肤效应,并造成很大的磁滞损耗和涡流损耗,所以只用在小容量的高低压电气装置(如电压互感器回路、蓄电池组连接线等)中,最常用在接地装置中作为接地连接线。

(一)母线型号

常见矩形母线、软母线的型号及含义如表 3-1 所示。

表 3-1　常见矩形母线、软母线的型号及含义

母线型号	含义
LMY－□×□	L 表示铝，M 表示母线，Y 表示硬化，□内数字表示母线的宽(mm)×厚(mm)
TMY－□×□	T 表示铜，M 表示母线，Y 表示硬化，□内数字表示母线的宽(mm)×厚(mm)
LJ－□	L 表示铝，J 表示绞线，□内数字表示标称截面面积(mm²)
LGJ－□	L 表示铝，G 表示钢，J 表示绞线，□内数字表示标称截面面积(mm²)
LGJQ－□	L 表示铝，G 表示钢，J 表示绞线，Q 表示轻型，□内数字表示标称截面面积(mm²)
LGJJ－□	L 表示铝，G 表示钢，第一个 J 表示绞线，第二个 J 表示加强型，□内数字表示标称截面面积(mm²)

例如，TMY－3×(80×8) 母线型号含义如下：TMY 表示铜质硬母线；3×(80×8) 表示三相母线，每相母线的宽度是 80 mm，厚度是 8 mm。

(二)硬母线结构及用途

硬母线按几何形状分为矩形母线、槽形母线和管形母线三大类；按材质分为铜母线、铝母线、钢母线三种。

1. 矩形母线

矩形母线按材质分为铜母线和铝母线，一般俗称为铜排或铝排，其断面一般呈长方形，故称为矩形母线。常用的有 40 mm×4 mm、60 mm×6 mm、80 mm×8 mm、80 mm×10 mm、100 mm×10 mm、125 mm×10 mm 等多种规格，也可两种及以上矩形母线并排使用。

矩形母线比圆形母线散热面积大，散热条件好，在相同的允许发热温度下，矩形母线的允许工作电流要比圆形母线的大。矩形母线集肤效应小，材料利用率高，抗弯强度好，安装简单，连接方便。但周围的电场很不均匀，易产生电晕。矩形母线一般用于大型发电厂的厂用电系统和中型电厂的发电机出口。当 20 kV 及以下回路的工作电流小于 4 000 A 时，宜选用矩形母线。矩形母线具有安装方便、便于连接、易于弯曲等优点，因而在电力系统中得到广泛的应用。

2. 槽形母线

槽形母线一般采用工业铝制成，用于发电厂的发电机出口母线，适用于出口电压为 20 kV 及以下，且正常工作电流在 4 000~8 000 A 的线路。对槽形母线的邻近钢结构，应采取避免构成闭合磁路或装设短路环等措施以避免钢结构发热。

3. 管形母线

管形母线是空芯导体，集肤效应小，材料利用率、散热性能好，且电晕放电电压高。管形母线一般采用铝合金制成，当 110 kV 及以上电压等级配电装置采用硬导体时多被采用。500 kV 硬导体可采用单根大直径圆管式或多根小直径圆管组成的分裂结构。其固定方式可采用支持式或悬吊式。

(三)软母线结构及用途

软母线分为铝绞线(LJ 型)、铜绞线(TJ)型和钢芯铝绞线(LGJ 型)三大类，以下将分别讲述各自的分类和特点。

1. 铝绞线(LJ 型)

铝绞线由多股铝线绞合而成,具有以下优点:

(1)抗拉强度比同截面单股导线高。

(2)柔性好,制造、施工都较方便。

(3)耐振动性能好。

铝绞线一般用于变电所设备引线,极少用于架空线路。

2. 铜绞线(TJ 型)

铜绞线由多股铜线绞合而成,具有以下特点:

(1)柔性好,制造、施工都较方便。

(2)导电性能好。

(3)造价昂贵。

铜绞线极少用于配电装置的电能输送,多用于发电厂、变电站的地下接地网和电缆支、托架的接地母线。铜绞线与线夹的连接一般采用压线钳压接和焊接两种方式。

3. 钢芯铝绞线(LGJ 型)

钢芯铝绞线由钢线绞成的芯与铝线绞合而成。由于架空线的输送功率大、导线截面大、跨距较大,采用一般的铝绞线不能满足强度要求,因此将钢和铝两种材料的优点结合起来,制成钢芯铝绞线。

钢芯铝绞线在电力工程中得到了广泛的应用,其分类及型号意义如下:

(1)LGJ 型,普通钢芯铝绞线:L—铝;G—钢;J—绞合。铝芯截面 S_L 与钢芯截面 S_G 之比一般为 5.3 ~ 6.1。

(2)LGJQ 型,轻型钢芯铝绞线:L—铝;G—钢;J—绞合;Q—轻型。铝芯截面 S_L 与钢芯截面 S_G 之比一般为 7.6 ~ 8.3。

(3)LGJJ 型,加强型钢芯铝绞线:L—铝;G—钢;J—绞合;J—加强型。

(4)LGKK 型,扩径空心钢芯铝绞线:L—铝;G—钢;K—扩径;K—空心。

扩径空心钢芯铝绞线主要用于 220 kV 以上线路。由于其制造不便、价格较高,所以多用于变电站的母线和连线。输电线路则多采用分裂导线,即将一相的导线分成 2、3、4 或更多根截面较小的钢芯铝绞线,中间用间隔棒(板)固定。

(四)封闭母线结构及用途

封闭母线是将母线用非磁性金属材料(一般用工业纯铝)制成的外壳保护起来的一种母线结构。封闭母线外壳的屏蔽作用,可使壳外磁场减少至敞露时的 10% 以下,使得钢结构发热极其微小,其分类如图 3-67 所示。按外壳结构分类,封闭母线可分为以下各种类型:

(1)不隔相的共箱母线:三相导体装设于没有有相间隔板的公共外壳内。

(2)隔相共箱母线:三相导体装设于相间隔板的公共外壳内。

(3)分段绝缘式分相封闭母线:三相导体分别装设于三个单独的外壳内,各相外壳之间不连通,同相外壳各段间在电气上不相连,段间通过橡胶环绝缘,每段只有一点接地。

(4)全连式分相封闭母线:三相导体分别装设于三个单独的外壳内,外壳在电气上是连通的,并用短路板构成三相环路。

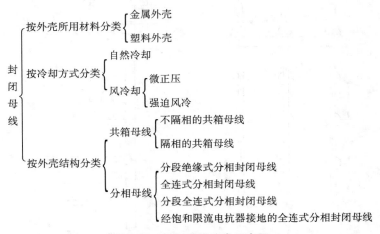

图 3-67　封闭母线分类示意图

（5）分段全连式分相封闭母线：原理结构同全连式分相封闭母线基本相同，只是将整套母线分成若干段，在每一段的两端都焊有短路板。

（6）经饱和限流电抗器接地的全连式分相封闭母线：由于全连式封闭母线外壳上感应产生的环流很大，因此国外在大容量的封闭母线上装设限流电抗器以消弱外壳环流，其方法是将外壳的一端短路，另一端于每相外壳上各串联一只速饱和电抗器并相互连成星形接地。

（五）母线安装

1. 母线安装的一般规定

（1）母线在运输和保管中应采用防止腐蚀性气体及机械损伤的措施。

（2）母线安装前，应固定母线构架。

（3）装好绝缘子后，根据母线的形式和固结方式将母线固结在绝缘子上，再将母线连接起来。

（4）支柱绝缘子底座等金属构件应按规定接地。

（5）母线的相序排列应按以下规定进行：上下布置的交流母线，由上到下排列为 A、B、C 三相；直流母线正极在上、负极在下。水平布置的交流母线，由盘后向盘面排列为 A、B、C 三相；直流母线正极在后，负极在前。

2. 硬母线的布置方式

户内母线的排列，应考虑散热和机械强度等因素。以矩形母线为例，通常将矩形母线布置于开关柜上部支架的支持绝缘子上，矩形截面母线可以水平放置，也可垂直放置，如图 3-68 所示。

水平布置的三相母线固定在支柱绝缘子上，具有同一高度。可以竖放，也可以平放。竖放式水平布置的母线散热条件好，可以增加载流量，平放式水平布置的母线机械强度较高。

垂直布置方式的特点是三相母线分层安装。三相母线采用竖放式垂直布置，不但散热强，而且机械强度和绝缘能力都很高，克服了水平布置存在的不足之处，但垂直布置增

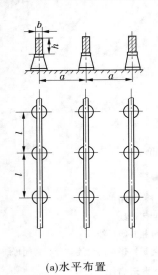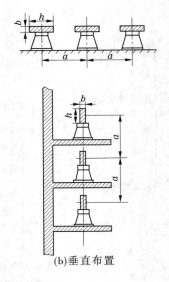

(a)水平布置　　　　　　　　　　(b)垂直布置

图 3-68　母线布置方式示意图

加了配电装置的高度,需要更大的投资。

　　当矩形截面母线的长度大于 20 m 时,在母线间应加装伸缩补偿器,如图 3-69 所示,用来消除由于温度变化引起的危险应力。在伸缩补偿器间的母线端开有圆孔,以保证螺栓在其中自由伸缩。为了便于母线自身的自由伸缩,一般不将螺栓拧紧。

　　伸缩补偿器的材料与母线相同,由厚度为 0.2 ~ 0.5 mm 的薄片叠成,叠成之后的截面应尽量不小于所连母线截面的

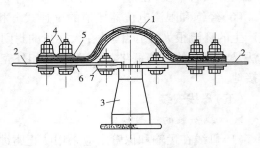

1—伸缩补偿器;2—母线;3—支柱绝缘子;
4—螺栓;5—垫圈;6—衬垫;7—盖板
图 3-69　半圆形母线伸缩补偿器示意图

1.25 倍。当母线的厚度小于 8 mm 时,可利用母线本身弯曲的特性,使其能够自由伸缩。

　　在硬母线安装完成后均要涂漆。涂漆的目的是便于识别交流的相序和直流的极性、加强母线表面散热性能、防止氧化腐蚀、提高其载流量(涂漆后可增加载流 12% ~ 15%)。母线的着色标志如下:

　　直流母线:正极—褐色,负极—蓝色。

　　交流母线:U 相—黄色,V 相—绿色,W 相—红色。

　　明敷的接地母线:黄绿相间色。

　　软母线因受温度影响伸缩较大,会破坏着色层,故不宜着色。

三、电力电缆

　　电力电缆是传输和分配电能的一种特殊电线,具有防潮、防腐、防损伤及布置紧凑等优点,但也有价格昂贵,散热性能差、载流量小,敷设、维护和检修困难等缺点。因此,电力

电缆仅在不能够或不宜于安装母线时使用。它多用于水电站及变电站的厂用电设备和直流设备的连接,对于单机容量较小的水电站,发电机、变压器与配电装置之间的连接也常采用电力电缆。

（一）电力电缆分类

电力电缆的种类繁多,一般按照构成其绝缘物质的不同可分为如下几类。

1. 油浸纸绝缘电力电缆

油浸纸绝缘电力电缆具有良好的电气绝缘性能、很高的稳定性,耐热能力强、承受电压高、使用年限长,在 35 kV 及以下电压等级中被广泛采用。按绝缘纸浸渍剂浸渍情况,油浸纸绝缘电缆又可分为黏性浸渍电缆、干绝缘电缆和不滴油电缆三种。

2. 聚氯乙烯绝缘电力电缆

聚氯乙烯绝缘电力电缆的绝缘材料和保护外套均采用聚氯乙烯塑料,故又称之为全塑料电力电缆。其电气和耐水性能好,抗酸碱、防腐,具有一定的机械强度,可垂直敷设。但其绝缘易受热老化。

3. 交联聚氯乙烯绝缘电力电缆

交联聚氯乙烯绝缘电力电缆的绝缘材料采用交联聚氯乙烯,但其内护层仍然采用聚氯乙烯护套。这种电缆不但具有聚氯乙烯绝缘电力电缆的一切优点,还具有缆芯长期允许工作温度高、机械性能好等优点,可制成较高电压等级。

4. 高压充油电力电缆

当额定电压超过 35 kV 时,纸绝缘的厚度加大,制造困难,而且质量不易保证。目前已生产出充油、紧油、充气和压气等形成的新型电缆来取代老产品,最具代表性的是额定电压等级为 110 ~ 330 kV 的单芯充油电缆。充油电缆的铅包内部有油道,里边充满黏度很低的变压器油,并且在接头盒和终端盒处均装有特殊的补油箱,以补偿电缆中油体积因温度变化而引起的变动。

（二）电力电缆结构

各种电力电缆主要由电缆线芯、绝缘层、密封护套和保护层等主要部分组成。图 3-70 为三芯油浸纸绝缘电力电缆的结构。

1—缆芯(铜芯或铝芯);2—油浸纸绝缘层;
3—麻筋(填料);4—油浸纸(统包绝缘);
5—铅包;6—涂沥青的纸带(内护层);
7—涂沥青的麻被(内护层);8—钢铠
(外护层);9—麻被(外护层)

图 3-70　三芯油浸纸绝缘电力电缆的结构

1. 电缆线芯

电缆线芯有铜芯或铝芯两种,其截面形状有圆形、半圆形和扇形等几种,如图 3-71 所示。较小截面的导电线芯由单根导线制成。较大截面的导电线芯由多根导线分数层绞合制成,绞合时相邻两层扭绞方向左右相反,线芯柔软而不松散。

2. 绝缘层

绝缘层用来保证各线芯之间(相间)以及线芯与大地之间的绝缘,绝缘层的材料有油浸纸、橡胶、聚氯乙烯、聚乙烯和交联聚乙烯等多种。同一电缆的芯线绝缘层和统包绝缘层使用相同的绝缘材料。

(a)圆形   (b)半圆形   (c)扇形

图 3-71　电缆线芯截面的形状结构

3. 密封护套

密封护套的作用是保护绝缘层。护套包在统包绝缘层外面,将绝缘层和芯线全部密封,使其不漏油、不进水、不受潮,并且电缆具有一定的机械强度。护套的材料一般有铅、铝或塑料等。具有护套是电缆区别于绝缘导线的标志。

4. 保护层

保护层的作用是避免电缆受到机械损伤,防止绝缘受潮和绝缘油流出。聚氯乙烯绝缘电缆和交联聚乙烯电缆的保护层是用聚乙烯护套做成的。对于油浸纸绝缘电力电缆,其保护层分为内保护层和外保护层两种。

(1)内保护层:主要用于防止绝缘受潮和漏油,必须严格密封。可分为铅护套、铝护套、橡皮护套和塑料护套四种类型。

(2)外保护层:主要用于保护内保护层不受外界的机械损伤和化学腐蚀。外保护层又可细分成衬垫层、钢铠层和外皮层。

(三)电力电缆连接

当两条电缆互相连接,或将电缆与电器、电机、架空线路连接时,必须把电缆端部的保护层和绝缘层剥去。此时若不采用特殊措施,空气中的水分和酸类物质便会从连接处浸入电缆的绝缘中,使绝缘层的绝缘强度降低,电缆中的绝缘油也可能由端部渗出。因此,需要在两段电缆的连接处采用中间接头盒,电缆与设备的连接处采用终端盒,又称电缆头。

电压为 1 kV 以下的电缆,常采用铸铁接头盒。更高电压等级的电缆,则采用铅接头盒。当电缆与电器或架空线路相连接时,一般采用封端盒,即电缆头。

电缆头是电缆终端头和电缆中间接头的总称,或统称为电缆附件。如图 3-72 所示为几种电缆终端头的结构。

运行经验表明:电缆头是电缆线路中的薄弱环节,电缆线路的大部分故障都发生在电缆接头处。由于电缆头本身的缺陷或安装质量上的问题,往往造成短路故障。因此,电缆头的耐压强度要高于电缆本身,连续安全运行的时间也应长于电缆本身,且应具有足够的机械强度。同时,电缆头的结构必须简单、紧凑和轻巧,便于现场施工,一般应选用吸水性和透气性小、介质耗损低且电气稳定性能好的材料。

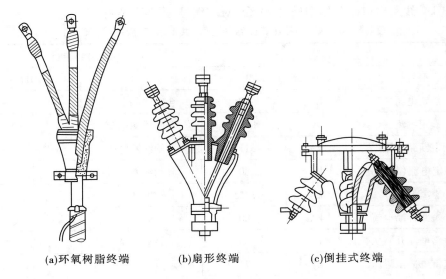

(a)环氧树脂终端   (b)扇形终端   (c)倒挂式终端

图 3-72 电缆终端头的结构

工程实例

一、天楼地枕水力发电厂户内高压电气设备

（一）高压断路器

发电机出口断路器型号（共 4 台，对应编号：天 71、天 72、天 73、天 74）见表 3-2。

表 3-2 发电机出口断路器型号（共 4 台，对应编号：天 71、天 72、天 73、天 74）

真空断路器			配用操动机构		
型号	ZN40 - 12		型号	CD11 - Ⅱ	
额定电压	kV	12	合闸线圈电压	V	－220
额定电流	A	1 250	合闸线圈电流	A	12
额定断路电流	kA	31.5	分闸线圈电压	V	－220
动稳定电流(峰值)	kA	80	分闸线圈电流	A	5
4 s 热稳定电流	kA	31.5	辅助开关	极	6
额定短路开断电流	kA	80	质量	kg	60
额定短路电流开断次数	次	30	制造厂家	湖北开关厂	
额定雷电冲击耐压	kV	75			
1 min 工频耐压	kV	42			
机械寿命	次	10 000			
额定电流开断次数	次	10 000			
合闸时间	s	≤0.1			
分闸时间	s	≤0.08			
出厂时间	2001 年 9 月				
制造厂家	湖北开关厂				

6.3 kV 线路出口断路器型号(共 1 台,对应编号:天 78)见表 3-3。

表 3-3   6.3 kV 线路出口断路器型号(共 1 台,对应编号:天 78)

真空断路器			配用操动机构		
型号		ZN40 – 12 Ⅱ	型号		CD11 – Ⅱ
额定电压	kV	12	合闸线圈电压	V	– 220
额定电流	A	1 250	合闸线圈电流	A	12
额定断路电流	kA	31.5	分闸线圈电压	V	– 220
动稳定电流(峰值)	kA	80	分闸线圈电流	A	5
4 s 热稳定电流	kA	31.5	辅助开关	极	6
额定短路开断电流	kA	80	质量	kg	60
额定短路电流开断次数	次	30	制造厂家		湖北开关厂
额定雷电冲击耐压	kV	75			
1 min 工频耐压	kV	42			
机械寿命	次	10 000			
额定电流开断次数	次	10 000			
合闸时间	s	≤0.1			
分闸时间	s	≤0.08			
出厂时间		2001 年 9 月			
制造厂家		湖北开关厂			

厂用变压器 3B、4B 配用断路器型号(共 2 台,对应编号:天 75、天 76)见表 3-4。

表 3-4   厂用变压器 3B、4B 配用断路器型号(共 2 台,对应编号:天 75、天 76)

真空断路器			配用操动机构		
型号		ZN40 – 12 Ⅱ	型号		CD11 – Ⅱ
额定电压	kV	12	合闸线圈电压	V	– 220
额定电流	A	630	合闸线圈电流	A	5
额定断路电流	kA	16	分闸线圈电压	V	– 220
动稳定电流(峰值)	kA	40	分闸线圈电流	A	5
4 s 热稳定电流	kA	16	辅助开关	极	6
额定短路开断电流	kA	40	质量	kg	60
额定短路电流开断次数	次	30	制造厂家		湖北开关厂
额定雷电冲击耐压	kV	75			
1 min 工频耐压	kV	42			

续表 3-4

真空断路器			配用操动机构	
型号	ZN40 – 12 Ⅱ		型号	CD11 – Ⅱ
机械寿命	次	10 000		
额定电流开断次数	次	10 000		
合闸时间	s	≤0.1		
分闸时间	s	≤0.08		
出厂时间	2001 年 9 月			
制造厂家	湖北开关厂			

（二）户内高压隔离开关安装位置及型号（共 26 台）

户内高压隔离开关设备规范及其配用操动机构见表 3-5。

表 3-5 户内高压隔离开关设备规范及其配用操动机构

型号	GN19 – 10C1/1250 – 40	GN19 – 10C1/630 – 20	GN6 – 10T	GN2 – 10
额定电压（kV）	10	10	10	10
最高工作电压（kV）	11.5	11.5	11.5	11.5
额定电流（A）	1 250	630	400	3 000
热稳定电流（kA）	40(2 s)	20(2 s)	14(5 s)	50(10 s)
动稳定电流峰值（kA）	100	50	40	100
操动机构	CS6 – 1	CS6 – 1	CS6 – 1T	CS6 – 2
机械寿命（次）	≥2 000	≥2 000	≥2 000	≥2 000

户内高压隔离开关安装位置及编号见表 3-6。

表 3-6 户内高压隔离开关安装位置及编号

编号	安装位置	隔离开关型号
711	Ⅰ段 6#高压开关柜	GN19 – 10C1/1250 – 40
712	Ⅰ段 6#高压开关柜	GN6 – 10T
713	Ⅰ段 4#高压开关柜	GN6 – 10T
721	Ⅰ段 1#高压开关柜	GN19 – 10C1/1250 – 40
722	Ⅰ段 1#高压开关柜	GN6 – 10T
723	Ⅰ段 3#高压开关柜	GN6 – 10T
互 03	Ⅰ段 3#高压开关柜	GN19 – 10C1/630 – 20

续表 3-6

编号	安装位置	隔离开关型号
3001	Ⅰ段4#高压开关柜	GN6 – 10T
751	Ⅰ段5#高压开关柜	GN19 – 10C1/630 – 20
771	Ⅰ段2#高压开关柜	GN19 – 10C1/1250 – 40
776	Ⅰ段2#高压开关柜	GN19 – 10C1/1250 – 40
778	Ⅰ段2#高压开关柜	GN6 – 10T
716	Ⅰ段7#高压开关柜	GN2 – 10
732	Ⅱ段7#高压开关柜	GN19 – 10C1/1250 – 40
733	Ⅱ段4#高压开关柜	GN6 – 10T
734	Ⅱ段7#高压开关柜	GN6 – 10T
742	Ⅱ段1#高压开关柜	GN19 – 10C1/1250 – 40
743	Ⅱ段1#高压开关柜	GN6 – 10T
744	Ⅱ段3#高压开关柜	GN6 – 10T
互04	Ⅱ段3#高压开关柜	GN19 – 10C1/630 – 20
4001	Ⅱ段4#高压开关柜	GN6 – 10T
762	Ⅱ段5#高压开关柜	GN19 – 10C1/630 – 20
782	Ⅱ段6#高压开关柜	GN19 – 10C1/1250 – 40
786	Ⅱ段6#高压开关柜	GN19 – 10C1/1250 – 40
788	Ⅱ段6#高压开关柜	GN6 – 10T
736	Ⅱ段2#高压开关柜	GN2 – 10

（三）避雷器（共 10 台）

避雷器安装地点及相关参数见表 3-7。

表 3-7　避雷器安装地点及相关参数

安装地点	型号及规范			
	型号	额定电压(kV)	持续运行电压(kV)	UI1 mA(kV)
天1B6.3 kV 侧	YH5W5 – 8/18.7	8	6.4	18.7
天2B6.3 kV 侧	YH5W5 – 8/18.7	8	6.4	18.7
6.3 kV Ⅰ段母线	YH5W5 – 8/18.7	8	6.4	18.7
6.3 kV Ⅱ段母线	YH5W5 – 8/18.7	8	6.4	18.7
1#发电机尾端	FCD – 4	4	持续运行电压4.6	
2#发电机尾端	FCD – 4	4	持续运行电压4.6	
3#发电机尾端	FCD – 4	4	持续运行电压4.6	
4#发电机尾端	FCD – 4	4	持续运行电压4.6	

（四）电流互感器（共 14 组）

电流互感器安装编号及相关参数见表3-8。

表3-8　电流互感器安装编号及相关参数

安装编号	安装地点	规格型号	电流比	额定电压 （kA）	额定频率 （Hz）	准确级
（1F、2F、3F、4F）1TA、2TA	发电机进线柜	LAJ－10	1000/5	10	50	0.5/10P
（1F、2F、3F、4F）3TA、4TA	发电机进线柜	LFSB－10	1000/5	10	50	0.5/10P
（1F、2F、3F、4F）5TA、6TA	主变进线柜	LAJ－10	2000/5	10	50	0.5/10P
（天1B、2B）9TA、10TA	主变进线柜	LAJ－10	3000/5	10	50	0.5/10P

（五）电压互感器（共 10 组）

电压互感器相关参数见表3-9。

表3-9　电压互感器相关参数

安装编号	安装地点	规格	电压比	连接方式
1FTV	Ⅰ段6#高压开关柜（背面）	JDZX14－6	$\dfrac{6\,000}{\sqrt{3}}/\dfrac{100}{\sqrt{3}}/\dfrac{100}{3}$	$Y_0/Y_0/\triangle$
2FTV	Ⅰ段1#高压开关柜（背面）	JDZX14－6	$\dfrac{6\,000}{\sqrt{3}}/\dfrac{100}{\sqrt{3}}/\dfrac{100}{3}$	$Y_0/Y_0/\triangle$
3FTV	Ⅱ段7#高压开关柜（背面）	JDZX14－6	$\dfrac{6\,000}{\sqrt{3}}/\dfrac{100}{\sqrt{3}}/\dfrac{100}{3}$	$Y_0/Y_0/\triangle$
4FTV	Ⅱ段1#高压开关柜（背面）	JDZX14－6	$\dfrac{6\,000}{\sqrt{3}}/\dfrac{100}{\sqrt{3}}/\dfrac{100}{3}$	$Y_0/Y_0/\triangle$
1FLTV	Ⅰ段4#高压开关柜（背面）	JDZ－6	6 000/100	Y/Y
2FLTV	Ⅰ段3#高压开关柜（背面）	JDZ－6	6 000/100	Y/Y
3FLTV	Ⅱ段4#高压开关柜（背面）	JDZ－6	6 000/100	Y/Y
4FLTV	Ⅱ段3#高压开关柜（背面）	JDZ－6	6 000/100	Y/Y
3TV	Ⅰ段3#高压开关柜	JDZJ－6	$\dfrac{6\,000}{\sqrt{3}}/\dfrac{100}{\sqrt{3}}/\dfrac{100}{3}$	$Y_0/Y_0/\triangle$
4TV	Ⅱ段3#高压开关柜	JDZJ－6	$\dfrac{6\,000}{\sqrt{3}}/\dfrac{100}{\sqrt{3}}/\dfrac{100}{3}$	$Y_0/Y_0/\triangle$

（六）母线（共 2 组）

母线相关参数见表3-10。

表3-10　母线相关参数

安装编号	安装位置	规格	允许通过电流（A）
3#母线（3M）	高压间6.3 kV Ⅰ 段	LMY－3×（120×10）	3 200
4#母线（4M）	高压间6.3 kV Ⅱ 段	LMY－3×（120×10）	3 200

二、天楼地枕水力发电厂户外高压电气设备

(一)110 kV 户外高压断路器(共 4 台,对应编号:天 13、天 12、天 11、天 14)

110 kV 线路、旁路、天 1B、天 2B 出口断路器见表 3-11。

表 3-11 110 kV 线路、旁路、天 1B、天 2B 出口断路器

序号	名称		单位	参数
1	型号:LW36 - 126/T3150 - 40			
2	额定电压			126
3	额定工频耐压试验(1 min)	对地、相间		230
		断口间	kV	230 ± 73
4	额定雷电冲击耐压	对地、相间		550
		断口间		550 ± 103
5	SF₆ 零表压时工频耐受电压(5 min)			95
6	额定频率		Hz	50
7	额定电流		A	3 150
8	额定短路开断电流			40
9	额定短路关合电流			100
10	额定短时耐受电流		kA	40
11	额定峰值耐受电流			100
12	额定短路持续时间		s	4
13	合闸时间		ms	105 ± 15
14	分闸时间		ms	35 ± 5
15	主回路电阻		μΩ	≤30
16	额定 SF₆ 气体压力(20 ℃表压)			0.6
17	报警/闭锁压力(20 ℃表压)		MPa	0.55/0.5
18	SF₆ 气体年漏气率		%	≤1
19	气体水含量		ppm	≤150
20	机械寿命			6 000
21	累计满容量开断次数		次	16
22	每台充入 SF₆ 气体质量			10
23	每台断路器质量		kg	1 300

操动机构主要技术参数见表3-12。

表3-12　操动机构主要技术参数

序号	名称		单位	参数
1	辅助回路电压		V	DC 220，AC 220
2	分、合闸线圈电压		V	DC 220，AC 220
3	分、合闸线圈电流		A	1/2
4	储能电机	额定电压	V	DC 220，AC 220
		正常工作范围	%	80～110
		功率	W	500
5	电机储能时间		s	≤15
6	手动储能力矩		N·m	≤20
7	加热器及照明回路电压		V	AC 220
8	辅助开关额定电压		V	DC 220，AC 220
9	辅助开关额定电流		A	10
10	辅助开关接点对数		对	24

SF_6气体质量标准见表3-13。

表3-13　SF_6气体质量标准

项目	单位	标准
六氟化硫（SF_6）	%（m/m）	≥99.8
空气（氮气、氧气）	%（m/m）	≤0.05
四氟化碳（CF_4）	%（m/m）	≤0.05
水分（H_2O）	ppm（m/m）	≤8
酸度（以 HF 计）	ppmg	≤0.3
可水解氟化物（以 HF 计）	ppmg	≤1.0
矿物油	ppmg	≤10

（二）110 kV 户外高压隔离开关

110 kV 户外高压隔离开关设备规范及其配用操动机构见表3-14。

表3-14　110 kV 户外高压隔离开关设备规范及其配用操动机构

隔离开关		操动机构	
型号	GW5 – 126G	型号	CJ6 – Ⅱ
额定电压（kV）	126	电机电源（V）	AC 380
额定电流（A）	1 250	电机控制电源（V）	AC 380

续表 3-14

隔离开关			操动机构	
额定频率（Hz）		50	额定功率（kW）	0.75
额定耐受电流（kA）		80	主轴转角（°）	90
额定短时持续电流（kA）		31.5	质量（kg）	95
额定短路持续时间（s）		4	辅助开关	8 极
额定短时工频耐受电压（有效值）（kV）	对地	230		
	断口	265		
额定雷电冲击耐受电流（有效值）（kA）	对地	550		
	断口	650		
机械寿命（次）		1 000		
单台质量（kg）		255		

主变中性点接地刀闸设备规范及其配用操动机构见表 3-15。

表 3-15 主变中性点接地刀闸设备规范及其配用操动机构

接地刀闸		操作机构	
型号	GW13 – 63/630	型号	CS17 – G
额定电压	63 kV	额定操作电压	AC 380 V
额定电流	400 A	额定控制电压	AC 380 V
对地雷电冲击电压	69 kV	辅助开关	8 极
热稳定电流	4.2 kA	质量	146 kg
动稳定电流	15 kA		
1 min 工频耐压	325 kV		

户外高压隔离开关安装位置及编号见表 3-16。

表 3-16 户外高压隔离开关安装位置及编号

隔离开关编号	安装位置	型号	配置接地刀闸
天 111	天 1B 出线主母侧	GW5 – 126G	天 115
天 112	天 1B 出线至旁母	GW5 – 126G	天 2001
天 116	天 1B 出线主变侧	GW5 – 126G	天 118
天 121	天 12 开关主母侧	GW5 – 126G	天 125
天 122	天 12 开关旁母侧	GW5 – 126G	天 128
天 131	天 13 开关主母侧	GW5 – 126G	天 135
天 132	旁路母线出线侧	GW5 – 126G	天 2002

续表 3-16

隔离开关编号	安装位置	型号	配置接地刀闸
天 136	天 13 开关线路侧	GW5 – 126G	天 139
天 141	2B 出线主母侧	GW5 – 126G	天 145
天 142	2B 出线至旁母	GW5 – 126G	天 2003
天 146	2B 出线主变侧	GW5 – 126G	天 148
互 01	1#MTV 主母侧	GW5 – 126G	互 014（主母侧） 互 015（TV 侧）
天 117	天 1B 中性点接地刀闸	GW13 – 63/630	
天 147	天 2B 中性点接地刀闸	GW13 – 63/630	

（三）避雷器

避雷器相关参数见表 3-17。

表 3-17　避雷器相关参数

安装地点	型号及规范			
	型号	额定电压（kV）	持续运行电压（kV）	UI1 mA（kV）
1#主变出线	YH10W5 – 100/260	100	80	156
2#主变出线	YH10W5 – 100/260	100	80	156
110 kV 母线	YH10W5 – 100/260	100	80	156
110 kV 线路	YH10W5 – 100/260	100	80	156
1#主变中性点	YH10W5 – 100/260	55	44	84
2#主变中性点	YH10W5 – 100/260	55	44	84

（四）电流互感器

电流互感器相关参数见表 3-18。

表 3-18　电流互感器相关参数

安装编号	安装地点	规格型号	电流比	额定电压（kV）	额定频率（Hz）	准确级
（天 1B、2B）1TA、2TA、3TA、4TA	开关站	LRGBJ2 – 110	2 × 300/5	110	50	B/B/B/0.5
（1YP）1TA、2TA、3TA、4TA	开关站	LRGBJ2 – 110	2 × 300/5	110	50	B/B/B/0.5
（1Y）1TA、2TA、3TA、4TA、5TA、6TA	开关站	LRGBJ2 – 110	2 × 300/5	110	50	4 × 5P20 /0.5/0.2

（五）电压互感器

电压互感器相关参数见表3-19。

表3-19　电压互感器相关参数

安装编号	安装地点	规格	电压比	连接方式
1TV	110 kV 1#母线	JCC3 – 110B	$\dfrac{110\ 000}{\sqrt{3}}\Big/\dfrac{100}{\sqrt{3}}$, $\dfrac{110\ 000}{\sqrt{3}}\Big/100$	$Y_0/Y_0/\triangle$
2TV	110 kV 出线	TYD – 110	$\dfrac{110\ 000}{\sqrt{3}}\Big/\dfrac{100}{\sqrt{3}}$, $\dfrac{110\ 000}{\sqrt{3}}\Big/100$	$Y_0/Y_0/\triangle$

（六）母线

母线相关参数见表3-20。

表3-20　母线相关参数

安装编号	安装位置	规格	允许通过电流（A）
1#母线（1M）	开关站 110 kV 主母	LGJ – 150	445
2#母线（2M）	开关站 110 kV 旁母	LGJ – 150	445

思考题

1. 电弧是一种什么现象？

2. 交流电弧的熄灭条件是什么？

3. 开关电器中广泛采用的灭弧方法有哪几种？

4. 什么是电气触头？

5. 对电气触头的基本要求有哪些？

6. 什么是电气触头的接触电阻？影响接触电阻的因素有哪些？

7. 电气触头采用什么材料制成？

8. 铜触头和铝触头表面预防氧化的措施有哪些？

9. 高压熔断器的作用是什么？

10. 什么叫熔断器的安秒特性曲线？

11. 高压断路器的基本要求有哪些？

12. 真空断路器的灭弧原理是什么？

13. 真空断路器一般用在什么电压等级？其工作特点有哪些？

14. 六氟化硫断路器主要有哪些优点？

15. 高压断路器的操动机构的作用是什么？

16. 隔离开关的作用是什么？

17. 隔离开关能不能用来开断短路电流？为什么？

18. 电流互感器的作用是什么？它在一次电路中如何连接？

19. 电流互感器工作时二次侧为什么不允许开路？

20. 电流互感器常用的接线方式有哪些?

21. 电压互感器的作用是什么? 它在一次电路中如何连接?

22. 电压互感器工作时二次侧为什么不允许短路?

23. 电压互感器常用的接线方式有哪些?

24. 避雷器的作用是什么?

25. 氧化锌避雷器在保护性能上有哪些优点?

26. 母线的作用是什么?

27. 绝缘子的作用是什么?

学习情境四　发电厂电气主接线

任务一　电气主接线概述

一、基本概念

　　发电厂、变电所的一次接线是由直接用来生产、汇集、变换和分配电能的一次设备构成的,通常称为电气主接线或电气主系统。电气主接线表明了各种一次设备的数量、作用和相互之间的连接方式,以及与电力系统的连接情况。电气主接线图就是用规定的文字和图形符号来描绘电气主接线的专用图。电气主接线图一般画成单线图,即用单相接线表示三相系统,但对三相接线不完全相同的局部(如各相中电流互感器的配置情况不同)则绘制成三线图。图4-1所示为某110 kV/10 kV降压变电所的电气主接线图。电气主接线图不仅能表明电能输送和分配的关系,也可据此制成主接线模拟图屏,以表示电气部分的运行方式,并可供运行操作人员进行模拟操作。

二、基本要求

　　电气主接线选择得正确与否对电力系统的安全、经济运行,对电力系统的稳定和调度的灵活性,以及对电气设备的选择、配电装置的布置、继电保护及控制方式的拟定等都有重大的影响。在选择电气主接线时,应注意发电厂或变电所在电力系统中的地位、进出线回路数、电压等级、设备特点及负荷性质等条件,并应满足下列基本要求。

(一)保证必要的供电可靠性和电能质量

　　保证必要的供电可靠性和电能质量是电气主接线的最基本要求。这里所说的主接线的可靠性主要是指,当主电路发生故障或电气设备检修时,主接线在结构上能够将故障或检修所带来的不利影响限制在一定范围内,以提高供电的能力和电能的质量。目前,对主接线可靠性的评估不仅可以定性分析,而且可以进行定量计算。

　　一般从以下几方面对主接线的可靠性进行定性分析:

　　(1)断路器检修时是否影响对用户的供电。

　　(2)设备或线路故障或检修时,停电线路数量的多少(停电范围的大小)和停电时间的长短,以及能否保证对重要用户的供电。

　　(3)是否存在使发电厂、变电所全部停止工作的可能性等。

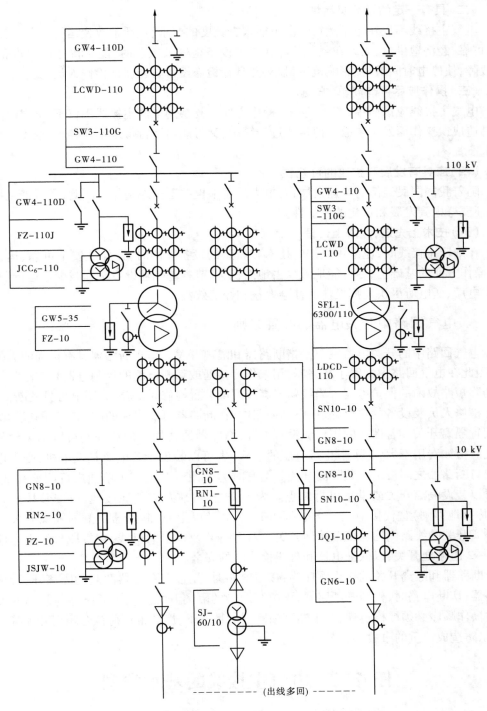

图 4-1 某 110 kV/10 kV 降压变电所的电气主接线

（二）具有一定的运行灵活性

电气主接线不仅在正常运行情况下能根据调度的要求,灵活地改变运行方式,实现安全、可靠、经济地供电,而且在系统故障或电气设备检修及故障时,能尽快地退出设备、切除故障,使停电时间最短、影响范围最小,并且在检修设备时能保证检修人员的安全。

（三）操作应尽可能简单、方便

电气主接线应该简单、清晰、明了,操作方便。复杂的电气主接线不仅不利于操作,还容易造成误操作而发生事故。但接线过于简单,又可能给运行带来不便,或造成不必要的停电。

（四）应具有发展和扩建的可能性

随着我国国民经济的快速发展,对电力的需求也在迅速地增长。因此,在选择主接线时,还要考虑到发展和扩建的可能性。

（五）技术上先进,经济上合理

在确定主接线时,应采用先进的技术和新型的设备。同时,在保证安全可靠、运行灵活、操作方便的基础上,尽可能地减少占地面积,以节省基础建设投资和减少年运行费用,让发电厂、变电所尽快发挥最佳的社会效益和经济效益。

三、电气回路中开关电器的配置原则

电气回路中的开关电器主要是指断路器和隔离开关。由于断路器具有很强的灭弧能力,因此在电气回路中配置了断路器,用来作为接通或切断电路的控制电器和在故障情况下切除短路故障的保护电器。当线路或高压配电装置检修时,需要有明显可见的断口,以保证检修人员及设备的安全,故在电气回路中,在断路器可能出现的电源的一侧或两侧均应配置隔离开关。若馈线的用户侧没有电源,断路器通往用户的那一侧可以不装设隔离开关。但如费用不大,为了阻止过电压的侵入,也可以装设。若电源是发电机,则发电机与出口断路器之间可以不装隔离开关。但有时为了便于对发电机单独进行调整和试验,也可以装设隔离开关或设置可拆卸点。为了安全、可靠及方便地接地,可安装接地开关（又称接地刀闸）替代接地线。当电压在 110 kV 及以上时,断路器两侧的隔离开关和线路隔离开关的线路侧均应配置接地开关。对 35 kV 及以上的母线,在每段母线上亦应设置 1~2 组接地开关,以保证电器和母线检修时的安全。

断路器和隔离开关的操作顺序为:接通电路时,先合上断路器两侧的隔离开关,再合断路器;切断电路时,先断开断路器,再拉开两侧的隔离开关。这个断路器与隔离开关之间的操作顺序必须严格遵守,在未断开断路器的情况下,严禁带负荷拉合隔离开关等误操作,以防造成严重的事故。

任务二 电气主接线的基本类型

母线是接受和分配电能的装置,是电气主接线和配电装置的重要环节。电气主接线一般按有无母线分类,即分为有母线和无母线两大类。有母线的主接线形式主要有单母接线和双母接线,无母线的主接线形式主要有单元接线、桥形接线和角形接线等。

一、单母线接线

（一）单母线不分段接线

单母线不分段接线如图4-2所示。这种接线的特点是只有一组母线 WB,各电源和出线都接在同一条公共母线上,其供电电源在发电厂是发电机或变压器,在变电所是变压器或高压进线回路。母线既可以保证电源并列工作,又能使任一条出线都可以从任一电源获得电能。每条回路中都装有断路器和隔离开关,紧靠母线侧的隔离开关(如 QS_B)称为母线隔离开关,靠近线路侧的隔离开关(如 QS_L)称为线路隔离开关。

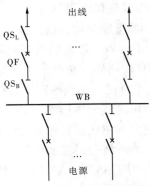

WB—母线; QS_B—母线侧隔离开关;
QS_L—线路侧隔离开关; QF—断路器

图4-2 单母线不分段接线

单母线接线的优点是结构简单、层次清晰、设备少、投资小、运行操作方便且有利于扩建。隔离开关仅在检修电气设备时用作隔离电源,不作为倒闸操作电器,从而避免了因用隔离开关进行大量倒闸操作而引起的误操作事故。

单母线不分段接线的主要缺点有以下几个方面:

(1)当母线或母线隔离开关检修时,连接在母线上的所有回路都将停止工作(有条件进行带电检修的例外)。

(2)当母线或母线隔离开关上发生短路故障或断路器靠近母线侧绝缘套管损坏时,所有断路器都将自动断开,造成全部停电。

(3)当检修任一电源或出线断路器时,该回路必须停电。

由于单母线不分段接线供电可靠性和灵活性都较差,只能用于某些出线回路数较少、对供电可靠性要求不高的小容量发电厂和变电所中。

（二）单母线分段接线

为提高供电可靠性,当出线回路数较多时,可用断路器将母线分段,形成单母线分段接线,如图4-3所示。母线分段的数目,取决于电源的数目及容量、出线回路数、运行要求等,一般情况下母线可分为 2～3 段。分段时应尽量将电源与负荷均衡地分配于各母线段上,以减少各母线段间的功率交换。重要用户可以由从不同母线段上分别引出的两个及其以上回路供电,从而提高供电的可靠性。

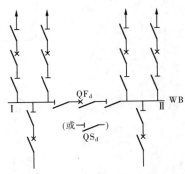

QF_d—分段断路器; QS_d—分段隔离开关

图4-3 单母线分段接线

母线分段后,可提高供电的可靠性和灵活性。在正常运行时,母线分段断路器可以接通运行,也可以断开运行。当分段断路器 QF_d 接通运行,任一段母线发生短路故障时,在继电保护作用下,分段断路器 QF_d 和接在故障段上的电源回路断路器便自动断开。这时非故障段母线可以继续运行,缩小了母线故障的停电范围。当分段断路器 QF_d 断开运行时,分段断路器除装有继电保护装置外,还应装有备用电源自动投入装置,分段断路器断开运行,有利于限制短路电流。

对重要用户,可以采用双回路供电,即从不同段上分别引出馈电线路,由两个电源供电,以保证供电可靠性。

单母线分段接线的缺点有以下几点:

(1)当一段母线或母线隔离开关故障或检修时,必须断开接在该分段上的全部电源和出线,这样就减少了系统的发电量,并使该段单回路供电的用户停电。

(2)任一出线断路器检修时,该回路必须停止工作。

单母线分段接线,虽然较单母线不分段接线提高了供电可靠性和灵活性,但当电源容量较大和出线数目较多,尤其是单回路供电的用户较多时,其缺点更加突出。因此,一般认为单母线分段接线应用在 6 ~ 10 kV,出线在 6 回及以上时,每段所接容量不宜超过 25 MW;用于 35 ~ 60 kV 时,出线回路不宜超过 8 回;用于 110 ~ 220 kV 时,出线回路不宜超过 4 回。

在可靠性要求不高,或者在工程分期实施时,为了降低设备费用,也可使用一组或两组隔离开关进行分段(如图 4-3 中的 QS_d),任一段母线故障时,将造成两段母线同时停电,在判别故障后,拉开分段隔离开关,完好段即可恢复供电。

(三)单母线带旁路母线接线

如图 4-4 所示,在工作母线外侧增设一组旁路母线,并经旁路隔离开关引接到各线路的外侧,另设一组旁路断路器 QF_p(两侧带隔离开关)跨接于工作母线与旁路母线间。

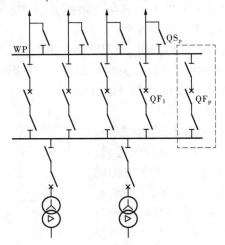

图 4-4 单母线带旁路母线接线

当任一回路的断路器需要停电检修时,该回路可经旁路隔离开关 QS_p 绕道旁路母线,再经旁路断路器 QF_p 及其两侧的隔离开关从工作母线取得电源。此途径即为旁路回路或简称旁路。而旁路断路器就是各线路断路器的公共备用断路器。但应注意,旁路断路器在同一时间里只能替代一条线路的断路器工作。

平时旁路断路器和旁路隔离开关均处于分闸位置,旁路母线不带电。当需检修某线路断路器时,首先合上旁路断路器两侧的隔离开关,然后合上旁路断路器向旁路母线空载升压,检查旁路母线无故障后,再合上该线路的旁路隔离开关(等电位操作)。此后,断开该出线断路器及其两侧的隔离开关,这样就由旁路断路器代替该出线断路器工作。

采用单母线带旁路接线时可以不停电检修断路器,故提高了供电可靠性。但是,当母线出现故障或检修时,仍然会造成整个主接线停止工作。

(四)单母线分段带旁路接线

单母线分段带旁路接线如图 4-5 所示。这种接线增设了一组旁路母线 WP 以及各出线回路中相应的旁路隔离开关 QS_p,分段断路器 QF_d 兼作旁路断路器 QF_p,并设有分段隔离开关 QS_d。

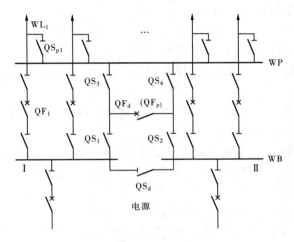

图 4-5　单母线分段带旁路接线

正常运行时旁路母线不带电,QS_1、QS_2 及 QF_p 处于合闸状态,QS_3、QS_4 及 QS_d 断开,QF_p 作分段断路器 QF_d,主接线按单母线分段方式运行。当需要检修某一出线断路器(如 QF_1)时,可通过倒闸操作,将分段断路器改作旁路断路器,使旁路母线经 QS_4、QF_p、QS_1 接至Ⅰ段母线;或经 QS_2、QF_p、QS_3 接至Ⅱ段母线而带电运行,并经过被检修断路器所在回路的旁路隔离开关(如 QS_{p1})构成向该回路供电的旁路通路。此时即可断开该出线断路器(如 QF_1)及其两侧的隔离开关进行检修,并不会中断对该回路的供电。此时,两段母线可通过分段隔离开关 QS_d 并列运行,也可以分列运行。

当Ⅰ段母线故障时,通过倒闸操作,使旁路母线接至Ⅱ段母线,并经过旁路隔离开关 QS_{p1} 构成通路,可以保证所有出线不停电。当Ⅱ段母线故障时,也能保证所有出线不停电。

这种接线方式兼顾了旁路母线接线和单母线分段接线的优点,供电可靠性较高。但是当Ⅰ段母线(或Ⅱ段母线)故障时,倒闸操作过程比较复杂,出线会临时停电。

二、双母线接线

(一)双母线不分段接线

图 4-6 所示为双母线不分段接线,它设有Ⅰ和Ⅱ两组母线,一组为工作母线,另一组为备用母线。每一回路出线都通过一台断路器和两组母线隔离开关分别接至两组母线

上,两组母线之间通过母线联络断路器(简称母联断路器)连接。由于每个回路设置了两组母线隔离开关,可以在两组母线之间切换,使运行的可靠性和灵活性大为提高。

双母线不分段接线的主要优点有以下几点:

(1)运行方式灵活。可以采用将电源和出线均衡地分配在两组母线上,母线断路器合闸的双母线当作单母线分段的运行方式;也可以采用任一组母线工作,另一组母线备用,母联断路器分闸的单母线运行方式。这时,所有回路与工作母线连接的隔离开关都合闸,与备用母线连接的隔离开关都断开。

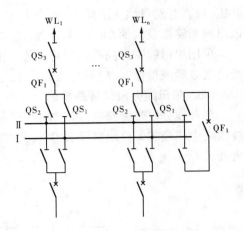

图 4-6　双母线不分段接线

(2)供电可靠。当任一组母线故障时,只需将接于该母线上的所有回路都切换至另一组母线上,便可迅速地恢复整个装置的供电。

(3)检修任一回路母线隔离开关时,只需断开该回路。这时,可将其他回路都切换至另一组母线上继续运行,然后停电检修该母线隔离开关。如果允许对隔离开关带电检修,则该回路也可不停电。

(4)检修任一线路断路器时,可用母联断路器代替其工作。

(5)工作母线故障时,所有回路能迅速恢复工作。当工作母线发生短路故障时,各电源回路的断路器便自动跳闸。此时,断开各出线回路的断路器和工作母线侧的母线隔离开关,合上各回路备用母线侧的母线隔离开关,再合上各电源和出线回路的断路器,各回路就迅速地在备用母线上恢复工作。

双母线不分段接线的主要缺点有以下几点:

(1)运行方式改变时,需使用母线隔离开关进行倒闸操作,操作过程比较复杂,容易造成误操作,导致人身或设备事故。

(2)工作母线故障时,将使所有回路短时停电(切换母线时间)。

(3)在任一线路断路器检修时,该回路仍需停电或短时停电(用母联断路器代替线路断路器之前)。

(4)增加了母线隔离开关的数量和母线的长度,配电装置结构较为复杂,致使投资和占地面积增大。

(二)双母线分段接线

在发电厂、变电所中,母线发生故障时的影响范围很大。若采用双母线不分段接线,当一组母线故障时,会造成约半数甚至全部回路停电或短时停电。大型发电厂、变电所对运行可靠性与灵活性的要求非常高,必须注意避免发生母线故障及限制母线发生故障时的影响范围,防止全厂或全所停电事故的发生。为此,可以考虑采用双母线分段接线。

在图 4-7 所示的接线中,通常一组母线(如母线 Ⅰ)用分段断路器 QF_d 分为两段作为工作母线,而另一组母线(如母线 Ⅱ)作为备用母线。正常运行时母联断路器 QF_{L1}、QF_{L2}

都断开。

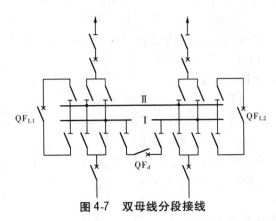

图 4-7　双母线分段接线

双母线分段接线具有单母线分段和双母线不分段接线的特点,有较高的供电可靠性与运行灵活性,但所使用的电气设备较多,使投资增大。另外,当检修某回路出线断路器时,则该回路停电,或短时停电后再用跨条恢复供电。双母线分段接线常用于大中型发电厂的发电机电压配电装置中。

(三)双母线带旁路接线

采用双母线带旁路接线,其目的是不停电检修任一回路断路器。

图 4-8 所示为双母线带旁路接线。图中 WP 为旁路母线,QF_p 为专用的旁路断路器。有关旁路母线的工作特点,前面已经讨论过,这里不再赘述。

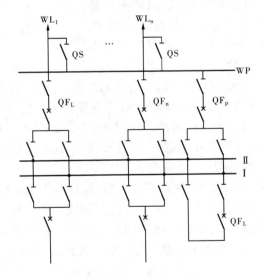

图 4-8　双母线带旁路接线

带旁路母线的双母线接线,其供电可靠性和运行灵活性都很高,但所用设备较多,占地面积大,经济性较差。因此,一般规定当 220 kV 线路有 5(或 4)回及以上出线、110 kV 线路有 7(或 6)回及以上时,可采用有专用旁路断路器的带旁路母线的双母线接线。

双母线带旁路接线的主要缺点有:①每当检修线路断路器时,必须利用母联断路器来替代该断路器工作,从而增加了隔离开关和继电保护整定值的更改次数;②将双母线同时运行方式更改为单母线运行方式时,降低了供电可靠性。

应该特别指出的是,旁路母线只是为检修出线断路器时不停止对该回路供电而设立的,它并不是为了替代主母线工作而设置的。

(四)一台半断路器接线

如图 4-9 所示,在两组母线之间接有若干串联断路器,每一串的三台断路器之间接入两个回路。处于每串中间位置的断路器称为联络断路器 QF_L。由于两个回路共装有三台断路器,平均每一个回路装设一台半(3/2)断路器,故称为一台半断路器接线,又称为 3/2 断路器接线。

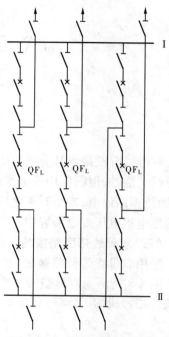

图 4-9　一台半断路器接线

这种接线的主要优点有以下几点:

(1)正常运行时,两组母线和所有断路器都同时工作,形成多环路的供电方式,增强了运行调度的灵活性。

(2)每一回路虽然只平均装设了一台半断路器,但却可经过两台断路器同时供电,当任一台断路器检修时,所有回路都不会停止工作。当一组母线故障或检修时,所有回路仍可通过另一组母线继续运行。即使是在某一台联络断路器故障、两侧断路器跳闸,以及检修与事故相重叠等严重情况下,停电的回路数也不会超过两回,不存在整个装置全部停电的危险,提高了工作的可靠性。

(3)隔离开关只用于检修时隔离电压,以避免为改变运行方式而进行复杂的倒闸操作。当检修任一组母线或任一台断路器时,所有进出线都不需要进行切换操作,方便操作、检修。

这种接线的主要缺点有:所用断路器、电流互感器等设备较多,投资较大;由于每个回路都与两台断路器相连,而且联络断路器又连接着两个回路,使得继电保护和二次回路的设计、调试及检修等都较为复杂。

一台半断路器接线的突出优点,使得它在大容量、超高压配电装置中得到了广泛的应用。为了避免两台主变压器回路或同一个系统的两回线路同时停电,一般应采用交叉配置的原则,即同名回路应接在不同串内,电源回路应与出线回路配合成串,且同名回路还不宜接在不同侧的母线上,如图 4-9 中右边的两串。在我国,这种接线普遍应用在 500 kV 的发电厂和变电所中。

(五)变压器母线组接线

如图 4-10 所示,各出线回路由两台断路器分别接在两组母线上,而在工作可靠、故障率很低的主变压器的出口不装设断路器,直接通过隔离开关接到母线上,组成变压器母线组接线。这种接线调度灵活,电源和负荷可自由调配,安全可靠,有利于扩建。当变压器故障时,和其连接于同一母线上的断路器跳闸,但不影响其他回路供电。由隔离开关隔离故障,使变压器退出运行后,该母线即可恢复运行。当出线回路数较多时,出线也可以采用一台半断路器的接线形式。

三、无母线接线

(一)单元接线

如图 4-11 所示,发电机与变压器直接连接成一个单元,组成发电机 - 变压器组,称为单元接线。

图 4-11(a)是发电机 - 双绕组变压器单元接线,发电机出口处除接有厂用电分支外,不设置母线,也不装出口断路器,发电机和变压器的容量相匹配,必须同时工作,发电机发出的电能直接经过主变压器升高电压送往电网。发电机出口处可装一组隔离开关,以便单独对发电机进行

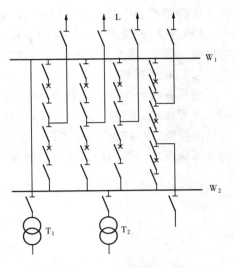

图 4-10 变压器母线组接线

试验,200 MW 及以上的发电机由于采用分相封闭母线,不宜装设隔离开关,但应有可拆连接点。

图 4-11(b)是发电机 - 三绕组变压器单元接线,为了在发电机停止工作时,变压器高压侧和中压侧仍能保持联系,发电机与变压器之间应装设断路器和隔离开关。

图 4-11(c)、(d)所示的扩大单元接线,可以减少变压器及高压侧断路器的台数,也相应减少了配电装置间隔,还减少了投资和占地面积。采用低压分裂绕组变压器时,可以限制主变压器低压侧的短路电流,但扩大单元接线的运行灵活性较差,例如检修变压器时,两台发电机必须退出运行。扩大单元的组合容量应与电力系统的总容量和备用容量相适应,一般不超过系统总容量的8% ~10%,以免因主变压器故障退出运行时影响系统的稳定。

由于主变压器容量的限制,大容量机组无法采用扩大单元接线时,也可以将两组发电机 - 变压器单元在高压侧组合为图 4-11(e)所示的发电机 - 变压器联合单元接线,以减

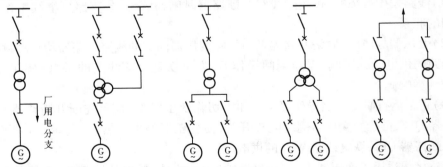

| (a)发电机–双绕组
变压器单元 | (b)发电机–三绕组
变压器单元 | (c)发电机–双绕组
变压器扩大单元 | (d)发电机–分裂绕组
变压器单元 | (e)发电机–变压器
联合单元 |

图 4-11 单元接线

少高压断路器的台数及配电装置的间隔。

单元接线的优点是接线简单清晰、投资小、占地少、操作方便、经济性好,由于不设发电机电压母线,减少了发电机电压侧发生短路故障的概率。

（二）桥形接线

当只有两台主变压器和两条线路时,可以采用如图 4-12 所示的接线方式。这种接线称为桥形接线,可看作是单母线分段接线的变形,即去掉线路侧断路器或主变压器侧断路器后的接线;也可看作是变压器 – 线路单元接线的变形,即在两组变压器 – 线路单元接线的升压侧增加一横向连接桥臂后的接线。

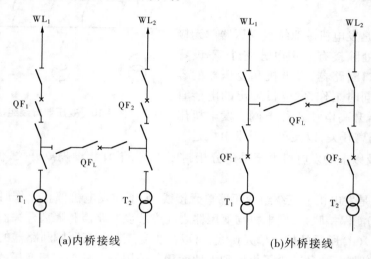

(a)内桥接线　　　　　　　　(b)外桥接线

图 4-12　桥形接线

桥形接线的桥臂由断路器及其两侧隔离开关组成,正常运行时处于接通状态。根据桥臂的位置又可分为内桥接线和外桥接线两种形式。

1. 内桥接线

如图 4-12（a）所示,内桥接线桥臂置于线路断路器的内侧。其特点如下:

（1）线路发生故障时,仅故障线路的断路器跳闸,其余三条支路可继续工作,并保持相互间的联系。

（2）变压器故障时,联络断路器及与故障变压器同侧的线路断路器均自动跳闸,使未故障线路的供电受到影响,需经倒闸操作后,方可恢复对该线路的供电（例 T_1 故障时,WL_1 受到影响）。

（3）正常运行时变压器操作复杂。如需切除变压器 T_1,应首先断开断路器 QF_1 和联络断路器 QF_L,再拉开变压器侧的隔离开关,使变压器停电。然后,重新合上断路器 QF_1 和联络断路器 QF_L,恢复线路 WL_1 的供电。

内桥接线适用于变压器不需要经常改变运行方式、输电线路较长、线路故障概率较高、穿越功率较小的场合。

2. 外桥接线

如图 4-12（b）所示,外桥接线桥臂置于线路断路器的外侧。其特点如下:

（1）变压器发生故障时,仅跳故障变压器支路的断路器,其余三条支路可继续工作,并保持相互间的联系。

（2）线路发生故障时,联络断路器及与故障线路同侧的变压器支路的断路器均自动跳闸,需经倒闸操作后,方可恢复被切除变压器的工作。

（3）线路投入与切除时,操作复杂,并影响变压器的运行。

这种接线适用于主变压器需按经济运行要求经常切换、输电线路较短、故障概率较低和电力系统有较大的穿越功率通过桥臂回路的场合。

桥形接线属于无母线的接线形式,简单清晰,每个回路平均装设的断路器台数最少,既可以节省投资,也便于发展过渡为单母线分段或双母线接线。但因内桥接线中,当变压器进行正常投入和退出操作或切除变压器故障时将影响线路的运行,而外桥接线中,当线路进行正常投入和退出操作或切除故障线路时将影响变压器的运行,而且改变运行方式时需要用隔离开关作为操作电器,故其运行的可靠性和灵活性都不够高。根据我国多年的运行经验,桥形接线一般可用于条件合适的中小型发电厂、变电所的 35 ~ 220 kV 配电装置中。

（三）多角形接线

多角形接线又称环形接线或多边形接线,其接线形式如图 4-13 所示。多边形的每一个边上各安装有一台断路器和两组隔离开关,多边形的各个边相互连接成闭合的环形,各出线回路通过隔离开关分别接到各个顶点上。多角形接线中,断路器数等于回路数,且每条回路都与两台断路器相连接,即接在"角"上。

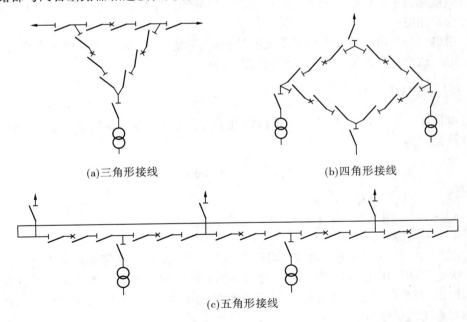

(a)三角形接线 　　　　　　　　　　　(b)四角形接线

(c)五角形接线

图 4-13　多角形接线

多角形接线的主要优点如下:

(1)经济性较好。这种接线平均每回路需设一台断路器,投资少。

（2）工作可靠性与灵活性较高，易于实现远程自动操作。多角形接线属于无汇流母线的主接线，不存在母线故障问题。每回路均可由两台断路器供电，可不停电检修任一断路器，而任一回路故障时，不影响其他回路的运行。所有的隔离开关不用作操作电器。

多角形接线的主要缺点如下：

（1）任何一台断路器检修时，多角形接线都将开环运行，供电可靠性明显降低。此时不与该断路器所在边直接相连的其他任何设备若发生故障，都可能造成两个及其以上的回路停电，多角形接线将分割成两个相互独立部分，功率平衡也将遭到破坏，甚至造成停电事故。为了提高可靠性，减少设备故障时的影响范围，应将电源与馈线回路按照对角原则相互交替布置。

（2）多角形接线在开环和闭环两种运行状态时，各支路所通过的电流变化可能很大，使得相应的继电保护整定比较复杂，电器设备的选择比较困难。

（3）多角形接线闭合成环，其配电装置扩建较难。

我国经验表明，在 110 kV 及以上配电装置中，当出线回数不多，且发展比较明确时，可以采用多角形接线，一般以采用三角形或四角形为宜，最多不要超过六角形。

任务三　厂用电接线

所谓厂用电，是指发电厂或变电所在生产过程中自身所使用的电能。尤其是发电厂，为了保证正常生产，需要许多由电动机拖动的机械为发电厂的主要设备和辅助设备服务，这些机械被称为厂用机械。此外，还要为运行、检修和试验提供用电负荷。发电厂的厂用电也称为自用电。

厂用电也是发电厂或变电所的最重要的负荷，其供电电源、接线和设备必须可靠，以保证发电厂或变电所的安全可靠、经济合理地运行。

一、厂用电率

发电厂在一定时间内，厂用电所消耗的电量占发电厂总发电量的百分数，称为厂用电率。计算公式为

$$K_{CY} = \frac{A_{CY}}{A_G} \times 100\%$$

式中　K_{CY}——厂用电率（%）；

　　　A_{CY}——厂用电量，kW·h；

　　　A_G——总发电量，kW·h。

发电厂的厂用电率与电厂类型、容量、自动化水平、运行水平等多种因素有关。一般凝汽式火电厂的厂用电率为 5%～8%，热电厂为 8%～10%，水电厂为 0.3%～2.0%。降低厂用电率，减少厂用电的耗电量，不仅能降低发电成本，提高发电厂的经济效益，而且可以增加对系统的供电量。

二、厂用负荷分类

厂用负荷，按其在电厂生产过程中的重要性可分为以下几类。

（一）Ⅰ类负荷

凡短时停电（包括手动操作恢复供电所需的时间）会造成设备损坏、危及人身安全、主机停运或出力明显下降的厂用负荷，如火电厂的给水泵、凝结水泵、循环水泵、引风机、给粉机等及水电厂的调速器、润滑油泵等负荷，都属于Ⅰ类负荷。对于Ⅰ类负荷，通常设置双套机械，互为备用，并分别接到有两个独立电源的母线上，当一个电源失去后，另一个电源应立即自动投入。除此之外，还应保证Ⅰ类负荷的电动机能够可靠自启动。

（二）Ⅱ类负荷

允许短时停电（不超过数分钟），经运行人员及时操作后恢复供电，不致造成生产混乱的厂用负荷，如疏水泵、灰浆泵、输煤设备等负荷，均属于Ⅱ类负荷。对Ⅱ类负荷，一般应由两段母线供电，并可采用手动切换。

（三）Ⅲ类负荷

较长时间停电而不直接影响电能生产的厂用负荷，如修配车间、油处理设备等负荷，均属于Ⅲ类负荷，一般由一个电源供电。

（四）事故保安负荷

事故保安负荷指在发电机停机过程及停机后的一段时间内仍应保证供电的负荷，否则将引起主要设备损坏、自动控制失灵或者推迟恢复供电，甚至危及人身安全。按事故保安负荷对供电电源要求的不同，可分为以下两类：

（1）直流保安负荷。包括直流润滑油泵、事故照明等。直流保安负荷由蓄电池组供电。

（2）交流保安负荷。包括顶轴油泵、交流润滑油泵、盘车电机、实时控制用的电子计算机等。

三、厂用供电电源

（一）厂用负荷供电电压等级的确定

厂用负荷的供电电压，主要取决于发电机的额定容量、额定电压，厂用电动机的电压、容量和数量等因素。

发电厂和变电所中一般供电网络的电压：低压供电网络为 0.4 kV（380 V/220 V），高压供电网络为 3 kV、6 kV、10 kV 等。电压等级不宜过多，否则会造成厂用电接线复杂、运行维护不方便、降低供电可靠性。因此，为了正确选择高压供电网络电压，需进行技术经济论证。

（二）工作电源

工作电源是指保证发电厂或变电所正常运行的电源。要求工作电源不仅应供电可靠，而且要满足厂用负荷容量的要求。

图 4-14 所示为厂用工作电源的引线方式。当电气主接线具有发电机电压母线时，则厂用工作电源一般直接从母线引接，如图 4-14（a）所示；当发电机和变压器采用单元接线时，厂用工作电源则从主变压器的低压侧引接，如图 4-14（b）所示。厂用工作电源可以是厂用变压器，也可以是厂用电抗器。

厂用低压工作电源一般采用 0.4 kV 电压等级，由厂用低压变压器获得。

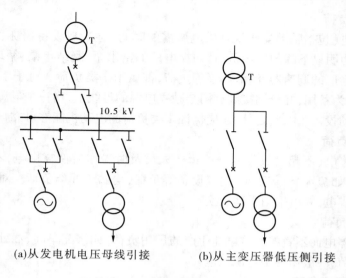

(a)从发电机电压母线引接   (b)从主变压器低压侧引接

图4-14　厂用工作电源的引线方式

（三）备用电源

为了提高可靠性，每一段厂用母线至少要由两个电源供电，其中一个为工作电源，另一个为备用电源。当工作电源故障或检修时，仍能不间断地由备用电源供电。厂用备用电源有明备用和暗备用两种接线方式。

明备用就是专门设置一台变压器（或线路），使其经常处于备用状态（停运），如图4-15（a）中的变压器T_3。正常运行时，断路器$QF_1 \sim QF_3$均为断开状态。当任一台厂用工作变压器退出运行时，均可由变压器T_3替代工作。

暗备用就是不设专用的备用变压器，而将每台工作变压器的容量加大，正常运行时，每台变压器都在半载下运行，互为备用状态，如图4-15（b）所示。中小型水电厂和降压变电所，多采用暗备用方式。

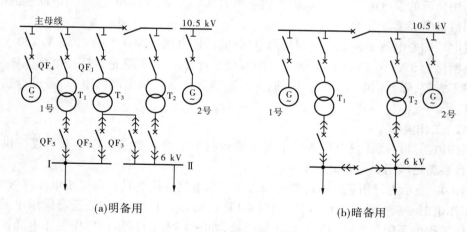

(a)明备用   (b)暗备用

图4-15　厂用备用电源的两种接线方式

厂用备用电源应尽量保证其独立性，即失去工作电源时，不应影响备用电源的供电。

此外,还应装设备用电源自动投入装置。

（四）事故保安电源

事故保安电源是为保证事故保安负荷的用电而设置的,并应能自动投入。事故保安电源必须是一种独立且十分可靠的电源,可分直流事故保安电源和交流事故保安电源。前者由蓄电池组供电,后者宜采用快速启动的柴油发电机组或由外部引来的可靠交流电源。此外,还应设置交流不停电电源。交流不停电电源,宜采用接在直流母线上的逆变机组或静态逆变装置,目前多用静态逆变装置。图 4-16 为交流事故保安电源接线。

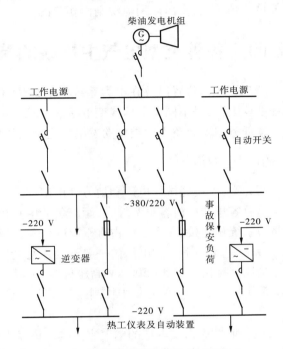

图 4-16　交流事故保安电源接线

四、厂用电接线

（一）厂用电接线的基本要求

（1）供电可靠、运行灵活。确保厂用负荷的连续供电,并能在正常、事故、检修、启动等各种情况下满足供电要求。而且要尽可能地方便切换操作,备用电源能在短时间内投入。

（2）接线简单清晰、投资少、运行费用低。

（3）尽量缩小厂用电系统的故障停电范围,并应尽量避免引起全厂停电事故。各机、炉的厂用电源由本机供电,这样当厂用系统发生故障时,只影响一台发电机组的运行。

（4）保证接线的整体性。厂用电接线应与发电厂电气主接线紧密配合,体现其整体性。

（5）保证电厂分期建设时厂用电接线的合理性。应便于分期扩建或连续施工,不致中断厂用电的供应。尤其是对备用电源的接入和公共负荷的安排要全面规划、便于过渡。

（二）厂用电接线的基本形式

发电厂厂用电通常都采用单母线分段接线形式,并多采用成套配电装置接收和分配电能。

在火电厂中,高压母线均采取按炉分段的接线原则,即将厂用电母线按照锅炉的台数分成若干独立段,凡属同一台锅炉及同组的汽轮机的厂用负荷均接于同一段母线上,这样既便于运行、检修,又能使事故影响范围局限在一机一炉,不至于过多干扰正常运行的完好机、炉。

低压厂用母线一般也按炉分段,高压厂用电源则由相应的高压厂用母线提供。

任务四　各种类型电气主接线的特点

由于发电厂的类型、容量、地理位置以及在电力系统中的地位、作用、馈线数目、输电距离的远近和自动化程度等因素,对不同发电厂或变电所的要求各不相同,所采用的主接线形式也就各不相同。本任务主要介绍不同类型的发电厂主接线的特点。

一、火力发电厂的电气主接线

火力发电厂可分为两大类:大型区域性电厂和地方性电厂。

区域性电厂的特点是总容量和单机容量都较大,距离负荷中心较远,通常采用高压或超高压远距离输电线路与系统相连接,在系统中占有重要的位置,可靠性要求和设备利用小时数都较高,主要承担系统基本负荷。发电厂内一般不设置发电机电压母线,全部机组都采用简单可靠的单元接线直接接入 220～500 kV 高压母线中,以 1～2 个升高电压将电能送入系统。发电机组采用机－炉－电单元集中控制或计算机控制,运行调度方便,自动化程度高。

图 4-17 所示为某大型区域性火力发电厂的电气主接线。该发电厂位于煤矿附近,水源充足,没有近区负荷,在系统中地位十分重要,要求有很高的运行可靠性,因此不设发电机电压母线。四台大型凝汽式汽轮发电机组都采用发电机－双绕组变压器组单元接线形式,分别接入单断路器的双母线带旁路母线接线的 220 kV 高压系统和一个半断路器接线的 500 kV 超高压系统中。500 kV 与 220 kV 系统经自耦变压器 TA 相互联络。与省际电网相联系的 500 kV 超高压远距离输电线路装设有并联电抗器,用于吸收线路的充电功率。

大型区域性火力发电厂的电气主接线,应注意以下几个问题:

(1)发电机出口断路器的设置。在采用发电机－双绕组变压器组单元接线的大型发电机出口装设断路器,便于机组的启停、并网与切除。启停过程中厂用电源也可以由本单元的主变压器倒送,且便于采用扩大单元接线。但大容量发电机的出口电流大,相应的断路器制造困难、价格昂贵。我国目前 200 MW 及其以上的大容量机组较多承担基本负荷,不会进行频繁的启停操作,也较少采用扩大单元、联合单元接线,所以一般不考虑装设发电机出口断路器。不过,为了防止发电机引出线回路中发生短路故障,通常应选用分相式封闭母线。

(2)发电厂的启动电源与备用电源。大型发电厂的厂用电负荷容量大,可靠性要求高。

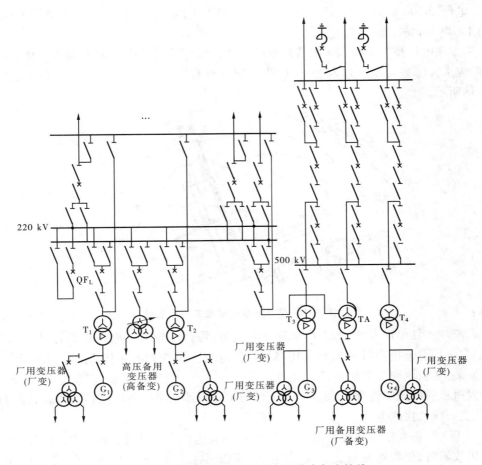

图 4-17　某大型区域性火力发电厂的电气主接线

当发电机出口不装设断路器时,无法经主变压器倒送电机启动所需要的启动电源,一般是从与系统相连接的高压主母线上引接启动变压器,兼作高压备用厂用变压器。当发电厂中装设有自耦联络变压器时,也可以由它的第三绕组作为本厂的启动电源和备用电源。

(3)单元接线的形式与主变压器的选择。大型发电厂通常采用发电机-变压器组单元、扩大单元及联合单元接线。当采用发电机-变压器组单元接线时,单机容量为 200 MW 及其以上的大型机组一般都是与双绕组变压器组成单元接线,而很少采用与三绕组变压器组成的单元接线,以避免安装昂贵的发电机出口断路器。若发电厂具有两个升高电压,则通过自耦联络变压器来联络两升高电压系统。联络变压器 TA 的第三绕组还可以作为本厂的启动或备用电源,以提高厂用电的可靠性,简化配电装置结构,节省投资。

二、水力发电厂的电气主接线

葛洲坝水利枢纽工程是我国自行设计、建造的长江上第一个水利枢纽工程,于 1970 年 12 月开工兴建,1988 年 12 月全部工程竣工。

葛洲坝电厂共装机 21 台,总装机容量 2.715×10^6 kW,年平均发电量 1.57×10^{10} kW

·h。电厂以 500 kV 和 220 kV 输电线路并入华中电网,并通过 500 kV 直流输电线路向距离 1 000 km 的上海市输电。

葛洲坝电厂是 1 座河床式水力发电厂,发电厂的主厂房和挡水堤坝连成一体,共同挡水,形成水头落差。整个水利枢纽工程从左岸至右岸依次为三江、二江、大江电厂,如图 4-18 所示。

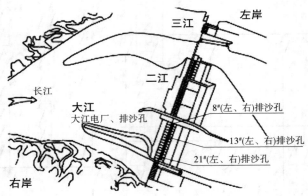

图 4-18　葛洲坝水利枢纽工程示意图

葛洲坝大江电厂共装有 14 台水轮发电机组,每台水轮发电机组单机容量为 1.25×10^5 kW,电厂总装机容量为 1.75×10^6 kW。其电气主接线如图 4-19 所示,葛洲坝大江电厂共安装 14 台水轮发电机组、7 台主变压器。

发电机侧电压等级为 13.8 kV,发电机与主变压器采用扩大单元接线方式,即两机一变、两变一线的接线方式。

由于 1 台主变压器连接两台发电机,所以在发电机出口设置了断路器。这样,当 1 台发电机故障时,仅切除故障发电机,本串上其他发电机仍能正常工作,最大限度地保证了对系统供电的可靠性。

电厂还安装了 2 台联络变压器 251 B 和 252 B,通过 2 台联络变压器将葛洲坝大江电厂 500 kV 户外开关站和二江电厂 220 kV 户外开关站之间进行电气连接,使两个电厂之间可以进行功率交换。

大江电厂主变高压侧电压等级为 500 kV,采用 500 kV 户外开关站将电能外送。500 kV 户外开关站采用一台半断路器接线,共配置 6 串断路器,每串均作交叉配置,即同一串的两回线路中,一回线路是进线、另一回线路是出线。这种配置能够保证当一条母线检修、另一条母线故障或两条母线同时故障时,电源与系统仍然能够正常工作。500 kV 户外开关站共设 4 回电源进线、6 回出线,2 回联络线。其中,2 回联络线接至两台联络变压器 251B 和 252B 的高压侧。

500 kV 户外开关站采用 1 台半断路器接线。选择这种接线方式是基于开关站重要性考虑的。因为开关站进出线回数多,均是重要电源与重要负荷,电压等级高、输送容量大、距离远、母线穿越功率大,并通过葛洲坝 500 kV 换流站与华中电网并列,既是葛洲坝电厂电力外送的咽喉,又是华中电网重要的枢纽变电站。

葛洲坝大江电厂厂用工作电源共设 4 台厂用变压器。4 台厂用变压器为 25B ~ 28B,

均采用分支接线从主变低压侧引接,厂用电源供电电压等级为 6 kV、单母分段接线方式。6 kV 厂用备用电源变压器为 35B 和 36B,分别从联络变压器 251B 和 252B 低压侧取得电源,并同时作为二江电厂 6kV 厂用备用电源。

葛洲坝二江电厂共安装水轮发电机组 7 台,其中,包括 2 台单机容量 1.7×10^5 kW 的机组,和 5 台单机容量 1.25×10^5 kW 瓦的机组。二江电厂总装机容量为 9.65×10^5 kW。

葛洲坝二江电厂电气主接线如图 4-19 所示。该电厂共安装 7 台水轮发电机组、7 台主变压器。发电机侧电压等级为 13.8 kV,发电机与主变压器采用基本单元接线方式,共设 7 个发电机 – 变压器单元。

葛洲坝二江电厂主变高压侧电压等级为 22 kV ,采用 220 kV 户外开关站将电能外送。220 kV 开关站采用双母线带旁路母线接线方式,且旁路母线用隔离开关分 2 段。220 kV 户外开关站共配置 7 回电源进线、8 回出线、2 回联络线。其中,7 回电源进线接至主变高压侧,1 ~ 8E 为 8 回 220 kV 出线,2 回联络线 251B/252B 接至 2 台联络变压器的中压侧。

220 kV 开关站设置一组旁路母线 PM,当检修任一进线或出线断路器时,用旁路断路器代替被检修断路器,并由旁路母线与相应隔离开关构成对应的电流通路,保证该进线或出线不停电。

220 kV 开关站接线采用双母线带旁路母线接线方式,且将旁路母线分段。选择这种接线方式的原因是:母线上的进、出线回数多,且均是重要电源或重要线路,有可能出现 2 台断路器需要同时检修而对应的进、出线不能停电的情况,当这种情况发生时,旁路母线分段运行、旁路断路器分别代替所要检修的 2 台断路器工作,保证了供电可靠性。

葛洲坝二江电厂的厂用工作电源变压器为 21B ~ 24B,采用分支接线从主变低压侧引接,厂用电源供电电压等级为 6 kV、采用单母分段接线方式。

葛洲坝大江电厂 500 kV 户外开关站和二江电厂 220 kV 户外开关站通过 2 台联络变压器 251B 和 252B 将两个开关站进行电气联接,两台联络变压器高压侧接至大江电厂 500 kV 户外开关站,两台联络变压器中压侧接至二江电厂 220 kV 户外开关站。这样,两个电厂之间可以进行功率交换,保证供电可靠性。

三、变电所的电气主接线

按变电所在系统中的地位和作用、电压等级以及供电范围的大小,变电所可分为枢纽变电所、开关站(开闭所)、中间变电所、地区变电所、企业变电所、终端变电所六种。

(一)枢纽变电所

枢纽变电所的电压等级高,主变压器容量大,进出线回路数多,通常汇集着多个大电源及多回输送大功率的联络线,联系着几部分高压及中压电网,在系统中居于枢纽地位。

图 4-20 所示为某枢纽变电所电气主接线,电压等级为 500 kV/220 kV/35 kV,有多个电源汇聚,安装有两台大容量的自耦式主变压器。220 kV 侧有大型工业企业及城市负荷,500 kV 系统与 220 kV 系统之间有功率交换。500 kV 侧采用了交叉连接一台半断路器的双母线接线,以提高供电可靠性。220 kV 侧采用有专用旁路断路器的双母线带旁路

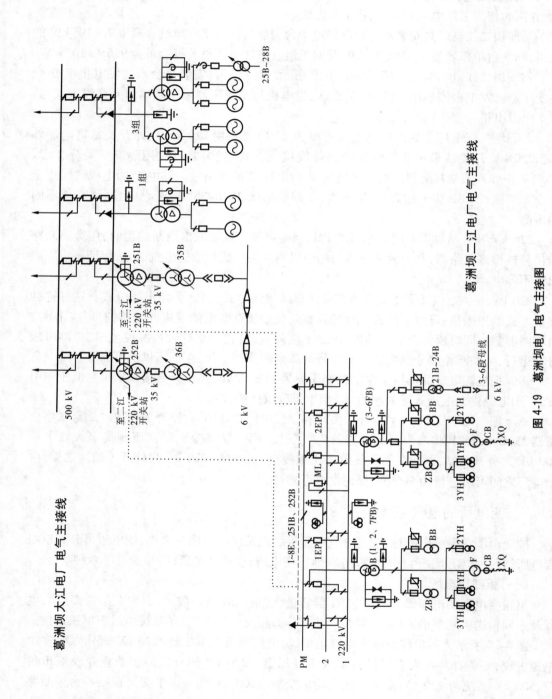

葛洲坝大江电厂电气主接线

葛洲坝二江电厂电气主接线

图 4-19 葛洲坝电厂电气主接图

母线的接线。主变压器 35 kV 侧的第三绕组上接有无功补偿装置。

枢纽变电所的电压等级一般不宜超过三个,最好不要出现两个中压等级,以免造成主接线过分复杂。

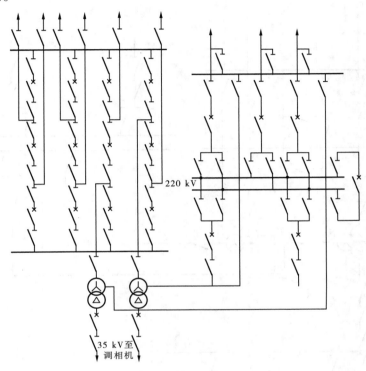

图 4-20 某枢纽变电所电气主接线

（二）开关站（开闭所）

对于 330 ~ 750 kV 的远距离输电线路,常在主干线的中段或 1/3 或 2/3 处设置不装设变压器的开关站将线路分段,减小线路长度,以降低操作过电压、减小线路故障的影响范围、提高系统运行的稳定性。开关站内还可以装设串联补偿装置等,以提高线路的输送能力和质量。

（三）中间变电所

中间变电所一般从高压、超高压主干线路或主要环状线路上破口引接(或称 π 接)。其作用是进行系统间的功率交换,将长距离输电干线分段,经降压后向附近的负荷供电。

（四）地区变电所

地区变电所通常是某一个地区或城市的主要变电所,高压侧的电压等级一般为 110 ~ 220 kV。地区变电所主要承担地区性的供电任务。大容量地区变电所的主接线一般较复杂,6 ~ 10 kV 侧经常需要采取限制短路电流的措施;中小容量地区变电所的 6 ~ 10 kV 侧有时不需要采用限制短路电流的措施,就可选用较轻型的设备,接线也较为简单。

图 4-21 所示为某中型地区变电所电气主接线,110 kV 侧采用分段断路器兼作旁路断路器的单母线分段带旁路母线的接线。所有 110 kV 出线及主变压器高压侧出口都可接

入旁路母线,以提高供电可靠性。35 kV 系统采用双母线接线,10 kV 侧采用有专用旁路断路器的单母线分段带旁路母线的接线。一台 10 kV/0.4 kV 的所用变压器可以在两段 10 kV 主母线之间进行切换。

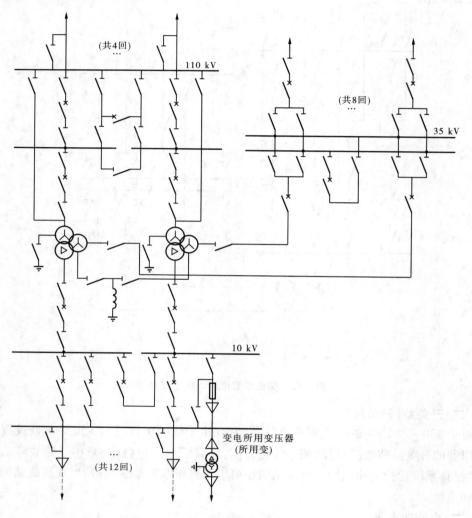

图 4-21 某中型地区变电所电气主接线

(五)企业变电所

企业变电所通常是某一工矿企业自建的专用变电所。大型联合企业的总变电所,高压侧电压多为 220 kV,一般的企业变电所高压侧电压多优先选择 110 kV。

(六)终端变电所

终端变电所的地址通常靠近负荷点,一般只有两个电压等级,高压侧电压多为 110 kV,由 1~2 回线路供电,接线较简单。利用 110 kV 终端变电所直接降压至 6~10 kV 供电时,通常不必再建 35 kV 线路及 35 kV/(6~10) kV 变电所,有利于简化电网结构,减少变电所电压等级和变电所重复容量,大大降低了电力系统的各种损耗。

与有发电机电压母线的发电厂相似,必要时也应采取限制降压变电所 6~10 kV 侧短路电流的措施,以便 6~10 kV 出线可以采用较轻型的断路器和截面较小的电力电缆。

工程实例

一、天楼地枕水力发电厂电气主接线

天楼地枕水力发电厂电气主接线如图 4-22 所示。该电厂共设 6 300 kW 发电机 1F ~ 4F 共 4 台,20 000 kVA 主变压器 1B、2B 共 2 台,315 kVA 厂用变压器 3B、4B 共 2 台,630 kVA 近区负荷变压器 5B 共 1 台。电厂共有 2 个电压等级,发电机出口电压等级为 6.3 kV,主变高压侧电压等级为 110 kV。

6.3 kV 侧电气主接线采用扩大单元接线形式,天 1F—天 2F 发电机与 1B 主变压器连接成一个扩大单元,天 3F - 天 4F 发电机与 2B 主变压器连接成一个扩大单元。110 kV 侧电气主接线采用单母(1M)带旁路母线(2M)接线形式。全厂正常运行方式下,4 台发电机产生的电能分别经 1B、2B 升高电压等级后,在 1M 母线上汇流,通过 11 kV 坝天线将电能输送至电网。厂用变压器 3B(4B)将 6.3 kV 电压降为 400 V 给厂用电负荷供电。近区变 5B 将 6.3 kV 电压升高至 10 kV,与渠道及生活用电变压器连接,给近区负荷供电。

全厂正常运行方式下,110 kV 高压侧设备运行方式如下:

(1)天 13 开关在合闸位,1 M 母线运行。

(2)互 01 刀闸在接通位,互 01 PT 处于运行状态。

(3)1B 主变高压侧开关(天 11)在合闸位,1B 处于运行状态。

(4)2B 主变高压侧开关(天 14)在合闸位,2B 处于运行状态。

(5)天 117 或天 147 中性点接地刀闸在接通位,保证 110 kV 系统主变压器在中性点直接接地方式下运行。

全厂正常运行方式下,6.3 kV 低压侧设备正常运行方式如下:

(1)1B 主变低压侧刀闸(天 716)及互 03 PT 在接通位,接 3M 母线运行。

(2)2B 主变低压侧刀闸(天 736)及互 04 PT 在接通位,接 4M 母线运行。

(3)3B 厂变 6.3 kV 开关(天 75)或 4B 厂变 6.3 kV 开关(天 76)在合闸位,3B、4B 厂变互为备用方式运行(天 75、天 76 开关不同时投运)。

(4)近区变开关(天 78)接 4M 母线运行。

(5)发电机出口开关(天 71 ~ 天 74)在合闸位,机组开机后并网运行。

当 110 kV 坝天线出线侧断路器(天 13)因故障需要停电检修时,可用天 12 开关代天 13 开关运行,对旁路母线 2M 充电,经天 132 保证 110 kV 坝天线继续供电。

天 13 开关因故障需要停电检修时,110 kV 高压侧设备运行方式如下:

(1)天 12 及两侧隔离开关天 122、天 121 在合闸位,1M、2M 母线运行。

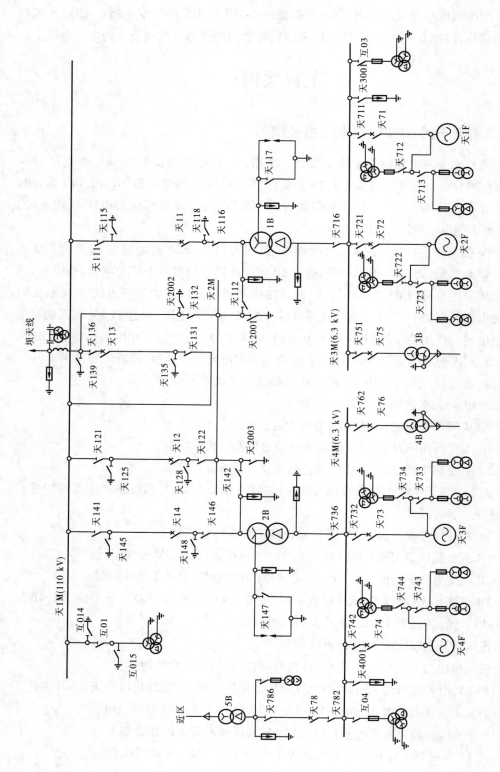

图 4-22 天楼地枕水力发电厂电气主接线

（2）天132刀闸在接通位,保证110 kV坝天线正常运行。

（3）互01刀闸在接通位,互01 PT处于运行状态。

（4）1B主变高压侧开关(天11)在合闸位,1B处于运行状态。（5）2B主变高压侧开关(天14)在合闸位,2B处于运行状态。

（6）天117或天147中性点接地刀闸在接通位,保证110 kV系统主变压器在中性点直接接地方式下运行。

天13开关因故障需要停电检修时,6.3 kV低压侧设备运行方式和全厂正常运行方式相同。

在此运行方式下,天13开关及两侧隔离开关(天136、天131)在断开位,可对天13开关进行停电检修。天135接地刀闸在接通位,并在天13开关与天136刀闸之间验明确无电压后挂上接地线一组,保证检修工作人员安全。

二、天楼地枕水力发电厂厂用电接线

天楼地枕水力发电厂厂用电接线如图4-23所示。电厂共设2台315 kVA厂用变压器(3B、4B),分别接至电气主接线中发电机出口侧电压母线3M、4M。近区变5B低压侧接至发电机出口侧电压母线4M,高压侧接至渠道及生活用电变压器。低压厂用供电电压等级为400 V,采用单母分两段(Ⅰ段、Ⅱ段)厂用电接线方式。

正常运行方式下,两台厂用变压器互为备用,各设备正常运行方式如下:

（1）厂用变压器3B低压侧接400 V母线Ⅰ段运行,厂用变压器4B低压侧断开(或厂用变压器4B低压侧接400 V母线Ⅱ段运行,厂用变压器3B低压侧断开)。

（2）400 V母线分段开关在合闸位置,Ⅰ段、Ⅱ段母线并列运行。必要时可将低压分段开关断开,两段低压母线分别由厂用变压器3B、4B供电。

（3）400 V天车线备用电源(三级备用电源)进线天415刀闸在断开位置。

故障情况或全厂停电检修时,可采取以下方式运行:

（1）由大电网经主变低压侧6.3 kV母线供给厂用变的供电方式。

（2）由10 kV屯罗线经近区变5B供给厂用变的供电方式。

（3）由电厂附近的车坝三级电站直接向低压间配电屏供给厂用电的供电方式。

当大电网故障、机组不能并网运行时,首先要开启机组保证厂用电运行。当大电网不能供给厂用电,又不能开启机组时,为保证厂用电及时恢复,优先采用车坝三级电站400 V备用电源供电方案,但必须断开两台厂用变低压侧开关后投用三级400 V备用电源,并只能供给厂房内用电。采用10 kV屯罗线经近区变压器5B给厂用变压器4B供电时,必须断开相应的开关和刀闸,保证只有一个电源点供电。

随时维护厂用直流系统,在交流厂用电源间断时,确保直流保安负荷的可靠稳定供电。

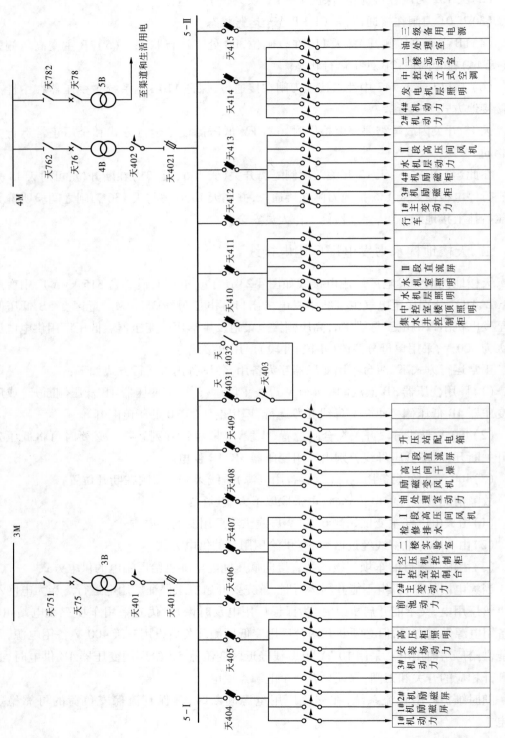

图 4-23 天楼地板水力发电厂厂用电接线

思考题

1. 电气主接线的作用是什么?
2. 对电气主接线的基本要求有哪些?
3. 断路器和隔离开关的操作顺序是怎样的?
4. 桥形接线分为哪两种接线形式? 各有何特点?
5. 单母线接线可分为哪四种形式? 其特点有哪些?
6. 电气主接线一般按母线分类,可分为哪两大类?
7. 一台半断路器接线方式主要应用在什么电压等级的发电厂和变电所中?
8. 发电厂的厂用电率是什么?
9. 厂用电母线的电压等级一般为多少?
10. 厂用备用电源的备用方式有哪两种?
11. 水电厂的厂用电率与火电厂的厂用电率哪个高? 为什么?
12. 厂用电的作用和意义是什么?
13. 对厂用电接线有哪些基本要求?
14. 大型区域性火力发电厂的电气主接线有哪些特点?
15. 水力发电厂的电气主接线有哪些特点?
16. 枢纽变电所的电气主接线有哪些特点?

学习情境五　发电厂配电装置

任务一　配电装置及安全净距

配电装置是发电厂和变电所的重要组成部分。它是按照主接线的连接方式,由开关设备、保护和测量电器、载流导体和必要的辅助设备组建而成,用来接收和分配电能的电工建筑物。

一、配电装置的类型

配电装置按照安装地点的不同,可分为户内配电装置、户外配电装置;按照电压等级的不同,可分为高压配电装置和低压配电装置;按其组装方式的不同,又可分为现场装配式配电装置和成套配电装置。

二、配电装置的特点

配电装置包括户内配电装置和户外配电装置。

户内配电装置的特点如下:

(1)由于允许安全净距小和可以分层布置,因此占地面积小。

(2)维修、操作、巡视在室内进行,比较方便,且不受气候影响。

(3)外界污秽不会影响电气设备,减轻了维护工作量。

(4)房屋建筑投资较大,但35 kV及以下电压等级可采用价格较低的户内型电气设备,以减少总投资。

户外配电装置的特点如下:

(1)土建工程量和费用较少,建设周期短。

(2)扩建比较方便。

(3)相邻设备之间的距离较大,便于带电作业。

(4)占地面积大。

(5)设备充分暴露在室外,受外界污秽影响较大,运行条件较差,需加强绝缘。

(6)外界气候的变化对设备维护和操作影响较大。

在发电厂和变电所中,一般35 kV及其以下电压等级采用户内配电装置,110 kV及其以上电压等级采用户外配电装置。但是在海边和化工厂区域等污染严重的地区或城市中心区等,当技术经济比较合理时,110~220 kV电压等级也可以采用户内配电装置。目前,我国生产的3~110 kV各种成套配电装置在发电厂和变电所中已广泛应用,我国生产的 110~220 kV SF$_6$ 全封闭组合电器也得到了应用。

三、配电装置的基本要求

无论采用哪种类型的配电装置,都应满足以下基本要求:

(1)配电装置的设计和建造应符合国家技术经济政策,满足有关规程要求。

(2)保证运行可靠。设备选择合理,布置整齐、清晰,保证有足够的安全距离。

(3)节约用地。

(4)运行安全,操作、巡视、检修方便。

(5)便于安装和扩建(水电厂考虑过渡)。

(6)节约用材,降低造价。

四、配电装置的安全净距

配电装置的整个结构尺寸,是综合考虑设备外形尺寸、检修维护和运输的安全距离、电气绝缘距离等因素决定的。对于敞开暴露在空气中的配电装置,在各种间隔距离中,最基本的是带电部分对接地部分之间和不同相的带电部分之间的空间最小安全净距,即电力行业标准 DL/T 5352—2006 中所规定的 A_1 和 A_2 值。所谓最小安全净距,就是指在此距离下,无论是处于最高工作电压之下,还是处于内外过电压下,空气间隙均不致被击穿。

电力行业标准 DL/T 5352—2006 中规定的户内、户外配电装置的安全净距,如表 5-1、表 5-2 所示,其中 B_1、B_2、C、D、E 等电气距离是在 A_1 值的基础上再考虑一些其他实际因素决定的,其含义如图 5-1 和图 5-2 所示。

表 5-1 户内配电装置的安全净距 （单位:mm)

符号	适用范围	额定电压(kV)									
		3	6	10	15	20	35	60	110J	110	220J
A_1	1. 带电部分至接地部分之间; 2. 网状和板状遮栏向上延伸线距地 2.5 m 处,与遮栏上方带电部分之间	75	100	125	150	180	300	550	850	950	1 800
A_2	1. 不同相的带电部分之间; 2. 断路器和隔离开关的断口两侧带电部分之间	75	100	125	150	180	300	550	900	1 000	2 000
B_1	1. 栅状遮栏至带电部分之间; 2. 交叉的不同时停电检修的无遮栏带电部分之间	825	850	875	900	930	1 050	1 300	1 600	1 700	2 550

续表5-1

符号	适用范围	额定电压(kV)									
		3	6	10	15	20	35	60	110J	110	220J
B_2	网状遮栏至带电部分之间	175	200	225	250	280	400	650	950	1 050	1 900
C	无遮栏裸导体至地(楼)面之间	2 375	2 400	2 425	2 450	2 480	2 600	2 850	3 150	3 250	4 100
D	平行的不同时停电检修的无遮栏裸导体之间	1 875	1 900	1 925	1 950	1 980	2 100	2 350	2 650	2 750	3 600
E	通向屋外的出线套管至屋外通道的路面	4 000	4 000	4 000	4 000	4 000	4 000	4 500	5 000	5 000	5 500

注:J 指中性点接地系统。

表5-2 户外配电装置的安全净距 　　　　　　　　　　　　　　　　（单位:mm）

符号	适用范围	额定电压(kV)								
		3~10	15~20	35	60	110J	110	220J	330J	500J
A_1	1. 带电部分至接地部分之间; 2. 网状和板状遮栏向上延伸线距地2.5 m处,与遮栏上方带电部分之间	200	300	400	650	900	1 000	1 800	2 500	3 800
A_2	1. 不同相的带电部分之间; 2. 断路器和隔离开关的断口两侧带电部分之间	200	300	400	650	1 000	1 100	2 000	2 800	4 300
B_1	1.设备运输时,其外廓至无遮栏带电部分之间; 2. 栅状遮栏至绝缘体和带电部分之间; 3. 交叉的不同时停电检修的无遮栏带电部分之间; 4. 带电作业时带电部分至接地部分之间	950	1 050	1 150	1 400	1 650	1 750	2 550	3 250	4 550

续表 5-2

符号	适用范围	额定电压(kV)								
		3～10	15～20	35	60	110J	110	220J	330J	500J
B_2	网状遮栏至带电部分之间	300	400	500	750	1 000	1 100	1 900	2 600	3 900
C	1.无遮栏裸导体至地面之间； 2.无遮栏导体至建筑物、构筑物顶部之间	2 700	2 800	2 900	3 100	3 400	3 500	4 300	5 000	7 500
D	1.平行的不同时停电检修的无遮栏带电部分之间； 2.带电部分与建筑物、构筑物的边缘部分之间	2 200	2 300	2 400	2 600	2 900	3 000	3 800	4 500	5 800

注:J 指中性点接地系统。

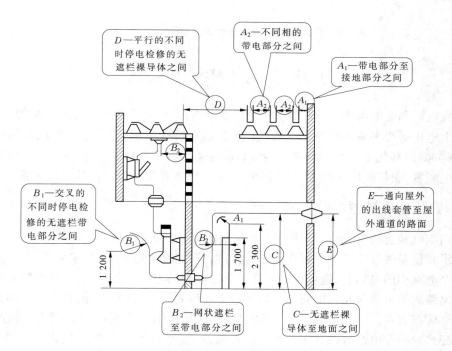

图 5-1　户内配电装置安全净距校验图　(单位:mm)

设计配电装置,选择带电导体之间和导体对接地构架的距离时,应考虑减少相间短路的可能性及减少电动力、软绞线在短路电动力、风摆、温度等因素作用下使相间及对地距离的减少,以及减少载流导体附近铁磁物质的发热。35 kV 及以上电压等级要考虑减少电晕损失、带电检修因素等。工程上所采用的各种实际距离,通常要大于表 5-1、表 5-2 的数据。

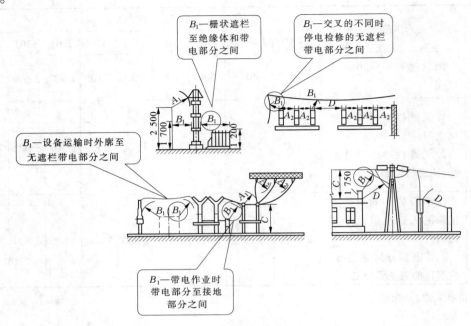

图5-2　户外配电装置安全净距校验图　（单位:mm）

任务二　户内配电装置

在发电厂和变电所中,一般35 kV及其以下电压等级多采用户内配电装置,110 kV及其以上电压等级多采用户外配电装置。但是也有特殊情况,在城市中心区或污染严重的地区(如海边和化工厂区),当技术经济比较合理时,110~220 kV电压等级也可以采用户内配电装置,农村或山区的35 kV(甚至10 kV)电压等级也采用户外配电装置。

一、户内配电装置的分类及特点

户内配电装置按组装方式不同,可分为装配式和成套式两种。

为了将设备的故障影响限制在最小范围内,使故障的电路不致影响到相邻的电路,在检修一个电路中的电器时,避免检修人员与邻近电路的电气设备接触,在户内配电装置中将一个电路内的电器与相邻电路的电器用防火隔墙隔开形成一个间隔。同一个回路的电器和导体应布置在一个间隔内,并在现场组装,这样的结构形式称为装配式户内配电装置。装配式户内配电装置按其布置形式的不同,一般可分为单层式、二层式和三层式。装配式配电装置占地面积大、安装工作量大、建设周期长,目前较少采用。

成套式配电装置是由制造厂成套供应的设备。同一个回路的开关电器、测量仪表、保护电器和辅助设备都由制造厂装配在一个或两个全封闭或半封闭的金属柜中,构成一个回路。一个柜就是一个间隔。按照电气主接线的要求,选择制造厂生产的各种电路的开关柜组成整个配电装置,从制造厂将成套设备运到现场进行组装即成。成套配电装置投资大、可靠性高、运行维护方便、安装工作量小,在高低压系统中广泛应用。

成套配电装置分低压成套配电装置(又称为低压开关柜)、高压成套配电装置(又称为高压开关柜)和 SF_6 全封闭式组合电器(又称为 GIS 组合电器)三类。

二、低压成套配电装置

低压成套配电装置是指电压为 1 000 V 及以下的成套配电装置,有固定式低压配电柜和抽屉式低压开关柜两种。

(一)固定式低压配电柜

固定式低压配电柜的屏面上部安装测量仪表,中部安装闸刀开关的操作手柄,柜下部为外开的金属门。柜内上部有继电器、二次端子和电度表。母线装在柜顶,自动空气开关和电流互感器都装在柜后。

固定式低压配电柜一般离墙安装,单面(正面)操作,双面维护。如 GGD 型的低压配电柜,是本着安全、经济、合理、可靠的原则设计的新型低压配电柜,具有分断能力高、动态稳定性好、电气方案灵活、组合方便、实用性强、结构新颖、防护等级高等特点。

GGD 型低压配电柜的基本结构采用冷弯型钢和钢板焊接而成。柜面上方为仪表门,柜正面采用不对称的双门结构,柜体后面采用对称双门结构,既安全,又便于检修,同时也提高了整体的美观性。为加强通风和散热,在柜体的下部、后上部和顶部均有通风散热孔。主母线排列在柜的后上方,柜体的顶盖在需要时可以拆下,便于现场主母线的装配和调整。柜的外形及安装尺寸如图 5-3 所示。

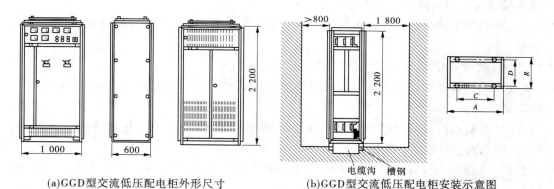

(a)GGD型交流低压配电柜外形尺寸　　(b)GGD型交流低压配电柜安装示意图

图 5-3　GGD 型低压配电柜的外形尺寸及安装尺寸　(单位:mm)

(二)抽屉式低压开关柜

抽屉式低压开关柜为密封式结构,密闭性好、可靠性高。由薄钢板和角钢焊接而成,主要低压设备均安装在抽屉内或手车上,回路故障时,可立即换上备用抽屉或手车,迅速恢复供电,既提高了供电可靠性,又便于对故障设备进行检修。抽屉式低压开关柜布置紧凑,节约占地面积,但结构复杂,钢材消耗量大,投资大。目前常用的有 MNS 型低压成套开关柜,GCS、GCK 型抽出式开关柜,DOMIN0、CUBIC 型组合式低压开关柜等。

MNS 型低压抽出式成套开关设备如图 5-4 所示,该产品为高级型低压开关柜,适应各种供电、配电的需要,能广泛用于各种低压配电系统。

图 5-4 MNS 型低压抽出式成套开关设备

MNS 型低压抽出式成套开关设备结构有以下特点：

(1)开关柜框架为组合式结构,基本骨架由 C 型钢材组装而成。柜架的全部结构件经过镀锌处理,通过自攻锁紧螺钉或 8.8 级六角螺栓紧固连接成基本柜架,加上对应于方案变化的门、隔板、安装支架以及母线功能单元等部件组装成完整的开关柜。

(2)开关柜的每一个柜体分隔为三个室,即水平母线室(在柜后部)、抽屉小室(在柜前部)、电缆室(在柜下部或柜前右边)。室与室之间用钢板或高强度阻燃塑料功能板相互隔开,上下层抽屉之间由带通风孔的金属板隔离,以有效防止开关元件因故障引起的飞弧或母线与其他线路短路造成的事故。

(3)开关柜的结构设计可满足各种进出线方案要求:上进上出、上进下出、下进上出、下进下出。

(4)设计紧凑,以较小的空间容纳较多的功能单元。

(5)结构件通用性强、组装灵活,结构及抽出式单元可以任意组合,以满足系统设计的需要。

(6)母线用高强度阻燃型、高绝缘强度的塑料功能板保护,具有抗故障电弧性能,使运行、维修安全可靠。

(7)各种大小抽屉的机械连锁机构符合相关标准规定,有连接、试验、分离三个明显的位置,安全可靠。

(8)采用标准模块设计,分别可组成保护、操作、转换、控制、调节、测定、指示等标准单元,可以根据要求任意组装。

(9)采用高强度阻燃型工程塑料,有效加强了防护安全性能。

(10)通用化、标准化程度高,装配方便,具有可靠的质量保证。

(11)柜体可按工作环境的不同要求选用相应的防护等级。

(12)保证设备保护的连续性和可靠性。

低压成套配电装置布置要求如下:

(1)户内低压配电装置的电气距离应满足相关规范要求。无遮栏裸导体布置在屏前通道上方,其高度应不小于 2.5 m,否则应加装不低于 2.2 m 高的遮栏;若布置在屏后通道上方,其高度不应低于 2.3 m,否则应加装不低于 1.9 m 高的遮栏。成排布置的配电屏,其屏前和屏后的通道最小宽度应符合表 5-3 的规定。

表 5-3　配电屏前后的通道最小宽度　　　　　　　　　　（单位:mm）

配电屏类型		单排布置			双排面对面布置			双排背对背布置			多排同向布置		
		屏前	屏后		屏前	屏后		屏前	屏后		屏前	屏后	
			维护	操作		维护	操作		维护	操作		维护	操作
固定式	不受限制时	1 500	1 000	1 200	2 000	1 000	1 200	1 500	1 500	2 000	2 000	1 500	1 000
	受限制时	1 300	800	1 200	1 800	800	1 200	1 300	1 300	2 000	2 000	1 300	800
抽屉式	不受限制时	1 800	1 000	1 200	2 300	1 000	1 200	1 800	1 000	2 000	2 300	1 000	1 000
	受限制时	1 600	800	1 200	2 000	800	1 200	1 600	800	2 000	2 000	1 600	800

注:1. 受限制时是指受到建筑平面、通道内有柱等局部突出物的限制。

　　2. 屏后操作通道是指需在屏后操作运行中的开关设备的通道。

（2）低压配电装置的维护通道的出口数目,按配电装置的长度确定:长度不足 6 m 时允许一个出口;长度超过 6 m 时,应设两个出口,并布置在通道的两端;当两出口之间的距离超过 15 m 时,其间应增加出口。

（3）当低压配电室分为楼上和楼下两部分布置时,楼上部分的出口应至少有一个为通向该层走廊或室外的安全出口。配电室的门均应向外开启,但通向高压配电装置时门应双向开启。

三、高压成套配电装置

高压成套配电装置又称高压开关柜,是指 3 ~ 35 kV 的成套配电装置,目前都采用空气和瓷（或塑料）绝缘子作为绝缘材料。发电厂和变电站中常用的高压开关柜有移开式和固定式两种。

（一）移开式高压开关柜

移开式高压开关柜又称为手车式高压开关柜。我国生产的主要有 KYN□ – 10、JYN□ – 110、GFC – 10、GFC – 11、GC – 2、JYN1 – 35、GBC – 35 等型式。

图 5-5 所示为 KYN28A – 12 移开式交流金属封闭开关设备。开关设备为铠装式金属封闭结构,由柜体和可抽出部件（中置式手车）两部分组成。柜体分成手车室、母线室、电缆室、仪表室。手车室、母线室、电缆室三个隔室顶部均设有各自的压力释放通道及释放口,在出现内部故障时柜顶泄压窗将自动打开,释放内部压力,以确保操作人员和开关柜的安全。开关设备的各组件采用进口敷铝锌板或优质冷轧钢板经 FMS 柔性加工系统加工、弯折（主架采用多重折弯）后栓接而成,具有很高的加工精度和机械强度。

仪表室门板上装设微机型综合保护装置、计量表计、显示单元、控制开关等元器件,在仪表室内则安装继电器、控制用熔断器、二次端子等元器件,满足保护、控制、测量、显示及

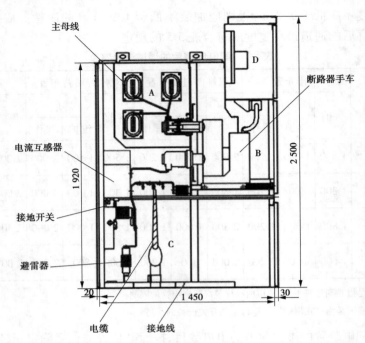

主母线

断路器手车

电流互感器

2 500

1 920

接地开关

避雷器

A

D

B

C

20

1 450

30

电缆　　接地线

图 5-5　KYN28A－12 高压开关柜结构示意图　（单位:mm）

通信等有关要求,仪表室顶部装有小母线室,可敷设 15 回路小母线,必要时可增加至 20 回路。

手车室内两侧安装了特定的导轨,供手车在柜内滑行与定位,静触头盒、活门机构安装在手车室的后壁上,当手车从试验位置移至工作位置时,提门机构将上下活门自动打开;当反方向移动(拉开)时,活门则自动关闭,从而保证检修维护人员不触及带电体。手车室门板上有一操作孔,在断路器手车室门关闭时,手车同样能被操作。

主母线室用于主母线的安装。主母线作垂直布置,分支母线通过螺栓直接与主母线和静触头盒连接,不需要其他中间支撑。母线经穿墙绝缘套管穿越邻柜,这样可以有效防止内部故障电弧的蔓延。

电缆室,开关设备采用中置式,因而电缆室空间较大,电缆(头)连接端距柜底 700 mm 以上,电流互感器及接地开关装在电缆室内,避雷器安装于隔室后下部。

该封闭结构具有密闭性好、供电可靠性高、维护工作量小、检修方便等优点,被广泛应用于 6～10 kV 厂用电配电装置中。

(二)固定式高压开关柜

1. 概述

固定式高压开关柜的断路器固定安装在柜体内,目前我国生产的固定式高压开关柜主要有 GG0－1A、GG－10、XGN2－10 等系列。与移开式相比较,其体积大、封闭性能差、检修不够方便,但制造工艺简单、钢材消耗少、投资小。因此,仍较广泛用于大、中型电厂和组成高压厂用电的配电装置及变电所的 6～35 kV 户内配电装置中。

以 XGN2－12 型固定式金属封闭开关柜为例进行简要说明。XGN2－12 型高压开关柜采用角钢或弯板焊接骨架结构,柜内分为母线室、断路器室、继电器室,室与室之间用钢板隔开。该型开关柜为双面维护,从前面可监视仪表、操作主开关和隔离开关、监视真空断路器及开门检修主开关;从后面可寻找电缆故障,检修维护电缆头等。断路器室高1 800 mm,电缆头高度780 mm,维护人员可方便地站在地面上检修。隔离开关采用旋转式,当隔离开关打开至分断位置时,动触刀接地,在主母线和主开关之间形成两个对地断口,只可能发生在相间、相对地放电,而不致波及被隔离的导体,从而保证了检修人员的安全。母线室母线呈品字形排列,顶部为可拆卸结构,贯通若干台开关柜的长条主母线可方便地安装固定。柜中部有贯穿整个排列的二次小母线及二次端子室,可方便检查二次接线。柜底部有贯穿整个排列的接地母线,保证可靠的接地连接。

XGN2 – 12 型开关柜主开关、隔离开关、接地开关、柜门之间均采用强制性闭锁方式。主开关传动操作设计与机械连锁装置统筹考虑,结构简单,动作可靠。XGN2 – 12 型高压开关柜的结构见图5-6。

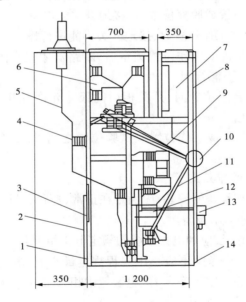

1—本体结构;2—后门连锁装配;3—照明灯;4—支柱绝缘子;5—架空出线装配;6—母线室装配;

7—继电室装配;8—前门元件装配;9—带接地刀上隔离开关传动装配;10—操作连锁机构;

11—下隔离开关传动装配;12—电流互感器装配;13—真空断路器传动装配(电操);14—接地母线装配

图5-6 XGN2 – 12 型高压开关柜的结构 （单位:mm）

根据 GB 3906 和 IEC 298 等标准要求,高压开关柜的闭锁装置应具有完善的"五防"功能,以保证配电装置的可靠运行和操作人员的安全。具体的"五防"功能要求如下:

(1)防止误分、误合断路器。

(2)防止带负荷分、合隔离开关或带负荷推入、拉出金属封闭(铠装)式开关柜的手车隔离插头。

(3)防止带电挂接地线或合接地开关。

(4)防止带接地线或接地开关合闸。

（5）防止误入带电间隔。

2. 电气连锁和机械连锁

1）电气连锁

在手车底部装有试验位置及工作位置的转换开关,同一回路的隔离手车与断路器手车之间设有电气连锁:当断路器处于分闸状态时,隔离手车才能进行操作;当隔离手车处于工作位置时,断路器才能进行合闸操作;当断路器合闸后,将隔离手车或断路器手车移开工作位置时,通过连锁,能使断路器在隔离手车移动前自动分断。

另外,在隔离手车中安装有电磁锁,与同一回路的断路器连锁,当断路器合闸后电磁锁将隔离手车锁定,使隔离手车不能移动,只有断路器分闸后隔离手车才能移动。

2）机械连锁

（1）当接地开关和断路器均处在分闸位置时,手车才能从试验位置移至工作位置。而接地开关或断路器处在合闸位置时,手车不能从试验位置移至工作位置。

（2）当手车处于试验位置或脱离位置时,接地开关才能进行操作,而手车处于从试验位置移至工作位置之间及在工作位置时,接地开关不能进行操作。

（3）当手车处于试验位置或工作位置锁定后,断路器才能合闸。而手车处于试验位置至工作位置之间,断路器不能合闸。

（4）当接地开关处在合闸位置时,开关柜后门板才允许打开;当开关柜后门板关闭后,接地开关才允许被分闸。

（5）当手车处于工作位置或工作位置至试验位置之间时,二次插头座的动触头被锁定,不能拔出。

3. 高压成套配电装置的布置要求

（1）配电装置的布置和设备的安装,应满足在正常、短路和过电压等工作条件下的要求,并不致危及人身安全和周围设备。

（2）配电装置的绝缘等级,应和电力系统的额定电压相配合。

（3）户内配电装置的安全净距不应小于规程规定最小值;电气设备外绝缘体最低部位距地小于 2.3 m 时,应装设固定遮栏。配电装置中相邻带电部分的额定电压不同时,应按较高的额定电压确定其安全净距。

（4）配电装置的布置应考虑便于设备的操作、搬运、检修和试验。配电装置室内的各种通道应畅通无阻,不得设立门槛,并且不应有与配电装置无关的管道通过。通道的宽度应不小于表5-4 中的数值。

表 5-4　配电装置室内各种通道的最小宽度　　　　　　　　（单位:mm）

布置方式	维护通道	操作通道		通往防爆间隔的通道
		固定式	成套手车式	
一面有开关设备时	800	1 500	单车长 + 1 200	1 200
两面有开关设备时	1 000	2 000	双车长 + 900	1 200

（5）长度大于 7 m 的高压配电装置室,应有两个出口,并宜布置在配电装置室的两

端;长度大于 60 m 时,宜增添一个出口;当配电装置室有楼层时,一个出口可设在通往户外楼梯的平台处。配电装置室的门应为向外开启的防火门,装弹簧锁,严禁门闩,相邻配电装置室之间如有门则应能双向开启;配电装置室可开窗,但应采取防止雨、雪、小动物、风沙及污秽尘埃进入的措施。

（6）户内配电装置或引至户外母线桥上的硬母线为消除因温度变化而可能产生的危险应力,应按下列长度装设母线伸缩补偿器:铜母线 30～50 m;铝母线 20～30 m;钢母线 35～60 m。

（7）便于扩建和分期过渡。

四、SF_6 全封闭组合电器

SF_6 全封闭组合电器是一种先进的高压电气配电装置,国际上叫这种设备为 Gas Insulater Switchgear,简称 GIS。SF_6 全封闭组合电器是按电气主接线的要求,将断路器、母线、隔离开关、电流互感器、电压互感器、避雷器、套管等标准电气元器件依次连接组合成一个整体,封装在以 SF_6 气体为绝缘介质和灭弧介质的金属接地壳体内,以优质环氧树脂绝缘子作支撑的一种新型的高压成套配电装置。SF_6 气体是世界上目前最优良的绝缘介质和灭弧介质。它无色、无味、无臭、无毒、不燃烧;在常温常压下,化学性能稳定,其绝缘性能、灭弧性能比空气、油等介质好。

GIS 全封闭组合电器适用于 50 Hz,110 kV、220 kV、330 kV、500 kV 等高压电力系统,为供发电厂和变电站使用的成套高压开关设备。GIS 设备按不同的要求,可以分为如下几类:按结构形式分,有三相共体、三相分体;按接线方式分,有单母线、双母线;按使用环境分,有户外式、户内式。

图 5-7 为 110 kV 单母线接线的 SF_6 全封闭组合电器的断面图。为了便于支撑和检修,母线布置在下部。母线采用三相共箱式结构。配电装置按照电气主接线的连接顺序,布置成"盯"形,使结构更紧凑,以节省占地面积和空间。该封闭组合电器内部分为母线、断路器、隔离开关与电压互感器四个互相隔离的气室,各气室内 SF_6 压力不完全相同。封闭组合电器各气室相互隔离,这样可以防止事故范围的扩大,也便于对各元件分别进行检修与更换。

GIS 设备的电场结构是同轴圆柱体间隙,周围产生的电场为稍不均匀电场;而常规变电站则是棒、板组成的不均匀电场;GIS 设备的所有带电部分都被金属外壳包围,采用铝合金、不锈钢、无磁铸钢等材料制成,外壳用铜母线接地,内部充有一定压力的 SF_6 气体,所有裸露部分均不带电,所以 GIS 设备具有优良技术性能。

SF_6 封闭组合电器与其他类型配电装置相比,具有的特点包括:

（1）大量节省配电装置占地面积与空间。

（2）运行可靠性高。

（3）土建和安装工作量小,建设速度快。

（4）检修周期长,维护方便。

（5）金属外壳屏蔽作用消除了静电感应、噪声、无线电干扰和电动力稳定等问题,有利于工作人员的安全。

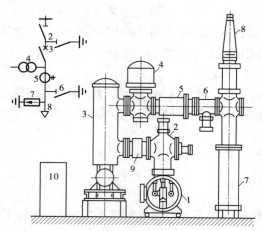

1—母线;2—隔离开关、接地开关;3—断路器;4—电压互感器;5—电流互感器;
6—快速接地开关;7—避雷器;8—引线管;9—波纹管;10—操动机构

图 5-7 110 kV 单母线接线的 SF_6 全封闭组合电器的断面

（6）抗震性能好。

（7）需要专用的 SF_6 检漏仪器来加强运行监视。

（8）金属耗量大,投资较大。

SF_6 全封闭组合电器配电装置主要用于 110 ~ 500 kV 的工业区、市中心、险峻山区、地下、洞内以及需要扩建而缺乏土地的发电厂和变电所,也适用于位于严重污秽、海滨、高海拔、气象环境恶劣地区的变电所以及特种行业重要变电设施等。现在全世界的电力系统都在使用 GIS 设备。

任务三 户外配电装置

一、户外配电装置的分类及特点

根据电气设备和母线布置的高度,户外配电装置可分为中型、半高型和高型三种。

中型配电装置是将所有电气设备都布置在同一水平面内,并装在一定高度的设备支架上,使带电部分对地保持必要的高度,母线则布置在比其他电气设备略高的水平面上。中型配电装置布置比较清晰,不易误操作,运行可靠,施工和维护方便,投资少,明显缺点是占地面积过大。

高型和半高型配电装置的母线和其他电气设备分别装在几个不同高度的水平面上,并上下重叠布置。凡是两组母线及母线隔离开关上下重叠布置的配电装置,称为高型配电装置。高型配电装置可以节省占地面积 50% 左右,但耗用钢材较多,投资增大,操作和维修条件较差。

半高型配电装置介于高型配电装置和中型配电装置之间,仅将母线与断路器、电流互感器、隔离开关作上下重叠布置,其占地面积比普通中型减少 30%。除母线隔离开关外,其余部分与中型布置基本相同,运行维护仍较方便。

二、户外配电装置的图示方法

为表示户外配电装置的整体结构、设备的布置和安装情况,常采用配置图、平面图和断面图来加以说明。

配置图是一种示意图,用来分析配电装置的布置方案和统计所用的主要设备,如图 5-8 所示。配置图中把进出线、断路器、互感器、避雷器等合理分配于各个间隔中,并表示出导线和电器在各间隔中的轮廓,但并不要求按比例尺寸绘出。

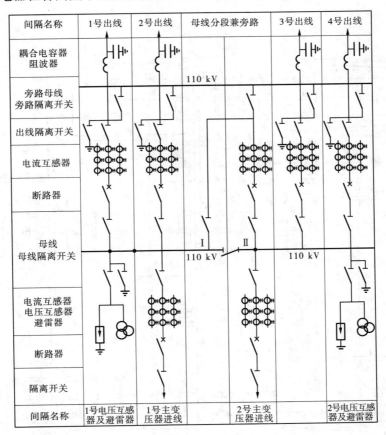

图 5-8 110 kV 双列布置的中型配电装置配置图

平面图是按比例画出房屋及其间隔、走廊和出口等处的平面布置轮廓,平面图上的间隔只是为了确定间隔数及排列,故可不表示所装电器,如图 5-9 所示。所谓间隔,是指为了将设备故障的影响限制在最小的范围内,以免波及相邻的电气回路以及在检修其中的电器时避免检修人员与邻近回路的电器接触,而用砖或用石棉板等做成的墙体隔离的空间。分为发电机间隔、变压器间隔、线路间隔、母线断路器间隔、电压互感器间隔和避雷器间隔等。

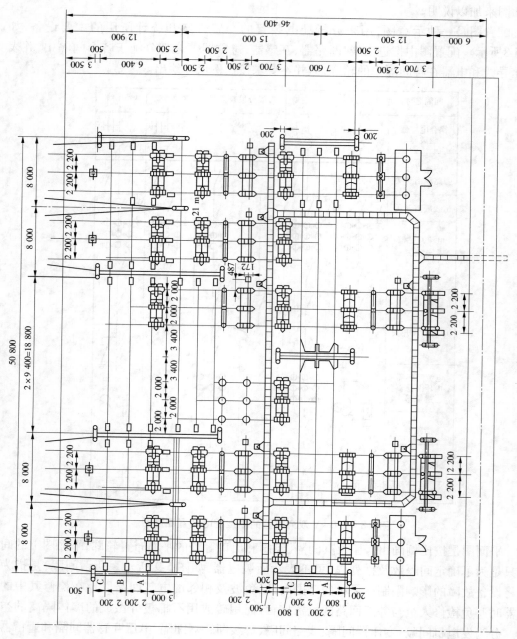

图 5-9　110 kV 双列布置的中型配电装置平面图　（单位：mm）

断面图是表明所取断面间隔中设备之间的连接及其具体布置的结构图,断面图按比例绘制,如图5-10、图5-11所示。

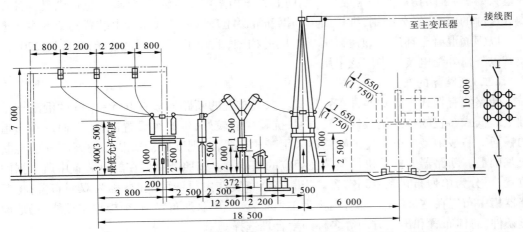

图5-10　110 kV双列布置的中型配电装置变压器间隔断面图　（单位:mm）

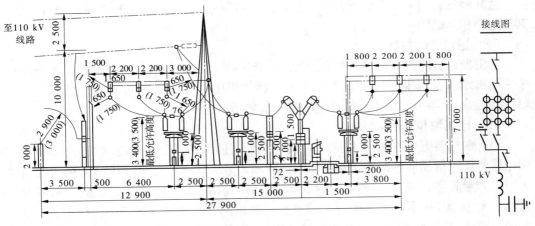

图5-11　110 kV双列布置的中型配电装置出线间隔断面图　（单位:mm）

三、户外配电装置布置的基本原则

（一）母线及构架的布置

户外配电装置的母线有软母线和硬母线两种。软母线多采用钢芯铝绞线、扩径软管母线和分裂导线,三相呈水平布置,用悬式绝缘子悬挂在母线构架上。软母线可选用较大的挡距(一般不超过3个间隔宽度),但挡距越大,导线弧垂也越大,因而导线相间及对地距离就要增加,母线及跨越线构架的宽度和高度均需增加。硬母线常用的有矩形和管形两种,前者用于35 kV及以下的配电装置中,后者用于110 kV及以上的配电装置中。管形硬母线一般采用柱式绝缘子安装在支柱上,不需另设高大的构架;管形母线不会摇摆,相间距离可以缩小,与剪刀式隔离开关配合,可以节省占地面积,但抗震能力较差。

户外配电装置的构架,一般由型钢或钢筋混凝土制成。钢构架经久耐用,机械强度大,可以按任何负荷和尺寸制造,便于固定设备,抗震能力强,运输方便。但钢结构金属消耗量大,且为了防锈需要经常维护。钢筋混凝土构架可以节约大量钢材,也可满足各种强度和尺寸的要求,经久耐用,维护简单。钢筋混凝土环形杆是我国配电装置构架的主要形式。以钢筋混凝土环形杆和镀铸钢梁组成的构架,兼顾了两者的优点,已在我国 220 kV 及其以下户外配电装置中广泛采用。

(二)断路器的布置

断路器有低式和高式两种布置形式。低式布置的断路器放在 0.5~1 m 的混凝土基础上。低式布置的特点是检修比较方便,抗震性能较好,但必须设置围栏,因而影响通道的畅通。一般中型配电装置的断路器采用高式布置,即把断路器安装在约高 2 m 的混凝土基础上。断路器的操动机构须装在相应的基础上。按照断路器在配电装置中所占据的位置,可分为单列布置和双列布置。当断路器布置在主母线两侧时,称为双列布置;将断路器集中布置在主母线的一侧,则称为单列布置。单、双列布置,必须根据主接线、场地地形条件、总体布置和出线方向等多种因素合理选择。

(三)隔离开关和互感器的布置

这几种设备均采用高式布置,其要求与断路器相同。隔离开关的手动操动机构装在其靠边一相基础的一定高度上。

(四)避雷器的布置

避雷器也有高式和低式两种布置形式。110 kV 及以上的阀型避雷器由于本身细长,多采用落地布置,安装在 0.4 m 的基础上,四周加围栏。氧化锌避雷器、磁吹避雷器及 35 kV 的阀型避雷器形体矮小,稳定度较好,一般采用高式布置。

(五)电缆沟和通道

户外配电装置中电缆沟的布置,应使电缆所走的路径最短。电缆沟可分为纵向和横向电缆沟。一般横向电缆沟布置在断路器和隔离开关之间。大型变电站的纵向电缆沟,因电缆数量较多,一般分为两路。为了运输设备和消防需要,应在主要设备近旁铺设行车道路。大中型变电所内室外铺设 3 m 宽的环形道路。户外配电装置还应设置宽 0.8~1 m 的巡视小道,以便运行人员巡视电气设备,电缆沟盖板可作为部分巡视小道。

四、户外配电装置布置实例

普通中型户外配电装置是我国采用较多的一种类型,由于占地面积过大,近年来逐步限制了它的适用范围。随着配电装置电压的增高,出现了分相中型、半高型和高型配电装置,并得到了广泛的应用。

下面介绍几种户外配电装置布置的实例。

(一)中型配电装置

按照隔离开关的布置方式,中型配电装置可分为普通中型配电装置和分相中型配电装置。分相中型配电装置的主要特征是采用硬(铝)管母线,隔离开关分相直接布置在母线正下方。图 5-8 ~ 图 5-11 所示为 110 kV 双列布置的中型配电装置。从图 5-8 中可以看出,该配电装置采用单母线分段、出线带旁路、分段断路器兼作旁路断路器的接线方式。

从图 5-9、图 5-10 中可以看出,母线采用钢芯铝绞线,用悬式绝缘子串悬挂在由环形断面钢筋混凝土杆和钢材焊成的三角形断面横梁上。间隔宽度为 8 m。采用少油断路器,所有电气设备都安装在地面的支架上,出线回路由旁路母线的上方引出,各净距数值如图 5-10 中标注所示,括号中的数值为中性点不接地的电力网。变压器回路的断路器布置在母线的另一侧,距离旁路母线较远,变压器回路利用旁路母线较困难,所以这种配电装置只有出线回路带旁路母线。

(二)半高型配电装置

图 5-12 所示为 110 kV 单母线、进出线均带旁路、半高型布置的进出线间隔断面图。该布置方案的特点是将旁路母线架抬高至 12.5 m,与出线断路器、电流互感器重叠布置,而母线及其他电器与普通中型配电装置相同。这种布置既保留了中型配电装置在运行、维护和检修方便方面的大部分优点,又使占地面积比中型布置节省约 30%。

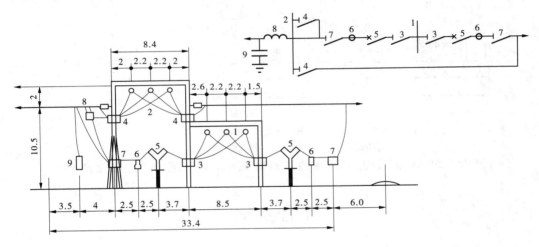

1—主母线;2—旁路母线;3、4、7—隔离开关;5—断路器;6—电流互感器;8—阻波器;9—耦合电容器

图 5-12 110 kV 单母线、进出线均带旁路、半高型布置的进出线间隔断面图 (单位:mm)

(三)高型配电装置

高型配电装置按照其结构的不同,可分为单框架双列式、双框架单列式和三框架双列式三种类型。图 5-13 为 220 kV 双母线进出线带旁路、三框架、双列断路器布置的进出线间隔断面图。在该布置方案中除将两组主母线及其隔离开关上下重叠布置外,还把两个旁路母线架提高,并列设在主母线两侧,与双列布置的断路器和电流互感器重叠布置。显然,该布置方式特别紧凑,可以两侧出线,能够充分利用空间位置,占地面积一般只有普通中型的 50%。此外,母线、绝缘子串和控制电缆的用量也比中型布置方式少。和中型布置方式相比,钢材消耗量大,操作和检修设备条件差,特别是上层设备的检修不方便。

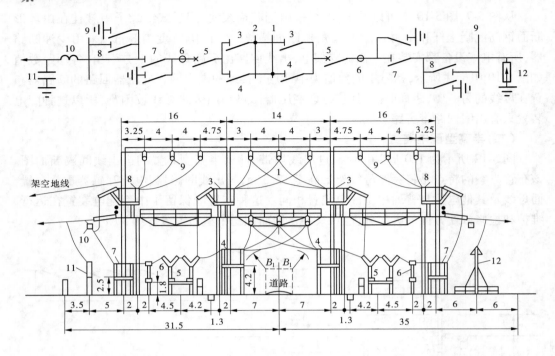

1、2—主母线；3、4、7、8—隔离开关；5—断路器；6—电流互感器；
9—旁路母线；10—阻波器；11—耦合电容器；12—避雷器

图 5-13 220 kV 双母线进出线带旁路、三框架、双列断路器布置的进出线间隔断面图

工程实例

一、天楼地枕水力发电厂低压成套配电装置

（一）400 V 低压厂用成套配电装置的接线原理

天楼地枕水力发电厂 400 V 低压厂用电配电装置，为全厂厂用电负荷提供 220 V、380 V 电压等级的低压交流电源。配电装置由九台低压配电屏组成，电气接线如图 5-14 所示。

低压配电屏内 0.4 kV - Ⅰ段、0.4 kV - Ⅱ段厂用电源母线分别接自 1#厂用变压器 3B、2#厂用变压器 4B 低压侧，按照负荷性质和大小分别为控制、照明、检修、动力等厂用电负荷提供工作电源。

1#低压配电屏型号 BSL - 11 - 10，屏内共布置 10 回出线。分别提供安装场动力、1#机和 3#机动力、高压柜照明、1#机和 2#机励磁屏电源，剩下 4 回出线作为预留。

2#低压配电屏型号 BSL - 11 - 19，屏内共布置 7 回出线，其中 1 回专门提供前池动力电源，另外 6 回分别提供检修排水、二楼实验室、Ⅰ段高压间风机、空压机控制箱、微机电源屏、2#主变动力电源。

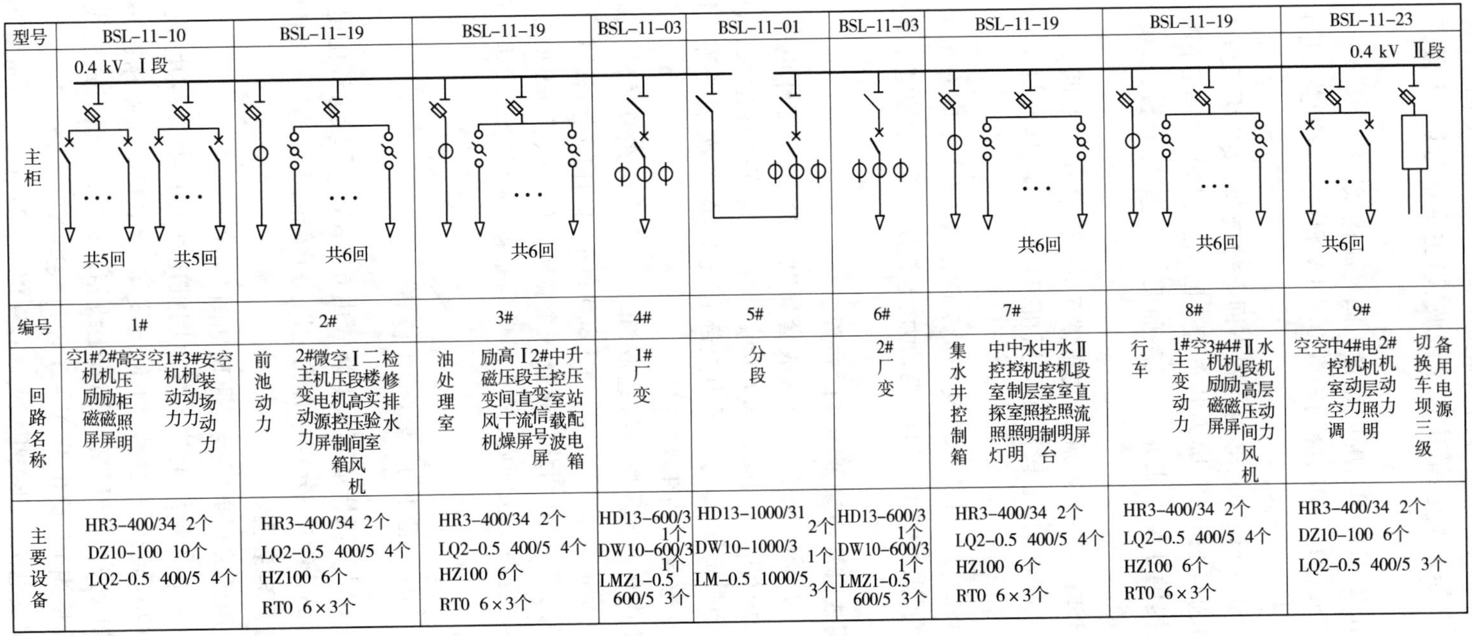

编号	1#	2#	3#	4#	5#	6#	7#	8#	9#
型号	BSL-11-10	BSL-11-19	BSL-11-19	BSL-11-03	BSL-11-01	BSL-11-03	BSL-11-19	BSL-11-19	BSL-11-23
主柜	0.4 kV Ⅰ段 共5回／共6回	共6回	共6回		分段		共6回	共6回	0.4 kV Ⅱ段 共6回
回路名称	空3#2#精空1#空3#安机机压机机压装励磁励磁磁场屏励屏动照动力明力	前池2#微空Ⅰ二检修主机压段主实排变电机高实压整动力屏制同室箱风机	油处理室励高12#中升磁压段主控压变间直变至站电流清至配机燥屏号波箱风干流屏	1#厂变	分段	2#厂变	集水井控制箱中中水中水Ⅱ控控机控机段室室照探室直探室照照流照明明制照制明制屏明屏台灯明	行车1#空3#4#Ⅱ水主机机段机变励励磁车励磁动动磁动屏间力动力风屏机	切换备用车坝三级空中4#电机机控机机2#动层动室动室电力照力调动源照明
主要设备	HR3-400/34　2个 DZ10-100　10个 LQ2-0.5 400/5　4个	HR3-400/34　2个 LQ2-0.5 400/5　4个 HZ100　6个 RT0 6×3个	HR3-400/34　2个 LQ2-0.5 400/5　4个 HZ100　6个 RT0 6×3个	HD13-600/3　1个 DW10-600/3　1个 LMZ1-0.5 600/5　3个	HD13-1000/31　2个 DW10-1000/3　1个 LM-0.5 1000/5　3个	HD13-600/3　1个 DW10-600/3　1个 LMZ1-0.5 600/5　3个	HR3-400/34　2个 LQ2-0.5 400/5　4个 HZ100　6个 RT0 6×3个	HR3-400/34　2个 LQ2-0.5 400/5　4个 HZ100　6个 RT0 6×3个	HR3-400/34　2个 DZ10-100　6个 LQ2-0.5 400/5　3个

图5-14　400 V低压厂用电配电装置接线图

3#低压配电屏型号 BSL－11－19,屏内共布置 7 回出线,其中 1 回专门提供油处理室电源,另外 6 回分别提供升压站配电箱、中控室载波、2#主变信号屏、Ⅰ段直流屏、高压间干燥、励磁变风机电源。

4#低压配电屏型号 BSL－11－03,屏内布置 1 回电源进线,接 1#厂变。

5#低压配电屏型号 BSL－11－01,屏内布置 0.4 kV 母线分段开关,用于两段低压母线之间的分段与连接。

6#低压配电屏型号 BSL－11－03,屏内布置 1 回电源进线,接 2#厂变。

7#低压配电屏型号 BSL－11－19,屏内共布置 7 回出线,其中 1 回专门提供集水井控制箱电源,另外 6 回分别提供Ⅱ段直流屏、水机室照明、中控室控制台、水机层照明、中控室照明、中控室探照灯电源。

8#低压配电屏型号 BSL－11－19,屏内共布置 7 回出线,其中 1 回专门提供行车电源,另外 6 回分别提供水机层动力、Ⅱ段高压间风机、3#机和 4#机励磁屏、1#主变动力电源,剩下 1 回出线作为预留。

9#低压配电屏型号 BSL－11－23,屏内共布置 7 回出线,其中 1 回专门用于切换车坝三级备用电源,另外 6 回分别提供 2#机和 4#机动力、电机层照明、中控室空调电源,剩下 2 回出线作为预留。

(二)400 V 低压厂用成套配电装置的整体布置

厂用低压配电屏型号为 BSL 系列,固定式成套配电装置,额定工作电压 0.4 kV。每台低压配电屏宽 800 mm、深 600 mm、高 2 000 mm。屏面上部安装测量仪表,中部装闸刀开关的操作手柄,柜下部为外开金属门。屏内上部有继电器、二次端子等。母线装在屏顶,自动空气开关和电流互感器都装在屏后。

厂用低压电配电装置由 9 台低压配电屏组成,布置在主厂房东侧的低压间,如图 5-15 所示。低压间总长 10 500 mm、宽 5 800 mm、高 3 800 mm。低压间南面设置一个出入口,北面墙上开有一排通风采光窗户,其西北面布置一个宽 1 700 mm、长 1 920 mm 的 3 号电缆竖井。9 台低压配电屏布置在低压间内,呈 L 形单列布置,离墙安装,单面(正面)操作,双面维护。

二、天楼地枕水力发电厂高压成套配电装置

天楼地枕水力发电厂 10 kV 高压成套配电装置由 6.3 kV－Ⅰ段母线配电装置和 6.3 kV－Ⅱ段母线配电装置两部分组成,分别布置在主厂房北侧的Ⅰ段高压间、Ⅱ段高压间。

(一)Ⅰ段高压间成套配电装置

Ⅰ段高压间 10 kV 高压开关柜电气接线原理如图 5-16 所示。

高压开关柜内 6.3 kV－Ⅰ段母线上共布置 7 回进出线。其中,2 回电源进线分别来自 1#、2#发电机,采用柜顶小母线形式进线。1 回出线与 1#主变低压侧相连,采用柜顶小母线形式出线;另 2 回出线分别与 1#厂变、天 1L 出线相连,采用电缆形式出线;剩余 2 回出线分别为 6.3 kV－Ⅰ段母线 PT 及 6.3 kV－Ⅰ段母线避雷器支路。

1#高压开关柜接至 2#发电机。开关柜型号 GG－1AF－04DG,主柜布置 2#发电机出口断路器,副柜布置 2#发电机出口 PT。

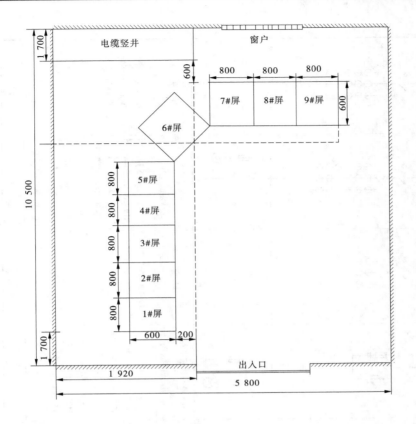

图5-15 低压间平面布置示意图 (单位:mm)

2#高压开关柜主柜接至天1L线。开关柜型号GG－1AF－08DG,主柜布置天1L线出线断路器,副柜空置。

3#高压开关柜主柜接至6.3 kV母线PT、副柜接至2#发电机。开关柜型号GG－1AF－49,主柜布置6.3 kV母线PT,副柜布置2#发电机励磁变及PT刀闸。

4#高压开关柜主柜接至6.3 kV－Ⅰ段母线避雷器、副柜接至1#发电机。开关柜型号GG－1AF－03,主柜布置6.3 kV－Ⅰ段母线电容及避雷器,副柜布置1#发电机励磁变及PT刀闸。

5#高压开关柜接至1#厂变。开关柜型号GG－1AF－04DG,主柜布置1#厂变高压侧断路器,副柜空置。

6#高压开关柜接至1#发电机。开关柜型号GG－1AF－04DG,主柜布置1#发电机出口断路器,副柜布置1#发电机出口PT。

7#高压开关柜接至1#主变。开关柜型号GG－1AF－25G,主柜布置1#主变低压侧入口刀闸,副柜空置。

Ⅰ段高压间平面布置图和侧面布置图分别如图5-17、图5-18所示。

型号	GG-1AF-04DG	GG-1AF-08DG	GG-1AF-49	GG-1AF-03	GG-1AF-04DG	GG-1AF-04DG	GG-1AF-25G
主柜	6.3 kV I段						
副柜							
用途	2#发电机 2#发电机PT	天1L	6.3 kV母线PT 2#机励磁变及PT	6.3 kV母线避雷器 1#机励磁变及PT	1#厂变	1#发电机 1#发电机PT	1#主变
设备清单	LAJ1-10 2000/5 D/D 3个 GN19-10CI/1250-40 1个 ZN40-12 1250A 1个 LAJ1-10 1000/5 0.5/D 3个 LFSB-10 800/5 0.5/B 1个 GN6-10T 400A 1个 RN2-10 0.5A 1个 JDZ1-6 6000/100 2个	LAJ1-10 2000/5 D/D 3个 GN19-10CI/1250-40 1个 ZN40-12 1250A 1个 RN2-10 20A 1个 JDZ1-6 6000/100 1个 LFSB-10 1000/5 0.5/B 1个	GN6-10T 400A 1个 RN2-10 0.5A 2个 JDZ1-6 6000/100 3个 RN2-10 20A 1个 GN19-10CI/630-20 1个 JDZJ-6 3个 6300/√3 100/√3 100/3	GN6-10T 400A 1个 RN2-10 0.5A 2个 JDZ1-6 6000/100 3个 RN2-10 20A 1个 GN19-10CI/630-20 1个 FCD-4 1个 YY-6.3-10-1 3个	GN19-10CI/630-20 1个 ZN40-12 630A 1个 LAJ-10 50/5 0.5/D 3个	LAJ1-10 2000/5 D/D 3个 GN19-10CI/1250-40 1个 ZN40-12 1250A 1个 LAJ1-10 1000/5 0.5/D 3个 LFSB-10 800/5 0.5/B 1个 GN6-10T 400A 1个 RN2-10 0.5A 1个 JDZ1-6 6000/100 2个	GN2-10 3000A 1个 LAJ1-10 3000/5 0.5/D 3个 LAJ1-10 2000/5 D/D 3个
编号	1#	2#	3#	4#	5#	6#	7#

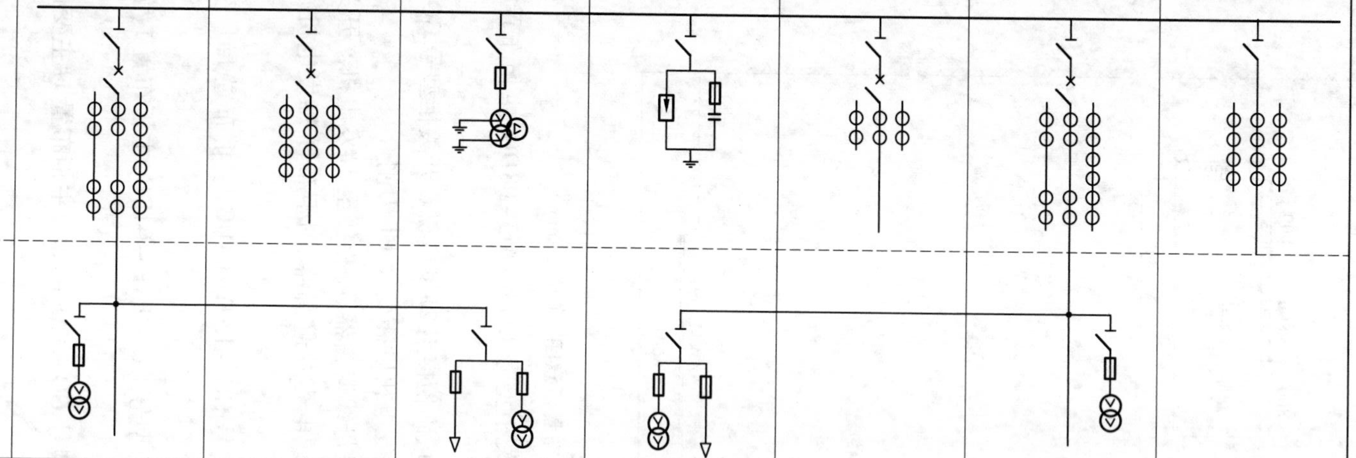

图5-16 I段高压间10 kV高压开关柜电气原理接线图

Ⅰ段高压间布置在主厂房北侧地平面以下 5 400 mm 的地下负一层和地平面以上 3 800 mm 的地面一层,Ⅰ段高压间总长约 11 000 mm、宽 4 800 mm,高 9 200 mm,其东侧和南侧各设置 1 个出入口,北侧墙面上开有一排通风采光窗户。Ⅰ段高压间内共布置 7 台高压开关柜,7 台高压开关柜均采用单列离墙布置,每台高压开关柜可以双面维护,柜前为操作通道,柜后为维护通道。

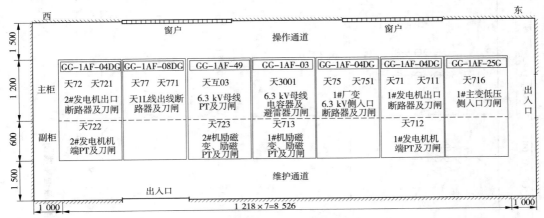

图 5-17 Ⅰ段高压间平面布置图 （单位:mm）

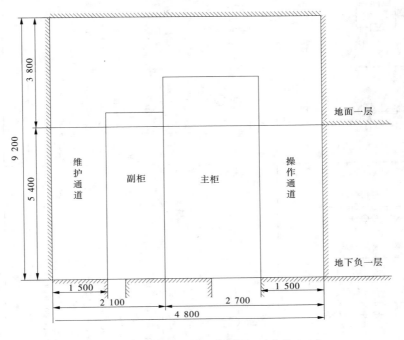

图 5-18 Ⅰ段高压间侧面布置图 （单位:mm）

（二）Ⅱ段高压间成套配电装置

Ⅱ段高压间 10 kV 高压开关柜电气接线原理如图 5-19 所示。

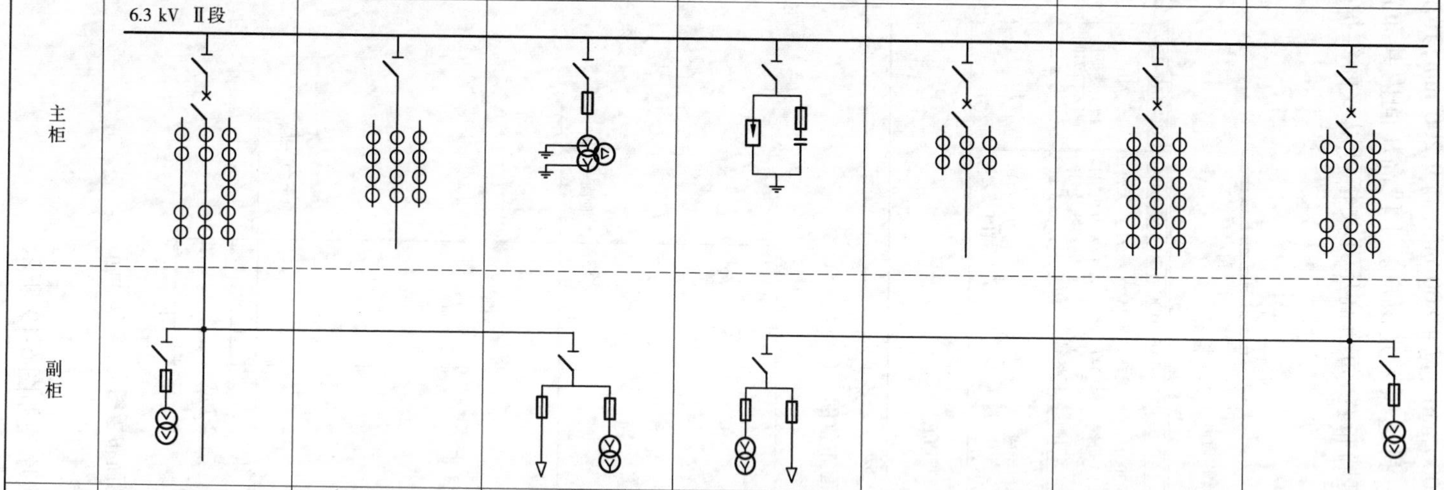

编号	1#	2#	3#	4#	5#	6#	7#
型号	GG-1AF-04DG	GG-1AF-25G	GG-1AF-49	GG-1AF-03	GG-1AF-04DG	GG-1AF-08DG	GG-1AF-04DG
主柜	6.3 kV II段						
副柜							
用途	4#发电机 4#发电机IPT	2#主变	4#机间磁变及PT 6.3 kV母线PT	3#机间磁变及PT 6.3 kV母线避雷器	2#厂变	近区变	3#发电机 3#发电机IPT
设备清单	LAJ1-10 2000/5 D/D 3个 GN19-10C1/1250-40 1个 ZN40-12 1250A 1个 LAJ1-10 1000/5 0.5/D 3个 LFSB-10 800/5 0.5/B 1个 GN6-10T 400A 1个 RN2-10 0.5A 1个 JDZ1-6 6000/100 2个	GN2-10 3000A 1个 LAJ1-10 3000/5 0.5/D 3个 LAJ1-10 2000/5 D/D 3个	GN6-10T 400A 1个 RN2-10 0.5A 2个 JDZ1-6 6000/100 3个 RN2-10 20A 1个 GN19-10C1/630-20 1个 JDZ1-6 3个 6300/√3 100/√3 100/3	GN6-10T 400A 1个 RN2-10 0.5A 1个 JDZ1-6 6000/100 3个 RN2-10 20A 1个 GN19-10C1/630-20 1个 FCD-4 1个 YY-6.3-10-1 3个	GN19-10C1/630-20 1个 ZN40-12 630A 1个 LAJ1-10 50/5 0.5/D 3个	LAJ1-10 2000/5 D/D 3个 GN19-10C1/1250-40 1个 ZN40-12 630A 1个 RN2-10 0.5A 1个 JDZ1-6 6000/100 1个 LFSB-10 1000/5 0.5/B 3个	LAJ1-10 2000/5 D/D 3个 GN19-10C1/1250-40 1个 ZN40-12 1250A 1个 LAJ1-10 1000/5 0.5/D 3个 LFSB-10 800/5 0.5/B 1个 GN6-10T 400A 1个 RN2-10 0.5A 1个 JDZ1-6 6000/100 2个

图 5-19　II段高压间10 kV高压开关柜电气原理接线图

高压开关柜内 6.3 kV － Ⅱ 段母线上共布置 7 回进出线。其中,2 回电源进线分别来自 3#、4#发电机,采用柜顶小母线形式进线。1 回出线与 2#主变低压侧相连,采用柜顶小母线形式出线;另 2 回出线分别与 2#厂变、近区变相连,采用电缆形式出线;剩余 2 回出线分别为 6.3 kV － Ⅱ 段母线 PT 及 6.3 kV － Ⅱ 段母线避雷器支路。

1#高压开关柜接至 4#发电机。开关柜型号 GG － 1AF － 04DG,主柜布置 4#发电机出口断路器,副柜布置 4#发电机出口 PT。

2#高压开关柜接至 2#主变。开关柜型号 GG － 1AF － 25G,主柜布置 2#主变低压侧入口刀闸,副柜空置。

3#高压开关柜主柜接至 6.3 kV － Ⅱ 段母线 PT、副柜接至 4#发电机。开关柜型号 GG － 1AF － 49,主柜布置 6.3 kV － Ⅱ 段母线 PT,副柜布置 4#发电机励磁变及 PT 刀闸。

4#高压开关柜主柜接至 6.3 kV － Ⅱ 段母线避雷器、副柜接至 3#发电机。开关柜型号 GG － 1AF － 03,主柜布置 6.3 kV － Ⅱ 段母线电容及避雷器,副柜布置 3#发电机励磁变及励磁 PT 刀闸。

5#高压开关柜接至 2#厂变。开关柜型号 GG － 1AF － 04DG,主柜布置 2#厂变高压侧断路器,副柜空置。

6#高压开关柜接至近区变。开关柜型号 GG － 1AF － 08DG,主柜布置近区变低压侧断路器,副柜空置。

7#高压开关柜接至 3#发电机。开关柜型号 GG － 1AF － 04DG,主柜布置 3#发电机出口断路器,副柜布置 3#发电机出口 PT。

Ⅱ 段高压间高压开关柜的型号、尺寸、结构、整体布置与 Ⅰ 段高压间完全一致。

Ⅰ 段高压间、Ⅱ 段高压间高压开关柜型号均为 GG － 1AF 系列,固定式成套配电装置,额定工作电压 10 kV。每台高压开关柜由主柜和副柜两部分组成,主柜宽 1 218 mm、深 1 200 mm、高 2 800 mm,副柜宽 1 218 mm、深 600 mm、高 2 300 mm。高压开关柜的结构有如下特点:

(1)开关柜柜体采用框架式结构,其中断路器柜前有门和操作板,两侧有防护板与邻柜相隔。

(2)中间隔板将柜内分为上下两部分,上部为断路器室,下部为隔离开关和电缆室。

(3)正面左上角是带门的继电器室,门上安装监测仪表、信号、控制保护等二次元件。

(4)正面右上方是断路器室的大门,下方是隔离开关和电缆室的门,各门的开闭均有连锁控制。

(5)继电器室下面是端子室和操作板,左下角的小门内装有合闸接触器和熔断器。

(6)柜顶有隔板与断路器室隔开,隔板上面安装有隔离开关和主母线。

(7)开关柜加装了机械式防误闭锁装置和一套完善的接地系统,具备开关柜的“五防”功能要求。

(8)旁路操作、柜与柜之间的连锁,使用了间接式机械闭锁程序锁。

三、天楼地枕水力发电厂 110 kV 户外配电装置

天楼地枕水力发电厂 110 kV 户外配电装置采用单列布置的中型布置方式。其配置

图、平面图、断面图分别如图 5-20 ~ 图 5-26 所示。

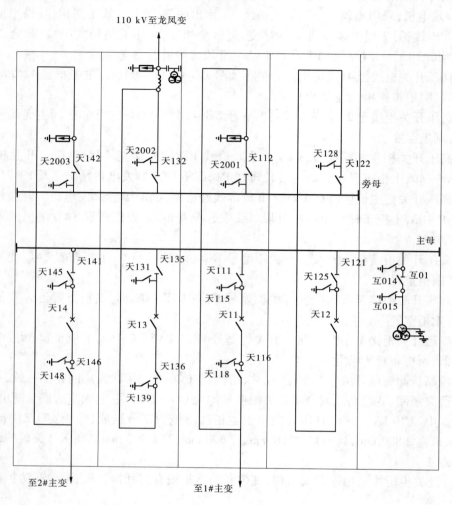

图 5-20　110 kV 户外开关站配置图

　　110 kV 户外开关站共分为 10 个间隔对称布置电气设备,所有 110 kV 高压开关电气设备及载流导体均布置在相应间隔内,其中留有一个空置间隔不布置任何设备,该空置间隔可作为临时检修电气设备场地。其中,1 回 110 kV 出线至龙凤坝变电站,2 回 110 kV 进线接至本电厂主变高压侧。

　　从图 5-21 可以看出,母线支架和电气设备支架均为采用环形断面钢筋混凝土杆和钢材焊成的三角形断面横梁结构。母线和出线布置在比其他电气设备略高的水平面上。其中,主母线和旁母线采用 7.3 m 母线构架横向布置,其他出线采用 11.5 m 构架纵向布置。所有电气设备都处在同一水平面内。

　　从图 5-22 可以看出,该开关站平面为一个长方形结构,四周采用栅栏围墙结构。开关站横向宽度 50 500 mm,纵向深度约 44 000 mm,总占地面积 2 222 mm²。开关站共分为

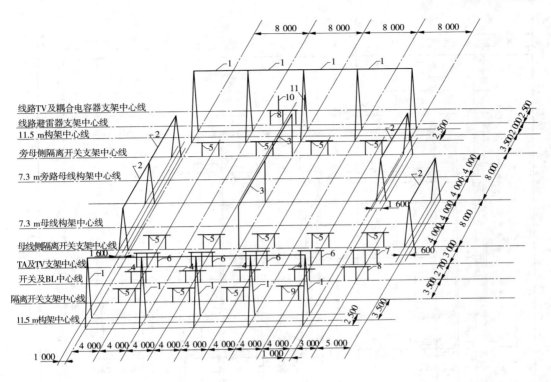

图 5-21　110 kV 户外开关站设备支架布置图　（单位:mm）

10 个间隔,每个间隔横向宽度 8 000 mm。图中上面的 4 个间隔纵向深度 19 800 mm,下面的 4 个间隔纵向深度 24 200 mm。高压断路器采用 SF$_6$ 断路器,4 台断路器均布置在主母线同一侧,属于单列布置方式。开关站内所有电气设备及母线均布置在相应间隔内,各电气设备之间整齐、对称排列,布置合理有序。开关站内共开挖 3 条宽度为 800 mm 的电缆沟,其中 2 条横向电缆沟居中布置,间距 19 100 mm。纵向电缆沟与横向电缆沟互相垂直,接至中控室。同时利用电缆沟盖板作为开关站运行巡视人行通道。

　　从图 5-23 ~ 图 5-26 可以看出,母线采用钢芯铝绞线,用悬式绝缘子串悬挂在母线构架横梁上。主母线和旁母线布置在 7.3 m 母线构架上,110 kV 龙凤变出线布置在 11.5 m 构架上,接至 1#主变、2#主变的出线布置在 11.5 m 构架上。所有电气设备都安装在地面的支架上。电流互感器布置在 2 230 mm 高的基础上,高压断路器、隔离开关、电压互感器、避雷器等电气设备均布置在 2 500 mm 高的基础上,对应操动机构布置在旁边。各电气设备间距均满足最小安全净距要求。其中,主母线与旁母线间距 8 000 mm,隔离开关与电流互感器间距 3 500 mm,电流互感器与断路器间距 2 700 mm,断路器与隔离开关间距 3 000 mm。

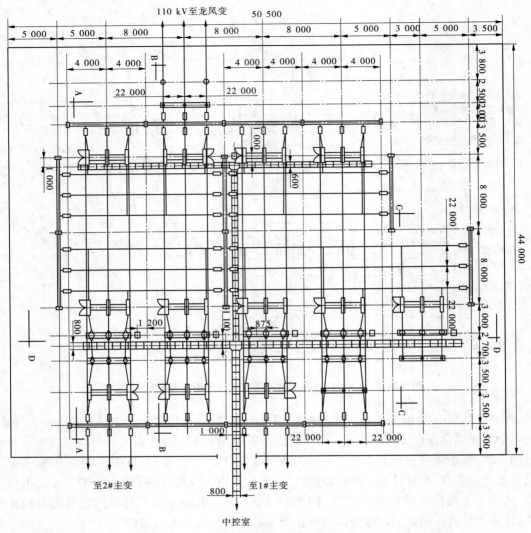

图 5-22　110 kV 户外开关站平面布置图　（单位：mm）

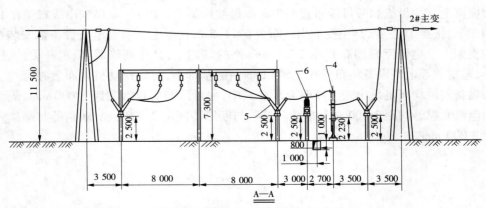

图 5-23　110 kV 户外开关站 A—A 断面图　（单位：mm）

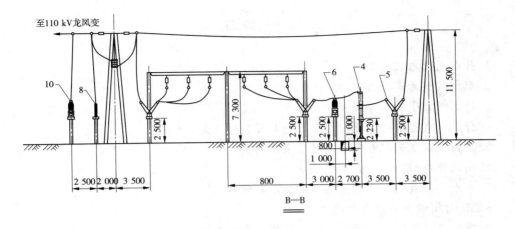

图 5-24　110 kV 户外开关站 B—B 断面图　（单位:mm）

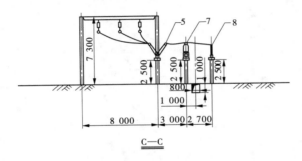

图 5-25　110 kV 户外开关站 C—C 断面图　（单位:mm）

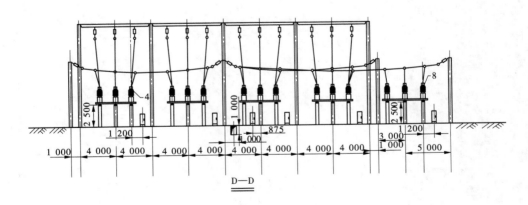

图 5-26　110 kV 户外开关站 D—D 断面图　（单位:mm）

思考题

1. 什么是配电装置？
2. 配电装置的类型有哪些？
3. 什么叫最小安全净距？
4. 什么叫成套配电装置？成套配电装置的特点是什么？
5. 户内低压成套配电装置布置要求有哪些？
6. 高压开关柜的"五防"功能有哪些？
7. 户内高压成套配电装置的布置要求有哪些？
8. SF_6封闭组合电器有哪些特点？
9. 决定户外配电装置的最小安全净距的依据是什么？
10. 户外配电装置分为哪几类？各有何特点？
11. 户外配电装置的整体布置可采用哪些图示方法？

学习情境六　发电厂电气总布置

任务一　主变压器布置

主变压器是发电厂和变电站中最重、油量最多的设备之一,且又处于一次接线的纽带地位,其场地布置应着重考虑起吊搬运、防火防爆、进出线方式和通风散热等多方面的问题。此外,其中性点设备与出口避雷器等的布置也应一并考虑。

一、主变压器的进出线方式

(一)变压器出线套管的排列规则

对双绕组变压器,站在高压侧看,从左至右为 O、A、B、C、油枕,对面相应为低压侧的 a、b、c。或站在油枕端看变压器,则左边为高压侧,右边为低压侧,由远至近为 O、A、B、C、油枕,如图 6-1(a)所示。

对三绕组变压器,高压侧与上述相同。中压侧和低压侧套管居同侧,且按中压、低压、油枕的顺序排列,如图 6-1(b)所示。

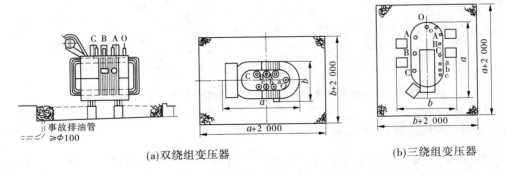

(a)双绕组变压器　　　　　　　　　　　(b)三绕组变压器

图 6-1　变压器出线套管的排列规则及储油池的布置

(二)进出线方式

1.硬母线进(出)线

当电路长度不大时,采用硬母线进出线最为方便,电流大小不限,布置线路要尽量减少转弯和错位。接至变压器套管的母线要接入母线温度补偿器,以免套管承受母线的温度应力。宽面推进的变压器居搬运通道中的一侧,一般不宜采用硬母线。

2.电缆进(出)线

通常用角钢支架固定电缆头,对多根电缆还要设置小段母线以便接线。该侧不得占据变压器搬运通道,若两侧均采用电缆进线,变压器只能窄面推进。优点是电缆线路占用空间小,且方便灵活,便于跨越通道和公路等,施工工作量小;缺点是载流量有限,一般并联根数多于 2~3 根时宜改用母线。

3. 跳线—架空拉线出线

此出线方式是用架空拉线挂接至变压器附近,再由拉线向变压器出线套管跳线,一般用于变压器高压侧出线。其拉线和跳线均需保证线间距离和安全净距的要求。跳线—拉线的具体做法取决于主变压器和开关站的位置,因而取决于电站的电气总布置。通常的做法有:经变压器门型构架拉出或经电站厂房的墙拉出,但拉线与墙面的角度不应小于30°。图 6-2 为设置变压器门型构架的出线示意图。

(a)前门型构架出线　　　　(b)后门型构架出线　　　　(c)侧边门型构架出线

图 6-2　设置变压器门型构架的出线示意图

图 6-3 为置于坝后和主厂房之间的一台三绕组主变的布置及出线图。

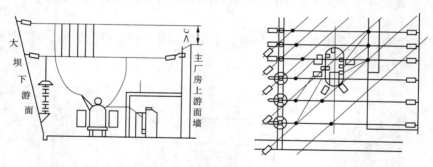

图 6-3　置于坝后和主厂房之间的一台三绕组主变的布置及出线图

二、主变压器的防火防爆

防火措施主要不在于着火主变压器的救火,而在于事故排油和隔离,以避免火灾的蔓延、扩大,祸及相邻建筑物和邻近主变压器。

(一)事故排油和储油池

为了防止变压器发生事故时燃油流失使事故范围扩大,单个油箱的油量在 1 000 kg 以上的变压器,应设置能容纳 100% 或 20% 油量的储油池或挡油墙,设有容纳 20% 油量的储油池或挡油墙时应有将油排到安全处所的设施,且不应引起污染危害,通常通过储油池底部的排油管迅速将全部油排至安全处。排油管内径的选择以能尽快将油排出为宜,但不应小于 6 100 mm。当设置有油水分离的总事故储油池时,其容量不应小于最大一个油箱的 60% 油量。储油池和挡油墙的长、宽尺寸,一般较设备外廓尺寸每边相应大 1 m。

变压器基础应比储油池高 0.1 m，储油池四壁应高于屋外场地 0.1 m。储油池内铺设厚度不小于 0.25 m 的卵石层（卵石直径 0.05 ~ 0.08 m），储油池底面向排油管侧有不小于 2% 的坡度。

（二）防火隔墙

当变压器着火或防爆玻璃爆破喷油时，应不危及邻近变压器或建筑物的安全。因此，主变压器与建筑物的距离不应小于 1.25 m，且距变压器 5 m 以内的建筑物，在变压器总高度以下及外廓两侧各 3 m 的范围内，不应有门、窗和通风口。当变压器的油量超过 2 500 kg 时，两台变压器之间的防火净距不得小于表 6-1 中所列数据。

表 6-1　两台变压器之间的防火净距最小值

变压器电压等级（kV）	防火净距最小值（m）
35 及以下	5
63	6
110	8
220	10

如布置有困难应设防火墙。防火墙的高度不宜低于变压器油枕的顶端高程，其长度应大于变压器储油池两侧各 1 m。若防火墙上设有隔火水幕，防火墙的高度应比变压器顶盖高出 0.5 m，长度则不应小于变压器储油池的宽度加 0.5 m。

（三）防爆管

变压器防爆管在事故喷油时，不应喷及电缆头、母线和邻近的变压器或其他电气设备，必要时应装设弯头、挡板或采取其他措施。

三、主变压器的基础布置

（1）主变压器的基础应安装在混凝土基础上，基础高度应保证变压器出线绝缘套管底部对地距离在 2.5 m 以上。当该距离为 2.5 m 及以上时，基础高度应与储油池以外地面相平。对于装有瓦斯继电器的变压器，一般要求基础有 1.5% 的倾斜度（可在基础靠变压器油枕一侧加垫铁块），有的大变压器，厂家将其顶部做成倾斜，以保证故障时瓦斯继电器的轻瓦斯可靠动作。

（2）主变压器不宜布置在跨越水工建筑物的伸缩缝或沉陷缝处。

四、主变压器场地的通风散热

变压器的效率很高，但大容量变压器的功率损耗仍属可观，并以热的形式散布于周围空间，屋外的主变压器宜置于开阔通风处。此外，屋外主变压器既要增强辐射散热，又要减少日照的影响，外表以涂灰色漆为好。屋内布置的主变压器间应有自然或强迫排风设施，热空气要直接排向屋外，且不得对流返回主厂房内。屋内主变压器不受强日光照射，宜涂黑色漆以加强辐射散热。

任务二 中控室、配电装置及电缆布置

一、中控室的布置

（一）中控室的位置确定基本要求

中控室是发电厂、变电站操作和监视的中心地点，其位置确定应满足的基本要求是：

（1）值班人员有良好的环境（噪声干扰和静电感应小，有较好的防潮、通风和采光），有利于安静和专心地工作。

（2）便于监视屋外配电装置，有利于值班人员与各级电压配电装置和主要车间联系，以便迅速进行各种操作。

（3）尽可能缩短中控室与配电装置、机组间联系的控制电缆长度。

（二）中控室的布置方式

中控室的布置应满足位置确定的基本要求，下面以水电站为例，介绍中控室的布置方式。中控室一般紧靠主厂房上游、下游或一端布置。

（1）中控室布置在主厂房上游侧副厂房的中间位置，可使中控室到各发电机的距离最近，对机组的巡视和与主厂房运行人员联系方便，一般还能节约电缆投资。

（2）中控室布置在主厂房一端，自然采光和通风条件较好，能适应电站分期建设的要求，同时易使中控室处于主厂房和升压站的适中位置，对地形陡峻的电站可减少开挖量。

（3）中控室布置在尾水平台以上，距发电机近，并能节省控制电缆，低水头河床式电站尾水平台宽，可供布置，但中控室低于最高尾水位时，下游墙面不能开窗，对采光和通风不利，且尾水管振动较大，对中控室的影响比中控室布置在主厂房上游侧受进水钢管振动的影响大。

一般当机组台数不多时，可将中控室布置在主厂房一端；机组台数较多（如4台及以上），尤其是单机容量又较大时，最好能将中控室布置在主厂房上游侧，也可布置在下游侧。究竟采用哪种布置方式，要结合电站的具体情况，通过全面的分析比较而定。

二、配电装置布置

发电机电压配电装置一般采用屋内成套配电装置即高压开关柜。通常布置在发电机开关室内，发电机开关室应尽量靠近发电机，且最好与中控室等布置在与发电机层相同高程的副厂房内，常在开关室和中控室下统一设一层净高2~3 m的电缆层，布置开关室的进出线和中控室的进出控制电缆。如是发电机-变压器单元或扩大单元接线，还可按单元或扩大单元分散设置开关室，这样可使开关室分别靠近相应单元的发电机，可缩短发电机连接线；并有利于按扩大单元分期施工和分区维护运行；而且清晰对称，可减少误操作的可能性；尤其便于将中控室布置在副厂房的中间位置。

在地形条件允许的情况下，开关站应尽量与主变压器布置在一起，成为升压站，升压站位置的选择同样必须紧密结合电站的型式、地形和地质等具体条件。升压站布置时应尽量靠近主厂房以缩短升压站与主厂房之间的连接线，并便于运行人员经常巡视。若主变压器和开关站分开布置,应使开关站尽量靠近主变压器和主厂房,以缩短主变压器和开关站之间的连接线。升压站或开关站应有公路相通,以便于设备搬运。此外,在选择升压站或开关站位置时,应考虑进线和出线的方便。

三、电缆布置

(一)电缆构筑物的确定

常用电缆构筑物有电缆隧道、电缆夹层、电缆沟、电缆竖井等。电缆隧道和电缆沟的结构如图 6-4 所示。电缆构筑物的选择取决于发电厂、变电站各电工建筑物的布置以及机组容量大小、结构形式等。各发电厂和变电站电缆构筑物的选择各不相同。

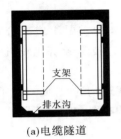
(a)电缆隧道

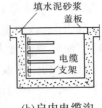
(b)户内电缆沟

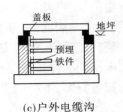
(c)户外电缆沟

图 6-4　电缆隧道和电缆沟的结构

(1)在发电厂、变电站中屋内电缆敷设主要采用电缆沟。当属于下列情况时采用电缆隧道:

①同一通道的地下电缆数量众多,电缆沟不足以容纳时;

②同一通道电缆数量较多,且位于有腐蚀性液体或经常有地面水流溢的场所;

③含有 35 kV 以上高压电缆,或穿越公路、铁路等地段。

若屋内中控室继电保护室、高低压开关室为分层布置,在中控室、继电保护室或高低压开关室等有多根电缆汇聚的下部,应设有电缆夹层。电缆夹层净高一般在 2~3 m,过高和过低都不便于电缆作业。

(2)屋外配电装置的主要电缆通道宜采用电缆沟,当电缆数量多,电缆沟不足以容纳时,则采用电缆隧道。

(3)垂直走向的电缆宜沿墙、柱敷设,当数量较多或含有 35 kV 以上高压电缆时,应采用电缆竖井。

(4)立式机组的发电机层楼板下通常采用电缆吊架或桥架,吊桥架最低层与地面之间的距离不应低于 2 m。

(5)其他分散的电缆,由于电缆根数较少,可根据实际情况采用直埋、穿管、架空敷设等方式。

无论电缆构筑物采用哪种形式,均应采取措施防止水、小动物进入构筑物内,并有防止电缆着火延燃的措施。

(二)电缆走向

电缆的起、止点及其所经路线叫作电缆走向或电缆走线。从整体看,电缆走向有集中走线和分散走线两种方式。电缆两端所接电气设备的位置各不相同,但若将设备按所在位置分片,众多的电缆常有大致相同的走向。为了节约电缆的基础工程,并简化电缆布置,常将两片之间的电缆在片间按同一方向集中走线,而在各片场地内部按设备的不同位置分散走线。

发电厂、变电站厂房结构复杂,电缆走线要与厂房结构和枢纽布置紧密结合,还要处理好大量与机电设备、管路、母线等相互干扰的问题。合理的电缆走向设计可以节约大量的电缆及其基础工程费用,并且便于电缆的维护和检修,取得良好的技术经济效果。

任务三　发电厂电气总布置

发电厂、变电站的电气总布置设计,是全厂、站总布置设计的重要组成部分,科学性强,涉及面广。因此,要和各专业密切配合协调,权衡利弊,通过技术经济比较,选择占地少、投资省、建设快、运行安全经济、管理方便的总布置方案。

水电站的总体布置受地形、地质条件和水利枢纽及其他建筑物的限制,一般不能采用标准的布置方案,不同的水电站,随着这些条件的不同,采用的布置方案也不同。

一、电气总布置的原则

(1)缩短发电机、开关室、主变压器和开关站之间的连接线。电气总布置首先应满足电气主接线所表明的生产顺序要求,应使设备相互靠近,布置紧凑,这样既可减少电能损耗,缩短连接导线和电缆的长度,使电缆敷设方便,又可以减少事故和故障概率;同时,便于设备的正常维护巡视和定期检修。这样即使事故发生,也能及时处理,不使事故扩大。

(2)为保证大型设备(如发电机、变压器等)的运输、安装和检修的方便,尽量缩短运输距离。要求主厂房、中控室、主变压器和开关站之间交通方便,并使主变压器、发电机和主厂房的安装间在同一高程,以便于运行维护和检修。

(3)尽量减少电气设备及其连线与水力机械设备及管路的交叉和干扰。

(4)保证进线和出线方便,尽可能减少架空导线交叉。

(5)远近期结合,留有发展余地。总电气布置应按批准的规划容量进行设计,并留有发展余地。规划容量偏大或偏小,都将导致总平面布置的不合理,偏大造成浪费,偏小则将使布置拥挤混乱,影响安全运行,产生不良后果。要妥善处理好分期建设。初期建筑集中布置以便于分期购地和利于扩建,减少前、后期工程在施工和运行上的相互影响。初期工程要为后期工程创造较好的施工条件,后期工程施工要尽量避免影响运行。

(6)布置紧凑合理,尽量节约用地。各设备宜集中布置,减少占地面积,充分合理地利用空间,并注意利用荒地、劣地、坡地,少占或不占农田。对于地形条件狭窄的工程,可将控制楼、通信楼、实验室、检修间等功能相近或互有联系的电工建(构)筑物采用多层联合布置。

(7)结合地形地质,因地制宜布置。

①依据不同的自然地形,确定各级配电装置的形式及其相互间的平面组合,选择合理的布置位置。在此基础上,灵活布置附属设施及站前建(构)筑物。

②高压配电装置等主要建(构)筑物,要尽量沿自然等高线布置,以减少土石方工程量,避免高填深挖和减少基础埋设深度,便于场地排水。

③山区发电厂、变电站等主要建(构)筑物,不宜紧靠山坡,否则应有防止塌方而危及电气设备和建(构)筑物的有效措施。屋内配电装置,主控楼、主变压器、并联电抗器、调相机等主要建(构)筑物及大型设备,应布置在土质均匀、地基承载力较大的地段。要避开断层、溶洞,以及可能发生滑坡、崩塌等不良地质构造的地段。还要尽量不破坏山体的自然地貌,以保证山体固有的平衡,减少不安全因素。

(8)符合防火规定,预防火灾和爆炸事故。为确保发电厂、变电站的长期安全运行,建(构)筑物布置要严格执行《建筑设计防火规范》的有关规定。道路设计要考虑消防车通行,使消防车能迅速到达火灾地点,及时扑灭电工建(构)筑物区内的火灾。

二、引水式电站的电气总布置

如图 6-5 所示为一引水式电站,电站厂房位于某河流左岸,电站装机容量为 2×3 200 kW,机组为卧式机组,出线 2 回,出线电压等级为 35 kV,发电机电压侧为单元接线,35 kV 侧为单母线接线,主变为两台双绕组变压器,容量均为 4 000 kVA。发电机电压配电装置和 35 kV 配电装置均采用屋内成套配电装置,6 kV 采用固定式高压开关柜,35 kV 采用手车式高压开关柜。电站的主、副厂房和升压站均布置在同一高程。6 kV 高压

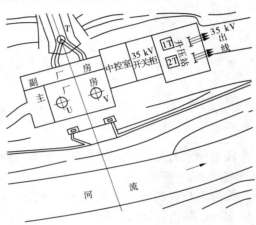

图 6-5　引水式电站厂区电气总布置

开关室和厂房值班室布置在主厂房机组段的左侧;中控室、35 kV 高压开关室和升压站依次布置在主厂房下游段。厂房安装间布置在机组段的上游侧。该电站布置较为紧凑,巡视检查方便。由于地形条件的限制,中控室、35 kV 高压开关室和升压站距厂房安装间较远,且运输不是很方便。发电机出线只能采用电缆,且电缆的走向较长。

三、混合式电站的电气总布置

如图 6-6 所示,该电站厂房位于某河右岸坡上,电站为混合式电站,有库容,可进行日调节。电站装机容量为 2×8 000 kW,出线 3 回,出线电压等级分别为 35 kV 和 110 kV,设两台容量均为 25 000 kVA 的三绕组变压器。其发电机电压配电装置和 35 kV 配电装置均采用屋内成套配电装置,选用手车式高压开关柜;110 kV 配电装置采用屋外中型布置。电站的副厂房、升压站均集中布置在主厂房的上游段。其中,中控室、高压开关室为分层布置。副厂房第一层分别布置 6 kV、35 kV 高压开关室,自用变压器室和电气实验室;第二层为电缆夹层;第三层布置中控室、通信及计算机室和交接班室。110 kV 升压站布置在副厂房左侧。该电站电气设备布置紧凑且集中,连接导线短,巡视检查方便。主、副厂房和升压站毗邻公路,设备的运输十分方便。

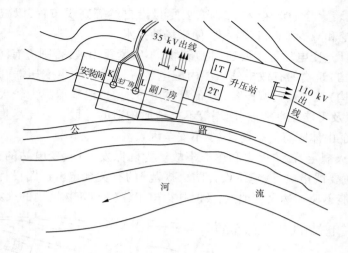

图 6-6　混合式电站厂区电气总布置

工程实例

天楼地枕水力发电厂电气总布置平面结构如图 6-7 所示。该发电厂位于清江干流桥坡河流左岸,是一座径流引水式水力发电厂,由长度为 6 336 m 的引水渠道形成水头,用一根内径为 3.6 m 的总压力钢管将压力水引入发电厂。

该水电厂装机容量为 4×6 300 kW,机组为立式水轮发电机组。主变为两台双绕组变压器,容量均为 20 000 kVA。

发电机侧电压等级为 6.3 kV,采用单母分两段接线。主变高压侧电压等级为 110 kV,采用单母带旁路母线接线。110 kV 出线 1 回(坝天线),连至 220 kV 龙凤坝变电站接入大电网系统。

6.3 kV 发电机电压配电装置采用屋内成套配电装置,采用 GG – 1AF 系列固定式高压开关柜,6.3 kV 发电机侧高压开关柜按电气主接线分别布置在 I 段高压间、II 段高压间。110 kV 配电装置采用屋外配电装置,110 kV 侧高压电气设备全部布置在 110 kV 户外开关站。

水电厂主厂房地面一层为发电机层,布置 4 台发电机组。发电机层入口处设检修平台,发电机层北侧布置机组综合自动控制屏和水机值班室。主厂房地下负一层为水机层,布置 4 台水轮机组。水机层入口处布置油罐室、油处理室、抽排水泵、集水井、气机室。水机层南侧布置油气水管道室,北侧依次布置 I 段高压间、励变室、II 段高压间。在高压间外侧走廊设电缆廊道,发电机出线采用电缆,经电缆廊道接入高压间。

水电厂副厂房紧邻主厂房布置,副厂房第一层低压间布置厂用电 400 V 低压成套配电装置,第二层为通信室、电缆室,第三层布置中控室。

2 台主变压器、2 台厂变压器及 1 台近区变压器均布置在主厂房北边户外地面层,主变压器与厂变压器之间设有防火隔离墙,主变压器基础下部设有储油池,并在储油池内铺

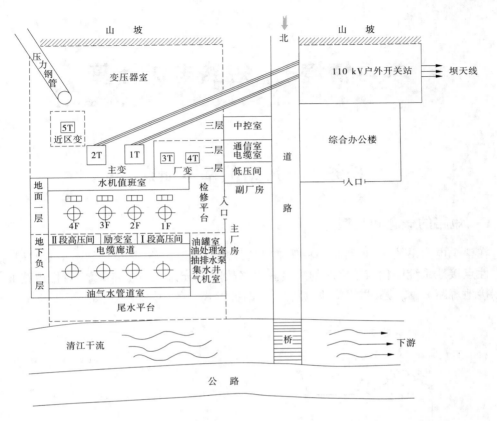

图 6-7　天楼地枕水力发电厂电气总布置平面结构

设卵石层。主变压器、厂变压器、近区变压器均设有独立的防护栅栏。

110 kV 开关站布置在主厂房下游侧,开关站内所有电气设备均布置在同一水平面,采用中型布置。110 kV 开关站与主变压器的连接采用跳线—架空拉线方式,将两回架空拉线挂接至主变压器前门形构架,再由拉线向主变压器高压侧出线套管跳线。

该水电厂布置较为紧凑,巡视检查方便。综合办公楼紧邻开关站布置,通风采光良好。主、副厂房和升压站毗邻公路,设备的运输十分方便。

思考题

1. 发电厂电气总布置的原则有哪些?

2. 水电厂电气总布置有哪些特点?

3. 升压站的布置要求有哪些?

4. 中控室的布置方式有几种?

5. 主变压器的进出线方式有哪几种?

6. 主变压器设储油池的作用有哪些?

学习情境七 短路电流计算

任务一 短路的基本概念

一、短路的概念和类型

在整个电力系统中,短路是一种最常见的故障。所谓短路,是指一切不正常的相与相或中性点接地系统中相与地之间的短接。短路故障可分为三相短路 $k^{(3)}$、两相短路 $k^{(2)}$、单相接地短路 $k^{(1)}$,以及两相接地短路 $k^{(1.1)}$ 四种形式。各种短路形式如图7-1所示。

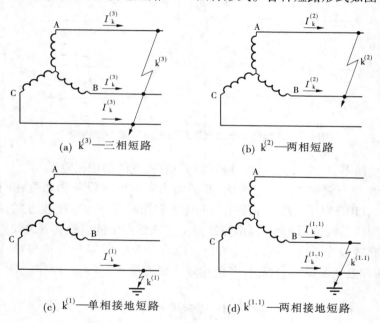

(a) $k^{(3)}$—三相短路

(b) $k^{(2)}$—两相短路

(c) $k^{(1)}$—单相接地短路

(d) $k^{(1.1)}$—两相接地短路

图7-1 各种短路形式

三相短路属于对称性短路。短路发生时,短路回路的三相阻抗相等,三相电流和电压仍然保持对称。其余三种类型的短路均属非对称性短路,短路发生时,三相处于不同情况下,每相电路中的电流和电压数值不相等,其间的相角也不相同。

大量事故统计表明:在中性点直接接地系统中,单相接地短路占短路故障的65%～70%,两相短路占10%～15%,两相接地短路占10%～20%,三相短路约占5%。可见,在整个电力系统中,发生单相接地短路的可能性最大,而发生三相短路的可能性最小。但是,一般三相短路的短路电流最大,对系统的危害也最大。为了使电力系统中的电气设备在最严重的短路状态下也能可靠地工作,因此在选择校验电气设备用的短路计算中,应以三相短路计算为主。

二、短路的原因和危害

电力系统发生短路的原因有很多种,主要可概括为以下三个方面:

(1)电气设备载流部分的绝缘被损坏。如设备由于长期运行,绝缘材料陈旧老化,或由于设备绝缘受到机械损伤、过电压、雷击等而使绝缘损坏。

(2)运行、维护、管理不当。如运行人员不遵守安全和操作规程,带负荷误拉高压隔离开关,很可能导致三相弧光短路。

(3)自然灾害。如鸟类、兽类直接跨接裸导体,特大风雪、洪水、地震等引起的输电线路断线和倒杆等,都会引起短路发生。

电力系统发生短路后,网络总阻抗大大减小,短路电流往往比回路的正常工作电流大十几倍甚至几十倍,且电网电压降低,从而对整个电力系统产生极大的危害,主要表现在以下几个方面:

(1)造成停电事故。越靠近电源处短路,引起停电的范围越大,从而给国民经济造成的损失也越大。

(2)短路电流会产生热效应。巨大的短路电流通过导体时,导体的发热量与电流的平方成正比,使设备温度急剧上升,导致设备过热、绝缘损坏。另外,短路点还会伴随产生电弧,其温度高达数千摄氏度甚至上万摄氏度,不仅烧坏设备,还可能危及周围工作人员的安全。

(3)短路电流会产生电动力效应。短路电流通过导体时,导体相互间会产生很大的电动力,电动力大小与短路电流的平方成正比,使导体变形或损坏。

(4)短路时系统电压将下降。越靠近短路点,电压降得越低,如果是三相短路,则短路点电压为零。这些将严重影响电气设备的正常运行,如白炽灯骤暗甚至熄灭,电动机转速降低甚至停转,导致工厂生产出废、次产品。此外,由于电压下降,电动机转速降低,而电动机拖动的机械负载又没来得及变化,电动机绕组将流过较大的电流,使电动机过热。在某些不对称短路情况下,非故障相电压超过额定电压值,还会引起设备内部过电压现象。

(5)影响系统运行的稳定性。短路时,由于电压大幅度下降,可能引起系统中发电机之间失去同步,使系统瓦解而造成大面积停电,这是短路造成的最严重、最危险的后果。

(6)产生电磁干扰。短路电流通过线路时在周围产生交变的电磁场,会对附近的通信线路、信号系统及电子设备等产生电磁干扰,使之无法正常运行。

三、短路电流计算的目的和基本假设

短路故障对电力系统运行的影响很大,所造成的后果也十分严重。为确保设备在短路情况下不致被破坏,减轻短路后果和防止故障扩大,在实际的电气设计、运行、管理等各环节中都必须进行短路故障的分析和计算,了解短路电流的产生和变化规律。计算短路

电流的具体目的,是进行电气主接线方案的比较和选择、进行电气设备的选择和校验、进行继电保护装置的配置和整定计算、选择限制短路电流的方式、分析电力系统故障、确定电力线路对邻近通信线路的干扰和影响等。

实际的电力系统是十分庞大而又复杂的,突然短路时的暂态过程更加复杂,要准确地进行短路计算非常困难。在实际工程中,要求短路计算方法简捷、适用,其计算结果只要能满足工程允许误差即可。因此,在实际工程中,一般采用短路电流实用计算法,这种方法是建立在一系列假设条件下的近似计算方法,计算误差一般不超过10%~15%。

短路电流实用计算法所作的基本假设有以下几点:

(1)短路前电力系统是对称的三相系统。

(2)短路过程中发电机之间不发生摇摆,系统中所有发电机电动势相位均相同,频率与正常工作时相同。

(3)不计磁路饱和,即电力系统中各元件的阻抗值不随电流大小的变化而变化,可应用叠加原理进行计算。

(4)电力系统中各元件的电阻和输电线路的电容略去不计,只有在计算非周期分量衰减时间常数和计算低压网络的短路电流时,才考虑电阻的影响。

(5)除计算接地短路电流外,不计变压器的励磁阻抗。

(6)不计短路点阻抗,即假定短路为金属性短路。

这样,在网络的短路回路中,每个元件均可用一个等值电抗表示。

任务二　元件电抗值计算

一、标幺值

计算短路电流时,各电气量如电流、电压、功率和电抗等参数,既可用有名值表示,也可用标幺值表示。为了计算方便,一般采用标幺值表示。

标幺值是某些电气量的实际有名值与所选定的同类规定值之比,即标幺值 $= \dfrac{\text{有名值}}{\text{规定值}}$。

可见,标幺值是一个无单位的相对比值,用各量的符号加下角标"*"表示。对于同一个有名值,若选择不同的规定值则可得到不同的标幺值。所以,在计算或说明标幺值时,必须首先指出其对应的规定值。

(一)标幺额定值

以各元件的额定参数作为规定值的标幺值称为标幺额定值,用各电气量的符号加下角标"*N"表示。短路电流计算中,通常涉及元件的四个电气量,即电压 U、电流 I、功率 S 和电抗 X,这四个量之间符合电路基本关系式 $U = \sqrt{3}IX$ 和 $S = \sqrt{3}UI$。因此,四个电气量中只有两个是独立量,为了方便计算,通常指定 U 和 S 作为独立量,然后通过电路基本关系式得出其他两个量,即 $I = \dfrac{S}{\sqrt{3}U}$ 和 $X = \dfrac{U^2}{S}$。元件的四个额定参数 U_N、I_N、S_N 和 X_N 中,通常

选择 U_N 和 S_N 作为独立量,将 I_N 和 X_N 用 U_N 和 S_N 来表示,则有 $I_N = \dfrac{S_N}{\sqrt{3}\,U_N}$ 和 $X_N = \dfrac{U_N^2}{S_N}$。

若元件的有名值为 U、I、S 和 X,则其对应的标幺额定值为

$$\begin{cases} U_{*N} = \dfrac{U}{U_N} \\[2mm] S_{*N} = \dfrac{S}{S_N} \\[2mm] I_{*N} = \dfrac{I}{I_N} = I\dfrac{\sqrt{3}\,U_N}{S_N} \\[2mm] X_{*N} = \dfrac{X}{X_N} = X\dfrac{S_N}{U_N^2} \end{cases} \tag{7-1}$$

式(7-1)中,角标" $*$ "是标幺值的符号,角标"N"表示该标幺值是以元件的额定参数作为规定值的。

为了简化,其下标"N"常被省略,例如某发电机的纵轴次暂态电抗为 $X''_{d*} = 0.2$,指的是以该发电机的额定参数作为规定值的电抗标幺值。

(二)标幺基准值

由于各元件标幺额定值的规定值不统一,不便于直接进行计算。任意选择统一的基准参数作为规定值,所得的标幺值叫作标幺基准值,用各电气量的符号加下角标" $*j$ "表示。元件的四个基准值 U_j、I_j、S_j 和 X_j 中,通常选择 U_j 和 S_j 作为独立量,则有 $I_j = \dfrac{S_j}{\sqrt{3}\,U_j}$ 和

$X_j = \dfrac{U_j^2}{S_j}$。若元件的有名值为 U、I、S 和 X,则其对应的标幺基准值为

$$\begin{cases} U_{*j} = \dfrac{U}{U_j} \\[2mm] S_{*j} = \dfrac{S}{S_j} \\[2mm] I_{*j} = \dfrac{I}{I_j} = I\dfrac{\sqrt{3}\,U_j}{S_j} \\[2mm] X_{*j} = \dfrac{X}{X_j} = X\dfrac{S_j}{U_j^2} \end{cases} \tag{7-2}$$

在实用短路电流计算中,基准功率 S_j 通常取为 100 MVA,基准电压 U_j 则取各级线路的平均额定电压 U_p。所谓线路的平均额定电压,就是电力线路首末两端所连接的电气设备额定电压的平均值,线路的平均额定电压比电网额定电压约高5%。

我国规定的与额定电压等级相对应的电力线路的平均额定电压如表7-1所示。

表7-1　与我国额定电压对应的电力线路的平均额定电压

额定电压(kV)	3	6	10	15	35	60	110	220	330	500
平均额定电压(kV)	3.15	6.3	10.5	15.75	37	63	115	230	345	525

(三)标幺值的换算

不同规定值的标幺值换算的原则是:不管规定值如何改变,标幺值如何不同,电气量的有名值总是不变的。在短路电流计算中,四个电气量有名值的单位规定为电压(kV)、电流(kA)、视在功率(MVA)、电抗(Ω)。

1. 标幺值换算为有名值

根据标幺值的定义可得到有名值的换算公式,即

$$\begin{cases} U = U_{*N}U_N = U_{*j}U_j \\ S = S_{*N}S_N = S_{*j}S_j \\ I = I_{*N}\dfrac{S_N}{\sqrt{3}\,U_N} = I_{*j}\dfrac{S_j}{\sqrt{3}\,U_j} \\ X = X_{*N}\dfrac{U_N^2}{S_N} = X_{*j}\dfrac{U_j^2}{S_j} \end{cases} \tag{7-3}$$

2. 标幺额定值换算为标幺基准值

在短路电流计算中,一般发电机、变压器等元件给出的标幺值都是标幺额定值,由于各元件标幺额定值的规定值不同,不能直接进行运算,应首先按下式换算成统一的标幺基准值,即

$$X_{*j} = \frac{X_{*N}X_N}{X_j} = X_{*N}\frac{U_N^2}{S_N}\bigg/ \frac{U_j^2}{S_j} = X_{*N}\frac{S_j}{S_N}\frac{U_N^2}{U_j^2} \tag{7-4}$$

3. 标幺额定值与百分值之间的换算

电抗有名值占电抗额定值的百分数称为电抗百分值,即 $X\% = \dfrac{X}{X_N}\times 100$。那么,电抗百分值和电抗标幺额定值的换算关系式为

$$X_{*N} = \frac{X}{X_N} = \frac{X\%}{100} \tag{7-5}$$

二、元件电抗值计算

在计算短路电流时,必须知道电力系统中各元件的电抗值。在高压网络的短路电流计算中,一般只考虑发电机、电力变压器、电力线路及电抗器等几种主要元件的电抗。配电装置中的母线、长度较小的连接导线、断路器、互感器等元件的阻抗值较小,对短路电流的影响较小,不予考虑。这里介绍三相短路时各元件的等值电路和等值电抗。

(一)同步发电机

同步发电机的等值电路可用相应的电动势与电抗串联来表示,如图7-2所示为同步发电机及其等值电路。

在三相短路电流的实用计算中,同步发电机电

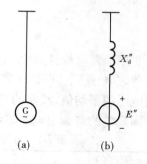

图7-2 同步发电机及其等值电路

势选用次暂态电动势 E''，电抗选用短路起始瞬间电抗，即纵轴次暂态电抗 X''_d。各类型同步发电机纵轴次暂态电抗的标幺额定值 X''_{d*N}，可由产品目录中查出。在数据不全的情况下，可采用表 7-2 所列的平均值进行近似计算。

表 7-2 各类同步电机 X''_{d*N} 的平均值

同步电机类型	X''_{d*N}	同步电机类型	X''_{d*N}
汽轮发电机	0.125	同步补偿机	0.16
有阻尼绕组的水轮发电机	0.20	同步电动机	0.20
无阻尼绕组的水轮发电机	0.27		

同步发电机的电抗有名值可根据标幺额定值算出，即

$$X''_d = X''_{d*N} \frac{U_N^2}{S_N} \tag{7-6}$$

式中　S_N——同步发电机的额定容量，MVA；

　　　U_N——同步发电机的额定电压，kV。

（二）电力变压器

双绕组变压器及其等值电路如图 7-3 所示。双绕组变压器产品目录中给出了短路电压百分值 $U_k\%$ 或称阻抗电压百分值，可根据其定义进行以下变换：

$$U_k\% = \frac{\sqrt{3} I_N X_T}{U_N} \times 100 = \frac{X_T}{U_N / \sqrt{3} I_N} \times 100$$

$$= \frac{X_T}{X_N} \times 100 = X_T\%$$

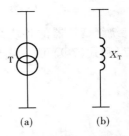

图 7-3 双绕组变压器及其等值电路

由此可见，双绕组变压器的短路电压百分值等于其电抗百分值，根据式（7-5），双绕组变压器的电抗标幺额定值为

$$X_{T*N} = \frac{X_T\%}{100} = \frac{U_k\%}{100} \tag{7-7}$$

如果将变压器的电抗值折算到某一侧额定电压 U_N，则其电抗有名值为

$$X_T = X_{T*N} \frac{U_N^2}{S_N} = \frac{U_k\%}{100} \frac{U_N^2}{S_N} \tag{7-8}$$

式中　S_N——变压器的额定容量，MVA。

　　　U_N——变压器的额定电压，kV。

三绕组变压器和自耦变压器及其等值电路如图 7-4 所示。各绕组之间的短路电压百分值分别用 $U_{k(1-2)}\%$、$U_{k(1-3)}\%$、$U_{k(2-3)}\%$ 表示，其具体数据由产品目录给出。要注意，这些百分数都是对应变压器额定容量的百分数。

根据三绕组变压器的短路试验，可求出各个绕组对应的短路电压百分数 $U_{k1}\%$、$U_{k2}\%$、$U_{k3}\%$，即

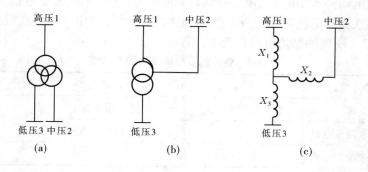

图 7-4 三绕组变压器和自耦变压器及其等值电路

$$U_{k1}\% = \frac{1}{2}\left[\,U_{k(1-2)}\% + U_{k(1-3)}\% - U_{k(2-3)}\%\,\right]$$

$$U_{k2}\% = \frac{1}{2}\left[\,U_{k(1-2)}\% + U_{k(2-3)}\% - U_{k(1-3)}\%\,\right] \qquad (7\text{-}9)$$

$$U_{k3}\% = \frac{1}{2}\left[\,U_{k(1-3)}\% + U_{k(2-3)}\% - U_{k(1-2)}\%\,\right]$$

三绕组变压器的各绕组电抗也是用各个绕组对应的短路电压百分数求得的,根据式(7-7)和式(7-9)可得,各绕组电抗的标幺额定值为

$$X_{1*N} = \frac{1}{200}\left[\,U_{k(1-2)}\% + U_{k(1-3)}\% - U_{k(2-3)}\%\,\right]$$

$$X_{2*N} = \frac{1}{200}\left[\,U_{k(1-2)}\% + U_{k(2-3)}\% - U_{k(1-3)}\%\,\right] \qquad (7\text{-}10)$$

$$X_{3*N} = \frac{1}{200}\left[\,U_{k(1-3)}\% + U_{k(2-3)}\% - U_{k(1-2)}\%\,\right]$$

(三)电力线路

在短路电流实用计算中,架空线路和电缆线路每千米的电抗值 X_0,通常采用表 7-3 所列的平均电抗值进行计算。则 l km 长线路的电抗有名值为 $X_0 l$。

表 7-3　各种线路每千米电抗平均值

线路种类	电抗 $X_0(\Omega/\text{km})$	线路种类	电抗 $X_0(\Omega/\text{km})$
6~220 kV 架空线路 (每一回路)	0.4	3~10 kV 电缆线路	0.07~0.08
1 kV 及以下架空线路 (每一回路)	0.3	1 kV 及以下电缆线路	0.06~0.07
35 kV 电缆线路	0.12		

(四)电抗器

电抗器是用来限制短路电流的电器,产品目录中给出了电抗器的电抗百分值,一般 $X_L\%$ 为 3%~10%。则其电抗标幺额定值为

$$X_{\mathrm{L}*\mathrm{N}} = \frac{X_{\mathrm{L}}\%}{100} \qquad (7\text{-}11)$$

其电抗有名值为

$$X_{\mathrm{L}} = X_{\mathrm{L}*\mathrm{N}}X_{\mathrm{LN}} = \frac{X_{\mathrm{L}}\%}{100}\frac{U_{\mathrm{LN}}}{\sqrt{3}\,I_{\mathrm{LN}}} \qquad (7\text{-}12)$$

式中　　U_{LN}——电抗器的额定电压,kV;

$\quad\quad\quad I_{\mathrm{LN}}$——电抗器的额定电流,kA。

由于短路电流计算资料中一般给出的是元件电抗的标幺额定值、百分值或有名值,为了便于计算,应将各元件电抗统一换算成同一基准的标幺基准值。在短路电流实用计算中,一般选取基准功率 $S_{\mathrm{j}} = 100$ MVA,选取电力系统各元件所在电压等级的平均额定电压作为基准电压,即 $U_{\mathrm{j}} = U_{\mathrm{p}}$。按上述原则选取基准值后,不同电压等级的元件电抗标幺基准值可以直接进行运算。

各元件的电抗标幺基准值可按下列公式计算:

(1)同步发电机的电抗标幺基准值为

$$X''_{\mathrm{d}*\mathrm{j}} = X''_{\mathrm{d}*\mathrm{N}}\frac{S_{\mathrm{j}}}{S_{\mathrm{N}}} \qquad (7\text{-}13)$$

(2)电力变压器。

双绕组变压器的电抗标幺基准值为

$$X_{\mathrm{T}*\mathrm{j}} = \frac{U_{\mathrm{k}}\%}{100}\frac{S_{\mathrm{j}}}{S_{\mathrm{N}}} \qquad (7\text{-}14)$$

三绕组变压器的电抗标幺基准值为

$$\left. \begin{array}{l} X_{1*\mathrm{j}} = \dfrac{1}{200}\big[\,U_{\mathrm{k}(1\text{-}2)}\% + U_{\mathrm{k}(1\text{-}3)}\% - U_{\mathrm{k}(2\text{-}3)}\%\,\big]\dfrac{S_{\mathrm{j}}}{S_{\mathrm{N}}} \\[3mm] X_{2*\mathrm{j}} = \dfrac{1}{200}\big[\,U_{\mathrm{k}(1\text{-}2)}\% + U_{\mathrm{k}(2\text{-}3)}\% - U_{\mathrm{k}(1\text{-}3)}\%\,\big]\dfrac{S_{\mathrm{j}}}{S_{\mathrm{N}}} \\[3mm] X_{3*\mathrm{j}} = \dfrac{1}{200}\big[\,U_{\mathrm{k}(1\text{-}3)}\% + U_{\mathrm{k}(2\text{-}3)}\% - U_{\mathrm{k}(1\text{-}2)}\%\,\big]\dfrac{S_{\mathrm{j}}}{S_{\mathrm{N}}} \end{array} \right\} \qquad (7\text{-}15)$$

(3)电力线路。

l km 长线路的电抗有名值为 $X_0 l$,线路的电抗标幺基准值为

$$X_{*\mathrm{j}} = X_0 l\frac{S_{\mathrm{j}}}{U_{\mathrm{p}}^2} \qquad (7\text{-}16)$$

式中　　U_{p}——线路所在电压级的平均额定电压,kV。

(4)电抗器的标幺基准值为

$$X_{\mathrm{L}*\mathrm{j}} = \frac{X_{\mathrm{L}}\%}{100}\frac{U_{\mathrm{LN}}}{\sqrt{3}\,I_{\mathrm{LN}}}\frac{S_{\mathrm{j}}}{U_{\mathrm{p}}^2} \qquad (7\text{-}17)$$

式中　　U_{p}——电抗器所在电压级的平均额定电压,kV;

$\quad\quad\quad U_{\mathrm{LN}}$——电抗器的额定电压,kV;

$\quad\quad\quad I_{\mathrm{LN}}$——电抗器的额定电流,kA。

注意:计算中不能将电抗器的额定电压 U_{LN} 用所在电压级的平均额定电压 U_p 代替,以免增大计算误差。

任务三 短路电流计算的程序

在进行短路电流计算前,应先收集有关资料,如电力系统接线图、运行方式和各元件的技术数据等。计算时,首先根据资料画出计算电路图,再选定计算短路点,对每一个短路点画出对应的等值电路图;然后利用网络简化规则,逐步简化等值电路,求出短路回路总电抗;最后,根据短路回路总电抗即可求出该短路点的短路电流值。

一、作计算电路图

计算电路图是供短路电流计算时专用的电路图。它是一种简化了的单相图,图中仅画出与计算短路电流有关的元件及它们之间的相互连接,并注明各元件有关的技术数据、计算编号等。另外,还应根据计算目的,在图中标出各计算短路点,标注各级平均额定电压,如图 7-5 所示。

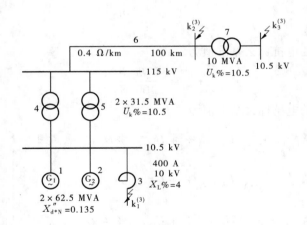

图 7-5 计算电路图

作计算电路图时,应根据计算目的,适当考虑系统的运行方式和设计水平。选择和校验电气设备时,需要计算出通过该设备的最大可能短路电流。这时应以 5～10 年远景规划并处于最大运行方式下的系统接线图为依据,考虑系统中各发电厂全部发电机都投入运行,并假定各发电机都装有自动电压调整器,短路前均处于额定工作状态。设计继电保护装置时,可能要计算电气装置或整个电力系统不同运行方式下的短路电流,计算电路图则要按照多种运行方式绘制,其中包括最小运行方式,这时可能只有部分发电机投入运行。

在计算电路图中,可能会同时有几个不同的电压等级。在实用计算中为了方便,各级电压都用平均额定电压代替,并标注在各级母线上。而且规定,凡接在同一级电压线路上的所有元件的额定电压都等于其所在线路的平均额定电压,即 $U_N = U_p$。这样规定引起的计算误差不大,但可大大简化计算过程。但是,电抗器应使用其实际额定电压进行计算,这是因为电抗器比其他元件的电抗值大得多,较大地影响本回路短路电流的计算结果。此外,电抗器也可能降低电压使用,如 10 kV 额定电压的电抗器在 6 kV 线路中使用,则应该用 10 kV 额定电压计算其电抗值。

二、作初始等值电路图

在计算电路图中,对每一短路点分别做出一个对应的等值电路。在某一短路点对应的等值电路图中,仅表示出该点短路时短路电流所通过的元件,短路电流没有通过的元件不用画出来。等值电路图中,发电机用电势串接电抗表示,其他各元件用电抗表示。图 7-6(a)、(b)、(c)分别是对应图 7-5 中 $k_1^{(3)}$、$k_2^{(3)}$、$k_3^{(3)}$ 三个短路点的等值电路图。图中各元件参数用分数标注,分子为元件的顺序编号,分母为元件的电抗标幺基准值。

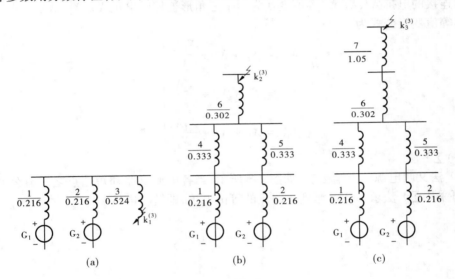

图 7-6　等值电路图

三、等值电路图的化简

将初始等值电路图逐步进行等值变换,也就是逐步合并电抗、合并电源,得到最简化的等值电路图,即只有一个总电源经一个总电抗至短路点的最简等值电路图。电路的等值变换过程主要是电抗的变换与合并,通常可采用以下几种方法:

(1)串联元件的等值电抗。

$$X = X_1 + X_2 + \cdots + X_n \tag{7-18}$$

(2)并联元件的等值电抗。

$$X = \cfrac{1}{\cfrac{1}{X_1} + \cfrac{1}{X_2} + \cdots + \cfrac{1}{X_n}} \tag{7-19}$$

(3)电抗 △→Y 等值变换。

在图 7-7 中,3 个电抗 X_{12}、X_{23}、X_{13} 为三角形连接,保持外电路上的电流与电压不变,将其等值变换为 3 个星形连接的电抗 X_1、X_2、X_3。

其等值变换公式为

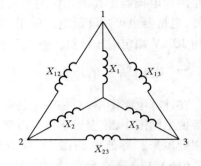

$$\left.\begin{array}{l} X_1 = \dfrac{X_{12}X_{13}}{X_{12} + X_{23} + X_{13}} \\[3mm] X_2 = \dfrac{X_{23}X_{12}}{X_{12} + X_{23} + X_{13}} \\[3mm] X_3 = \dfrac{X_{13}X_{23}}{X_{12} + X_{23} + X_{13}} \end{array}\right\} \quad (7\text{-}20)$$

（4）电抗 $Y \rightarrow \triangle$ 等值变换。

图 7-7 电抗 $\triangle$—Y 等值变换电路图

在图 7-7 中，进行上述变换的反变换，即将 3 个星形连接的电抗 X_1、X_2、X_3 等值变换为 3 个三角形连接的电抗 X_{12}、X_{23}、X_{13}。

其等值变换公式为

$$\left.\begin{array}{l} X_{12} = X_1 + X_2 + \dfrac{X_1 X_2}{X_3} \\[3mm] X_{23} = X_2 + X_3 + \dfrac{X_2 X_3}{X_1} \\[3mm] X_{13} = X_1 + X_3 + \dfrac{X_1 X_3}{X_2} \end{array}\right\} \quad (7\text{-}21)$$

（5）$\sum Y$ 法。

$\sum Y$ 法又叫电源节点消去法，如图 7-8 所示，当各电源支路和短路点之间有公共电抗 X 时，可采用 $\sum Y$ 法求出各电源到短路点的等值电抗，即转移电抗。

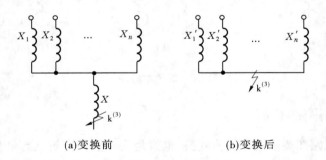

　　　　(a)变换前　　　　　　　　(b)变换后

图 7-8 $\sum Y$ 法进行等值变换电路图

各支路转移电抗为

$$\left.\begin{array}{l} X_1' = X_1 X \sum Y \\[2mm] X_2' = X_2 X \sum Y \\[2mm] \vdots \\[2mm] X_n' = X_n X \sum Y \end{array}\right\} \quad (7\text{-}22)$$

其中，$\sum Y = \dfrac{1}{X_1} + \dfrac{1}{X_2} + \cdots + \dfrac{1}{X_n} + \dfrac{1}{X}$。

任务四　无限大容量电源供电系统内三相短路

一、无限大容量电源的概念

所谓无限大容量电源,或称为无限大容量电力系统,是指这种电源供电的电路内发生短路时,电源的端电压在短路时恒定不变,即系统容量无限大,而其内阻抗等于零,记作 $S = \infty$,$Z = 0(R = 0,X = 0)$。实际电力系统的容量和阻抗都有一定的数值,系统内发电机愈多,则系统容量愈大,系统内阻抗愈小。这时若外电路元件的阻抗比系统内阻抗大得多,则当外电路中电流发生变动甚至出现短路时,系统出口母线电压变化甚微。实用短路电流计算中,可忽略此电压的变化而近似认为系统出口母线电压维持不变,即此种短路回路所接的电源是无限大容量电源。

在短路电流计算中,若系统内阻抗不超过短路回路总阻抗(包含系统内阻抗)的5%~10%,便可视为无限大容量电力系统。一般大电网与 10 kV 及以下的农电系统连接要经过多次降压,计算此种农电系统的短路时,可把大电网及其电源看作无限大容量电源,使计算简化。

按无限大容量电源计算所得的短路电流是装置通过的最大短路电流。因此,在估算装置的最大短路电流或缺乏系统数据时,都可以认为短路回路所接的电源是无限大容量电源。

二、短路电流的变化过程

现以图 7-9 为例,讨论由无限大容量电源供电的电路内发生三相短路时短路电流的变化规律。由于是对称短路,只画出一相的电路图。系统母线电压为相应电压级的平均额定电压。

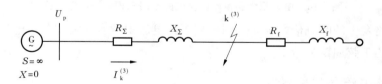

图 7-9　由无限大容量电源供电的电路三相短路

正常情况下,电路中的负荷电流取决于系统母线电压 U_p、网络阻抗 $Z_\Sigma = R_\Sigma + jX_\Sigma$ 和负载阻抗 $Z_f = R_f + jX_f$。当 $k^{(3)}$ 点发生三相短路时,整个电路被短路点分成左右两个单独的部分,右边回路没有电源,通过短路点构成短路回路。由于感性电路内的电流不能突变,此回路中的电流将逐渐衰减至零。左边回路与电源连接,通过电源构成短路回路。当短路发生时,回路的总阻抗突然减小到 Z_Σ,由于系统母线电压不变,此回路中的电流将增大。

假设短路前没有接负载阻抗,负荷电流等于零,即在空载状态下发生三相金属性短路。这种情况相当于一恒定的正弦电势突然加至 R—L 电路,电路中将出现一暂态过程。

设系统某相电压 $u = \dfrac{\sqrt{2}\,U_\mathrm{p}}{\sqrt{3}}\sin(\omega t + \psi)$，则该相短路电流瞬时值为

$$i_\mathrm{k}^{(3)} = \frac{\sqrt{2}\,U_\mathrm{p}}{\sqrt{3}\,Z_\Sigma}\sin(\omega t + \psi - \varphi) - \frac{\sqrt{2}\,U_\mathrm{p}}{\sqrt{3}\,Z_\Sigma}\sin(\psi - \varphi)\mathrm{e}^{-\frac{R_\Sigma}{L_\Sigma}t} \qquad (7\text{-}23)$$

式中　ψ——短路发生时刻相电势的相位；

　　　φ——短路回路的阻抗角。

在实际高压短路回路中，阻抗 $Z_\Sigma = R_\Sigma + \mathrm{j}X_\Sigma$ 中的 R_Σ 可以忽略，φ 值接近于 $90°$。如果短路发生的时刻恰好某相的 $\psi = 0$，令 $T_\mathrm{f} = L_\Sigma/R_\Sigma$，代入式（7-23）得最大三相短路电流的实用计算公式为

$$i_\mathrm{k}^{(3)} = \sqrt{2}\,\frac{U_\mathrm{p}}{\sqrt{3}\,X_\Sigma}\sin(\omega t - 90°) + \sqrt{2}\,\frac{U_\mathrm{p}}{\sqrt{3}\,X_\Sigma}\mathrm{e}^{-\frac{t}{T_\mathrm{f}}} \qquad (7\text{-}24)$$

根据式（7-24）画出短路电流曲线如图 7-10 所示。从图中可以看出，该相电势（曲线 e）恰好在过零点时发生短路，在短路点将产生一振幅不变的正弦周期分量电流 $i_\mathrm{kz}^{(3)}$（曲线 1）和一按指数规律衰减的非周期分量电流 $i_\mathrm{kfz}^{(3)}$（曲线 2），两者叠加就是总的短路电流 $i_\mathrm{k}^{(3)}$（曲线 3）。

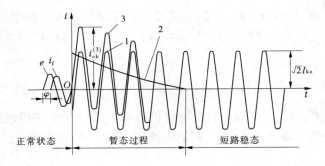

图 7-10　由无限大容量电源供电的电路三相短路电流曲线

如果短路发生的时刻恰好 $\psi = \varphi$，则该相短路电流中没有非周期分量电流 $i_\mathrm{kfz}^{(3)}$，仅有初相位等于零的正弦周期分量电流 $i_\mathrm{kz}^{(3)}$。

三、短路电流各量的计算

（一）周期分量

由式（7-24）可见，短路电流中含有一个振幅不变的正弦周期分量，即 $i_\mathrm{kz}^{(3)} = \sqrt{2}\,\dfrac{U_\mathrm{p}}{\sqrt{3}\,X_\Sigma}\sin(\omega t - 90°)$，其有效值为

$$I_\mathrm{kz}^{(3)} = \frac{U_\mathrm{p}}{\sqrt{3}\,X_\Sigma} \qquad (7\text{-}25)$$

用标幺基准值计算时，两边同时除以基准电流 $I_\mathrm{j} = \dfrac{S_\mathrm{j}}{\sqrt{3}\,U_\mathrm{j}}$，并取 $U_\mathrm{j} = U_\mathrm{p}$，可得

$$I_{kz*}^{(3)} = \frac{U_p}{\sqrt{3}\,X_\Sigma} \frac{\sqrt{3}\,U_p}{S_j} = \frac{1}{X_\Sigma} \frac{U_p^2}{S_j} = \frac{1}{X_{\Sigma*}} \tag{7-26}$$

可见,当采用标幺基准值计算时,短路电流周期分量有效值的标幺值等于短路回路总电抗标幺值的倒数。

(二)非周期分量

由式(7-24)可见,短路电流中还含有一个按指数规律衰减的非周期分量,即

$$i_{kfz}^{(3)} = \sqrt{2}\,\frac{U_p}{\sqrt{3}\,X_\Sigma}\mathrm{e}^{-\frac{t}{T_f}} \tag{7-27}$$

其衰减时间常数为

$$T_f = \frac{L_\Sigma}{R_\Sigma} \tag{7-28}$$

在主要是电感的高压电路中,T_f 的平均值约等于 0.05 s。非周期分量一般经过 $4T_f$ 即 0.2 s 后便已基本衰减完毕,短路的暂态过程结束,进入稳定状态,如图 7-10 所示。电路中的电阻越大,则 T_f 越小,非周期分量衰减越快,暂态过程越短。

由于电感电路的电流不能突变,而且短路前电路处于空载,电流等于零,所以短路后电路的初始电流也等于零。从图 7-10 所示曲线可见,短路后 $t=0$ 时,短路电流周期分量瞬时值为 $i_{kz(t=0)}^{(3)} = -\sqrt{2}\,I_{kz}^{(3)}$,非周期分量电流瞬时值为 $i_{kfz(t=0)}^{(3)} = \sqrt{2}\,I_{kz}^{(3)}$,两者大小相等,方向相反,刚好相互抵消,使电感电路的初始电流保持为零。暂态过程结束后的短路电流称为稳态短路电流,其有效值用 $I_\infty^{(3)}$ 表示,显然 $I_\infty^{(3)} = I_{kz}^{(3)}$。

(三)冲击短路电流

从图 7-10 所示曲线可见,在短路后半个周期即 0.01 s 瞬间,总的短路电流达到最大值,略小于周期分量振幅的 2 倍,这个短路电流的最大瞬时值称为冲击短路电流,用 $i_{ch}^{(3)}$ 表示。

$$i_{ch}^{(3)} = \sqrt{2}\,I_{kz}^{(3)} + \sqrt{2}\,I_{kz}^{(3)}\mathrm{e}^{-\frac{0.01}{T_f}} = \sqrt{2}\,I_{kz}^{(3)}\left(1 + \mathrm{e}^{-\frac{0.01}{T_f}}\right) = \sqrt{2}\,K_{ch}I_{kz}^{(3)} \tag{7-29}$$

式中　K_{ch}——冲击系数,$K_{ch} = 1 + \mathrm{e}^{-\frac{0.01}{T_f}}$,当取 $T_f = 0.05$ s 时,$K_{ch} = 1.8$,则

$$i_{ch}^{(3)} = 2.55 I_{kz}^{(3)} \tag{7-30}$$

冲击短路电流是在短路前空载及某相电势过零点瞬间发生三相短路时,在该相出现的最大短路电流值,这种情况下的短路是最严重的短路,所以将以此作为计算短路电流的计算条件。冲击电流发生在短路时恰好 $\psi = 0$ 的相,其他两相短路电流最大瞬时值小于 $2.55 I_{kz}^{(3)}$。

(四)母线残余电压

三相短路时短路点电压为零,距短路点愈远的母线电压愈高。网络中距短路点电抗为 X 的任意点的残余电压,等于三相短路电流通过该电抗时的压降。

达到稳态时的残余电压可用下式计算:

$$U_{rem}^{(3)} = \sqrt{3}\,I_\infty^{(3)}X \tag{7-31}$$

式中　$I_\infty^{(3)}$——稳态短路电流。

用标幺基准值计算时

$$U_{rem*}^{(3)} = \frac{U_{rem}^{(3)}}{U_j} = \frac{\sqrt{3}\,I_\infty^{(3)} X}{\sqrt{3}\,I_j X_j} = I_{\infty*}^{(3)} X_* \tag{7-32}$$

式中的电流标幺值和电抗标幺值,必须对应于同一基准值。

(五)短路功率

系统发生短路时,某点的短路功率,可按下式计算:

$$S_k^{(3)} = \sqrt{3}\,U_p I_{kz}^{(3)} \tag{7-33}$$

式中 U_p——电路的平均额定电压;

$I_{kz}^{(3)}$——流过某点的短路电流周期分量。

由于短路功率是利用平均额定电压计算的,而不是根据残余电压求出的,故短路功率是一个假定值,并非短路时某处的实际功率。

用标幺基准值计算时

$$\left.\begin{aligned} S_k^{(3)} &= \sqrt{3}\,U_p I_{kz}^{(3)} = \sqrt{3}\,U_p \frac{1}{X_{\Sigma*}} \frac{S_j}{\sqrt{3}\,U_p} = \frac{S_j}{X_{\Sigma*}} \\ S_{k*}^{(3)} &= \frac{S_k^{(3)}}{S_j} = \frac{1}{X_{\Sigma*}} = I_{kz*}^{(3)} \end{aligned}\right\} \tag{7-34}$$

可见短路功率的标幺值与短路电流周期分量有效值的标幺值相等。

【例 7-1】 如图 7-11(a)所示计算电路,试计算:

(1)当 $k_1^{(3)}$ 点三相短路时,短路点的稳态短路电流、冲击短路电流、稳态时变压器 115 kV 侧母线的残余电压。

(2)当 $k_2^{(3)}$ 点三相短路时,通过架空线路的稳态短路电流和通过电抗器的冲击短路电流。

解:选取基准值 $S_j = 100$ MVA,$U_j = U_p$,则各元件电抗标幺基准值为

$$X_1 = 0.4 \times 70 \times \frac{100}{115^2} = 0.212$$

$$X_2 = X_3 = X_4 = \frac{10.5}{100} \times \frac{100}{15} = 0.7$$

$$X_5 = \frac{4}{100} \times \frac{6}{\sqrt{3} \times 0.3} \times \frac{100}{6.3^2} = 1.164$$

$$X_6 = X_7 = 0.069 \times 2 \times \frac{100}{6.3^2} = 0.348$$

(1)$k_1^{(3)}$ 点发生三相短路时,等值电路如图 7-11(b)所示,短路回路总电抗为

$$X_\Sigma = X_1 + \frac{1}{3}X_2 = 0.212 + \frac{1}{3} \times 0.7 = 0.445$$

短路进入稳定状态时,非周期分量衰减完毕,短路电流仅为周期分量,稳态短路电流的标幺值为

$$I_{\infty*}^{(3)} = I_{kz*}^{(3)} = \frac{1}{X_{\Sigma*}} = \frac{1}{0.445} = 2.247$$

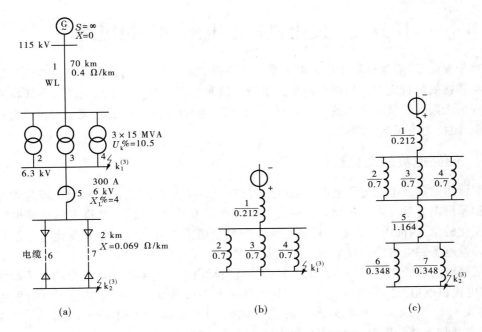

图7-11　例7-1中的计算电路图及其等值电路图

稳态短路电流为

$$I_\infty^{(3)} = 2.247 \times \frac{100}{\sqrt{3} \times 6.3} = 20.592(\text{kA})$$

冲击短路电流为

$$i_{ch}^{(3)} = 2.55 \times 20.592 = 52.51(\text{kA})$$

115 kV 侧母线的残余电压为

$$U_{rem}^{(3)} = I_{\infty *}^{(3)} X_* U_p = 2.247 \times \frac{0.7}{3} \times 115 = 60.295(\text{kV})$$

（2）$k_2^{(3)}$ 点发生三相短路时，等值电路如图7-11（c）所示，短路回路总电抗为

$$X_\Sigma = X_1 + \frac{1}{3}X_2 + X_5 + \frac{1}{2}X_6 = 0.212 + \frac{1}{3} \times 0.7 + 1.164 + \frac{1}{2} \times 0.348 = 1.783$$

稳态短路电流的标幺值为

$$I_{\infty *}^{(3)} = I_{kz *}^{(3)} = \frac{1}{X_{\Sigma *}} = \frac{1}{1.783} = 0.561$$

通过架空线路的稳态短路电流为

$$I_\infty^{(3)} = 0.561 \times \frac{100}{\sqrt{3} \times 115} = 0.282(\text{kA})$$

通过电抗器的冲击短路电流为

$$i_{ch}^{(3)} = 2.55 I_{kz}^{(3)} = 2.55 \times 0.561 \times \frac{100}{\sqrt{3} \times 6.3} = 13.11(\text{kA})$$

任务五　发电机供电电路内三相短路

对于发电厂,除需计算由接入电力系统所提供的短路电流外,还需计算由本电站发电机及相连接的邻近发电厂所提供的短路电流。这种情况针对具体的发电厂,不能将供电电源视为无限大容量电力系统,而应看作一个有限容量的等值发电机,发电机容量为系统总容量,阻抗为系统的总阻抗。

一、短路电流的变化过程

假设短路前发电机处于空载,某相电势过零点时发生三相短路,其短路电流包含周期分量和非周期分量。由于短路电流在发电机中产生去磁电枢反应,使得发电机端电压是一个变化的值,因而由它决定的短路电流周期分量幅值或有效值也随着变化。这是与无限大容量电源供电电路内发生短路的主要区别。

短路电流的变化情况还与发电机是否装有自动电压调整器有关。无自动电压调整器时,发电机供电电路内三相短路电流变化曲线如图7-12所示。某相电势过零点时发生短路(曲线 e),产生衰减的周期分量电流 $i_{kz}^{(3)}$ (曲线1)和衰减的非周期分量电流 $i_{kfz}^{(3)}$ (曲线2),两者叠加得总的短路电流 $i_k^{(3)}$ (曲线3)。发生短路瞬间,即 $t=0$ 时,周期分量电流瞬时值等于负的最大值 $i_{kzm}^{(3)}$,非周期分量电流瞬时值等于正的最大值 $i_{kfzm}^{(3)}$,两者之和等于零。

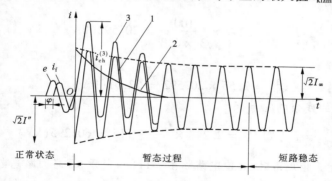

图7-12　无自动电压调整器的发电机供电电路内三相短路电流变化曲线

目前,发电机一般都装有自动电压调整器。当发电机电压变动时,电压调整器能自动调节励磁电流,维持发电机电压在规定范围内。短路发生时,发电机端电压下降,由于自动电压调整器有一定的电磁惯性,又因励磁回路有较大的电感,励磁电流不会立即增大。因此,在短路发生后的短时间内,周期分量的变化和无自动电压调整器时的情况相同。约在 0.2 s 后,由于自动电压调整器的作用使励磁电流逐渐增大,短路电流周期分量也逐渐增大,最后过渡到稳定值。短路的暂态过程结束后的短路电流周期分量有效值称为稳态短路电流,用 I_∞ 表示,其幅值为 $\sqrt{2}I_\infty$,如图7-13所示。

发电机供电电路内三相短路,其短路电流非周期分量产生的原因及变化规律,与无穷大容量电力系统供电的三相短路的非周期分量相同。

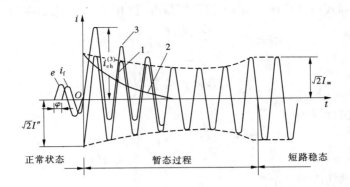

图7-13 有自动电压调整器的发电机供电电路内三相短路电流变化曲线

二、短路电流各量的计算

（一）次暂态短路电流、次暂态短路功率及冲击短路电流

当 $t=0$ s 时，短路电流周期分量的起始有效值称为次暂态短路电流，用 I'' 表示。

不论发电机是否装有自动电压调整器，在短路初始瞬间及以后的几个周期内，短路电流的变化情况相同。因此，短路瞬间的次暂态短路电流和冲击短路电流计算相同。

三相短路时，次暂态短路电流可用下式计算：

$$I'' = \frac{E''}{\sqrt{3}(X''_d + X_w)} = \frac{E''}{\sqrt{3}X_\Sigma} \tag{7-35}$$

式中 E''——发电机次暂态电势；

X''_d——发电机次暂态电抗；

X_w——从发电机端至短路点的外接电抗。

若发电机在短路前已带有额定负荷，考虑到内部阻抗压降，发电机的次暂态电势近似用下式计算：

$$E'' = U_{GN} + \sqrt{3}I_{GN}X''_d\sin\varphi = KU_p \tag{7-36}$$

式中 U_{GN}——发电机额定电压，等于发电机所在电压级的平均额定电压 U_p；

I_{GN}、φ——发电机的额定电流、额定功率因数角；

K——考虑发电机内部阻抗压降的比例系数，对汽轮发电机取 $K=1$；对水轮发电机，当 $X_{js*}>1$ 时取 $K=1$，当 $X_{js*}\leqslant1$ 时按表7-4选取（X_{js*}的意义见本项目任务六）。

表7-4 水轮发电机电压计算系数 K 值

计算电抗 X_{js*}	0.2	0.27	0.30	0.40	0.50	0.75	1.0
无阻尼绕组	—	1.16	1.14	1.10	1.07	1.05	1.03
有阻尼绕组	1.11	1.07	1.07	1.05	1.03	1.02	1.00

由式(7-35)和式(7-36)得,三相次暂态短路电流和次暂态短路功率为

$$I'' = \frac{KU_p}{\sqrt{3}X_\Sigma} \left.\begin{array}{}\\\\\end{array}\right\} \quad (7\text{-}37)$$
$$S''_k = \sqrt{3}U_pI'' = K\frac{U_p^2}{X_\Sigma}$$

用标幺基准值计算为

$$I''_* = \frac{KU_p}{\sqrt{3}X_\Sigma}\frac{\sqrt{3}U_p}{S_j} = \frac{K}{X_\Sigma}\frac{U_p^2}{S_j} = \frac{K}{X_{\Sigma*}} \quad (7\text{-}38)$$

则三相次暂态短路功率可表示为

$$S''_k = \sqrt{3}U_p\frac{K}{X_{\Sigma*}}\frac{S_j}{\sqrt{3}U_p} = \frac{K}{X_{\Sigma*}}S_j \quad (7\text{-}39)$$

冲击短路电流为

$$i_{ch}^{(3)} = \sqrt{2}K_{ch}I'' \quad (7\text{-}40)$$

实用短路计算中,对发电机端取 $K_{ch} = 1.9$,对发电厂高压侧母线取 $K_{ch} = 1.85$,远离发电厂时取 $K_{ch} = 1.8$,则冲击短路电流分别为发电机端 $i_{ch} = 2.7I''$,发电厂高压侧母线 $i_{ch} = 2.6I''$,远离发电厂处 $i_{ch} = 2.55I''$。

(二)短路电流的总有效值与冲击短路电流有效值

在进行电气设备的校验时,要用到任一时刻总的短路电流有效值 I_{kt}(包括周期分量和非周期分量)和冲击短路电流有效值 I_{ch}。

由于周期分量振幅值是变化的,为了计算简便,假定在此周期内周期分量振幅值维持不变,并等于 t 时刻的振幅值 $\sqrt{2}I_{zt}$。则在该周期内,周期分量电流是 $\sqrt{2}I_{zt}\sin(\omega t - 90°)$,非周期分量也近似用该周期的中心值即 t 时刻的数值 I_{fzt} 代替,由此得到

$$i_{kt} = \sqrt{2}I_{zt}\sin(\omega t - 90°) + I_{fzt} \quad (7\text{-}41)$$

任一时刻总的短路电流有效值 I_{kt},是指以 t 时刻为中心的一周期内各瞬时电流的均方根值,即

$$I_{kt} = \sqrt{\frac{1}{T}\int_{t-\frac{T}{2}}^{t+\frac{T}{2}}i_{kt}^2dt} = \sqrt{I_{zt}^2 + I_{fzt}^2} \quad (7\text{-}42)$$

此式表明,任一时刻短路电流的总有效值,等于该时刻的周期分量有效值与非周期分量瞬时值的平方和再开平方。

冲击短路电流有效值,就是短路后 $t = 0.01$ s 时刻总的短路电流有效值。近似计算时,取该时刻周期分量有效值为 I'',故有

$$I_{ch} = \sqrt{I''^2 + \left(\sqrt{2}I''e^{-\frac{0.01}{T_f}}\right)^2} = I''\sqrt{1 + 2(K_{ch} - 1)^2} \quad (7\text{-}43)$$

对应于不同的冲击系数,冲击短路电流有效值分别为:发电机端 $K_{ch} = 1.9$, $I_{ch} = 1.62I''$;发电厂高压侧母线 $K_{ch} = 1.85$, $I_{ch} = 1.56I''$;远离发电厂处 $K_{ch} = 1.8$, $I_{ch} = 1.52I''$。

任务六　运算曲线法计算短路电流

一、计算电抗

短路电流周期分量有效值的变化,不仅与发电机是否装有自动电压调整器有关,而且还和短路点到发电机之间的电距离有关。电距离愈大,发电机端电压下降愈小,周期分量有效值的变化愈小。

电距离的大小可用短路回路的计算电抗表示。短路回路的计算电抗就是取基准功率等于电源总额定容量 $S_{G\Sigma}$ 短路回路总电抗的标幺值,即

$$X_{js*} = X_\Sigma \frac{S_{G\Sigma}}{U_p^2} \tag{7-44}$$

由短路回路总电抗的标幺基准值 $X_{\Sigma*j}$ 求得计算电抗为

$$X_{js*} = X_{\Sigma*j} \frac{U_j^2}{S_j} \frac{S_{G\Sigma}}{U_p^2} = X_{\Sigma*j} \frac{S_{G\Sigma}}{S_j} \tag{7-45}$$

式中　$S_{G\Sigma}$——短路回路的总发电机容量,MVA;

U_p——短路点所在电压级的平均额定电压,kV,取 $U_j = U_p$。

二、运算曲线

发电机供电电路内发生三相短路时,任一时刻 t 的短路电流周期分量有效值 I_{zt} 为

$$I_{zt} = \frac{E_t}{\sqrt{3}(X_d'' + X_w)} \tag{7-46}$$

式中 E_t 是任一时刻 t 的发电机相间电势,随时间而变化。因为确定 E_t 很复杂,故实用计算中,采用运算曲线计算发电机供电电路在短路过程中任何时刻的短路电流周期分量有效值 I_{zt}。

运算曲线是表示发电机三相短路电流周期分量有效值的标幺额定值 I_{zt*} 与短路回路计算电抗 X_{js*} 及短路时间 t 之间的函数关系曲线,即 $I_{zt*} = f(t, X_{js*})$。由于各种类型的发电机参数不同,运算曲线按不同类型发电机的标准参数分别绘出。利用运算曲线计算任一时刻的短路电流周期分量有足够的准确度,而且相当简便,所以得到了广泛应用。运算曲线也可制成运算曲线数字表,便于准确查阅,运算曲线数字表与运算曲线图形一致。各种类型发电机组运算曲线和运算曲线数字表见附录。

在运算曲线中,横坐标表示计算电抗 X_{js*},纵坐标表示三相短路电流周期分量有效值的标幺额定值 I_{zt*},以短路时间 t 作为参变量。所有运算曲线最多只作到 $X_{js*} = 3.45$。因为,当 $X_{js*} > 3.45$ 时,I_{zt*} 随时间变化极小,此时有 $I_{zt} = I'' = I_\infty$,即可按无限大容量电源供电的方法进行计算。所有运算曲线从 $t = 0$ s 到 $t = 4$ s,$t = 4$ s 时短路过程实际上已进入稳态,故有 $I_\infty = I_{z4}$。

三、计算方法

利用运算曲线计算短路电流周期分量的方法有两种:第一种是同一变化法,第二种是个别变化法。

(一)同一变化法

同一变化法是假定各发电机所供短路电流周期分量的变化规律完全相同,忽略发电机的类型、参数以及到短路点的电气距离对周期分量的影响,将所有电源合并为一个等效电源,查同一运算曲线来决定短路电流周期分量。当系统中各电源的特性相同,且距离短路点的电距离相差不大时,可以用这种方法计算。其计算步骤如下:

(1)根据计算电路图作等值电路并化简。将所有供给短路电流的电源合并为一等效电源,最后求出等效电源至短路点之间的总电抗 $X_{\Sigma*}$,并将其换算为计算电抗 X_{js*}。

(2)在全组电源中选取容量较大、距短路点较近的发电机作为代表类型,取其运算曲线作为计算的依据。

(3)由计算电抗 X_{js*} 和短路时间 t 查相应运算曲线,得到不同时刻三相短路电流周期分量有效值的标幺额定值 I_{zt*}。

(4)由查到的标幺额定值 I_{zt*} 计算有名值 I_{zt}。三相短路电流周期分量有效值 I_{zt} 可按下式计算:

$$I_{zt} = I_{zt*} \frac{S_{G_{\Sigma}}}{\sqrt{3}\, U_p} \tag{7-47}$$

式中 $S_{G\Sigma}$ ——等效电源额定容量,MVA;

  U_p ——短路点所在电压级的平均额定电压,kV。

(5)根据需要进一步计算其他相应的参数,如 i_{ch}、I_{ch}、S_k'' 等,最后将所得数据制成短路电流成果表。

同一变化法没有考虑发电机的类型及它们距短路点远近的区别,计算结果主要取决于大功率电源,计算误差较大。且当发电厂与电力系统并列,尤其是与无限大容量系统并列时,不能采用同一变化法。

(二)个别变化法

当网络中各发电机的类型、参数和至短路点的电气距离不同时,它们所产生的短路电流周期分量的变化规律是不同的。所以,先将系统中所有发电机按其类型及距离短路点的远近分为几组,每组用一个等效电源代替,然后对每一个等效电源用相应的运算曲线,分别求出所供短路电流,短路点的短路电流就等于各等效电源所供短路电流之和。这种计算短路电流周期分量的方法称个别变化法。其计算步骤如下:

(1)根据计算电路图作等值电路并化简。将发电机分组,一般分为 2~3 组即可。分组的原则是:宜将与短路点直接相连的同类型发电机分为一组,至短路点的电气距离大致相等的同类型发电机分为一组,至短路点电气距离较远的发电机分为一组。若有无限大容量电源,应单独作为一组电源进行计算。

(2)逐步简化每组等效电源电路。按网络变换规则,消去所有中间节点,仅保留电源点和短路点,最后简化为一从各等效电源至短路点的等值电抗。

（3）求出各支路的计算电抗,然后利用各支路的计算电抗分别查相应的运算曲线,得到各组等效电源支路所供短路电流周期分量有效值的标幺值,并计算出其他相应参数。

（4）将每一组等效电源支路求出的短路电流等数据直接叠加,即得短路点的总的相应数据。

利用个别变化法计算短路电流时,考虑了发电机类型、参数和至短路点的电气距离等因素对短路电流周期分量的影响,因而计算过程复杂,但计算结果较准确。同时,在计算过程中,分别计算出各电源支路向短路点提供的短路电流,可以为各支路中的电气设备选择、继电保护设计等提供数据,因而在实际工程上经常采用。

【例7-2】　求如图7-14所示计算电路中,$k^{(3)}$点短路时的短路电流参数 I''、$I_{z0.2}$、I_{z1}、I_{z2}、I_{z4}、i_{ch}、I_{ch}和短路功率 S''_k,并将结果列入短路电流计算成果表中。

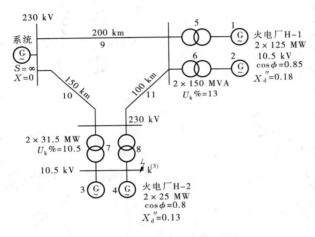

图7-14　例7-2中的计算电路图

解:因为电路中有无限大容量电源,且火电厂 H-1 和 H-2 距离短路点差别较大,故采用个别变化法计算。

（1）计算各元件电抗标幺值并简化等值电路。

取 $S_j = 100$ MVA,$U_j = U_p$,计算各元件电抗标幺基准值为

$$X_1 = X_2 = 0.18 \times \frac{100}{125/0.85} = 0.122$$

$$X_3 = X_4 = 0.13 \times \frac{100}{25/0.8} = 0.416$$

$$X_5 = X_6 = \frac{13}{100} \times \frac{100}{150} = 0.087$$

$$X_7 = X_8 = \frac{10.5}{100} \times \frac{100}{31.5} = 0.333$$

$$X_9 = 0.4 \times 200 \times \frac{100}{230^2} = 0.151$$

$$X_{10} = 0.4 \times 150 \times \frac{100}{230^2} = 0.113$$

$$X_{11} = 0.4 \times 100 \times \frac{100}{230^2} = 0.076$$

按电源的分组原则将所有电源分为系统 C、火电厂 H－1、火电厂 H－2 共三组,作初始等值电路图如图 7-15(a)所示。

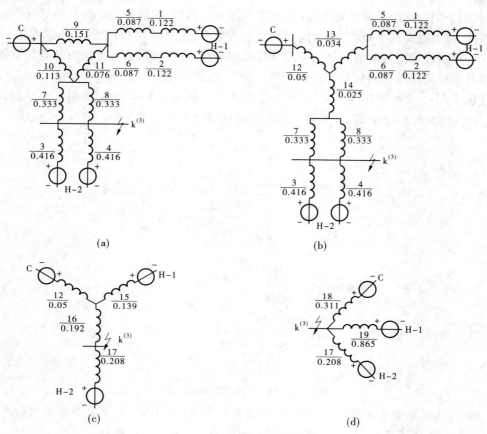

(a)

(b)

(c)

(d)

图 7-15 例 7-2 中的初始等值电路及简化等值电路图

按网络简化原则对初始等值电路逐步进行化简,如图 7-15(b)、(c)、(d)所示,各电抗值计算如下:

$$X_{12} = \frac{X_9 X_{10}}{X_9 + X_{10} + X_{11}} = \frac{0.151 \times 0.113}{0.151 + 0.113 + 0.076} = 0.05$$

$$X_{13} = \frac{X_9 X_{11}}{X_9 + X_{10} + X_{11}} = \frac{0.151 \times 0.076}{0.151 + 0.113 + 0.076} = 0.034$$

$$X_{14} = \frac{X_{10} X_{11}}{X_9 + X_{10} + X_{11}} = \frac{0.113 \times 0.076}{0.151 + 0.113 + 0.076} = 0.025$$

$$X_{15} = \frac{1}{2}(X_1 + X_5) + X_{13} = \frac{1}{2} \times (0.122 + 0.087) + 0.034 = 0.139$$

$$X_{16} = \frac{X_7}{2} + X_{14} = \frac{0.333}{2} + 0.025 = 0.192$$

$$X_{17} = \frac{X_3}{2} = \frac{0.416}{2} = 0.208$$

$$X_{18} = X_{12} + X_{16} + \frac{X_{12}X_{16}}{X_{15}} = 0.05 + 0.192 + \frac{0.05 \times 0.192}{0.139} = 0.311$$

$$X_{19} = X_{15} + X_{16} + \frac{X_{15}X_{16}}{X_{12}} = 0.139 + 0.192 + \frac{0.139 \times 0.192}{0.05} = 0.865$$

最后的简化等值电路如图 7-15(d) 所示。

(2)计算 $k^{(3)}$ 点短路参数。

各分组电源支路供给的短路电流参数分别计算如下:

① 系统 C 支路。

$$I''_* = \frac{1}{0.311} = 3.215$$

$$I'' = 3.215 \times \frac{100}{\sqrt{3} \times 10.5} = 17.68 (\text{kA})$$

取 $K_{ch} = 1.8$,则

$$i_{ch} = 2.55 \times 17.68 = 45.081 (\text{kA})$$
$$I_{ch} = 1.52 \times 17.68 = 26.874 (\text{kA})$$

$$S''_k = \frac{1}{0.311} \times 100 = 321.543 (\text{MVA})$$

(2)火电厂 H-1 支路。

计算电抗:

$$X_{19js} = 0.865 \times \frac{2 \times 125/0.85}{100} = 2.54$$

查附录中汽轮发电机运算曲线数字表,得各时刻短路电流标幺额定值如下:

$$I''_* = 0.402, I_{z0.2*} = 0.385, I_{z1*} = 0.404, I_{z2*} = 0.404, I_{z4*} = 0.404$$

支路电流额定值:

$$I_{N(H-1)} = \frac{2 \times 125/0.85}{\sqrt{3} \times 10.5} = 16.172 (\text{kA})$$

短路电流有名值:

$$I'' = 0.402 \times 16.172 = 6.501 (\text{kA})$$
$$I_{z0.2} = 0.385 \times 16.172 = 6.226 (\text{kA})$$
$$I_{z1} = 0.404 \times 16.172 = 6.533 (\text{kA})$$
$$I_{z2} = 0.404 \times 16.172 = 6.533 (\text{kA})$$
$$I_{z4} = 0.404 \times 16.172 = 6.533 (\text{kA})$$

取 $K_{ch} = 1.8$,则

$$i_{ch} = 2.55 \times 6.501 = 16.578 (\text{kA})$$

$$I_{ch} = 1.52 \times 6.501 = 9.882 (\text{kA})$$

$$S''_k = \sqrt{3} U_p I'' = \sqrt{3} \times 10.5 \times 6.501 = 118.231 (\text{MVA})$$

(3)火电厂 H-2 支路。

计算电抗

$$X_{17js} = 0.208 \times \frac{2 \times 25/0.8}{100} = 0.13$$

查附录中汽轮发电机运算曲线数字表,得各时刻短路电流标幺额定值如下:

$$I''_* = 8.341, I_{z0.2*} = 5.049, I_{z1*} = 3.312, I_{z2*} = 2.802, I_{z4*} = 2.519$$

支路额定电流值:

$$I_{N(H-2)} = \frac{2 \times 25/0.8}{\sqrt{3} \times 10.5} = 3.437(kA)$$

短路电流有名值:

$$I'' = 8.341 \times 3.437 = 28.668(kA)$$
$$I_{z0.2} = 5.049 \times 3.437 = 17.353(kA)$$
$$I_{z1} = 3.312 \times 3.437 = 11.383(kA)$$
$$I_{z2} = 2.802 \times 3.437 = 9.63(kA)$$
$$I_{z4} = 2.519 \times 3.437 = 8.658(kA)$$

取 $K_{ch} = 1.9$,则

$$i_{ch} = 2.7 \times 28.668 = 77.404(kA)$$
$$I_{ch} = 1.62 \times 28.668 = 46.442(kA)$$

$$S''_k = \sqrt{3} U_p I'' = \sqrt{3} \times 10.5 \times 28.668 = 521.372(MVA)$$

短路点的叠加数据为

$$I'' = 17.68 + 6.501 + 28.668 = 52.849(kA)$$
$$I_{z0.2} = 17.68 + 6.226 + 17.353 = 41.259(kA)$$
$$I_{z1} = 17.68 + 6.533 + 11.383 = 35.596(kA)$$
$$I_{z2} = 17.68 + 6.533 + 9.63 = 33.843(kA)$$
$$I_{z4} = 17.68 + 6.533 + 8.658 = 32.871(kA)$$
$$i_{ch} = 45.081 + 16.578 + 77.404 = 139.063(kA)$$
$$I_{ch} = 26.874 + 9.882 + 46.442 = 83.198(kA)$$
$$S''_k = 321.543 + 118.231 + 521.372 = 961.146(MVA)$$

将上述结果填入短路电流计算成果表,如表7-5所示。

表7-5　短路电流计算成果表

	短路点	k(3)			
	平均额定电压(kV)	10.5			
电源支路数据	分组电源名称	系统	火电站 H-1	火电站 H-2	合计
	分组电源种类		火电厂	火电厂	
	分组电源额定容量(MW)	∞	2×125	2×25	
	分组电源额定电流(kA)		16.172	3.437	
	分组电源支路转移电抗标幺基准值	0.311	0.865	0.208	

续表7-5

	分组电源支路计算电抗			2.54	0.13	
短路电流计算数据	$t=0$ s	标幺值 I''_*	3.215	0.402	8.341	
		有名值 I''(kA)	17.68	6.501	28.668	52.849
	$t=0.2$ s	标幺值 $I_{z0.2*}$	3.215	0.385	5.049	
		有名值 $I_{z0.2}$(kA)	17.68	6.226	17.353	41.259
	$t=1$ s	标幺值 I_{z1*}	3.215	0.404	3.312	
		有名值 I_{z1}(kA)	17.68	6.533	11.383	35.596
	$t=2$ s	标幺值 I_{z2*}	3.215	0.404	2.802	
		有名值 I_{z2}(kA)	17.68	6.533	9.63	33.843
	$t=4$ s	标幺值 I_{z4*}	3.215	0.404	2.519	
		有名值 I_{z4}(kA)	17.68	6.533	8.658	32.871
	冲击短路电流 i_{ch}(kA)		45.081	16.578	77.404	139.063
	冲击短路电流有效值 I_{ch}(kA)		26.874	9.882	46.442	83.198
	短路功率 S''_k(MVA)		321.543	118.231	521.372	961.146

工程实例

本工程案例要求运用短路电流实用计算方法,根据所给原始资料及相关数据,对天楼地枕水力发电厂进行最大运行方式下的三相短路电流计算,并按照要求编制计算书,生成短路电流计算成果表。

一、短路电流计算原始资料

(一)电气主接线

天楼地枕水电厂位于恩施市屯堡乡车坝村境内,建在水流湍急的清江干流河道上,是清江干流上游的一座径流引水式水电厂,由引水渠形成水头,压力水经引水管道引入厂房。

天楼地枕水力发电厂于1987年12月开工建设,1994年1月全部机组正式投产发电。水电厂共装设4台立式水轮发电机组,总装机容量25 200 kW(4×6 300 kW),设计年发电量1.34亿kWh,年利用小时5 324 h。

天楼地枕水电厂电气主接线如图7-16所示。水电厂发电机出口侧电压等级为6.3 kV,采用单母分两段的电气主接线方式。4台6.3 kV发电机等分成2组,每组发电机发出的电能分别汇集于3M母线、4M母线,两段母线分别通过2台升压变压器将电压提升至与系统相连。主变高压侧送电电压等级为110 kV,采用单母线带旁路母线的电气主接线方式,设一组单母线1M和一组旁母线2M汇集和分配电能。一回110 kV出线(坝天线),该出线与220 kV龙凤坝变电站连接至无穷大电网系统。

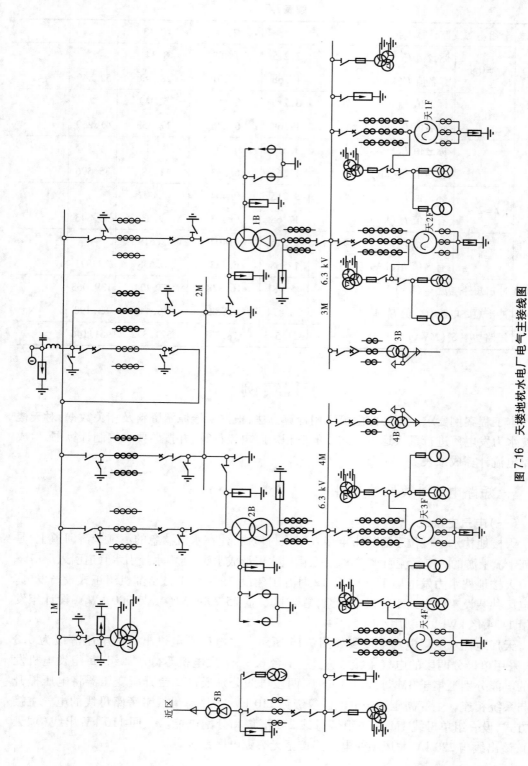

图 7-16 天楼地枕水电厂电气主接线图

水电厂生产的大部分电能送往大电网系统,仅小部分近区负荷,通过近区负荷变压器5B 与渠道及生活用电变压器连接,给近区负荷供电。

　　为了保证厂用电负荷的供电可靠性,装设 2 台厂用变压器3B、4B,2 台厂用变压器通过6.3 kV 断路器分别接在两段发电机母线3M、4M 上,低压侧电压等级为400 V。正常运行情况下,厂用电源由发电机电压母线供给,当出现全厂停机时,可以由大电网通过主变压器倒送厂用电,或由 10 kV 屯罗线经近区变 5B 供给厂用变压器供电,或由附近的车坝三级电站直接向低压间配电屏供给厂用电。

(二)系统参数

　　天楼地枕水电厂通过 110 kV 坝天线与无穷大电网相连,在短路电流计算中,无穷大电网系统归算至本电厂 110 kV 母线侧的系统电抗值如下:

$$X_{s.\,max} = 32.136\,75\ \Omega$$

$$X_{s.\,min} = 23.831\,45\ \Omega$$

(三)发电机参数

型号:SF6300 – 10/260　　　　额定容量:7 875 kVA

额定电压:6.3 kV　　　　　　额定电流:722 A

次暂态电抗:0.21　　　　　　额定转速:600 r/min

(四)主变压器参数

型号:SFL7 – 20000/110　　　额定容量:20 000 kVA

高压侧额定电压:121 kV　　　低压侧额定电压:6.3 kV

高压侧额定电流:95.4 A　　　低压侧额定电流:1 833 A

阻抗电压:10.1%　　　　　　空载电流:0.409%

空载损耗:22.3 kW　　　　　负载损耗:98.6 kW

(五)厂用变压器参数

型号:S7 – 315/10　　　　　额定容量:315 kVA

高压侧额定电压:6.3 kV　　　低压侧额定电压:0.4 kV

高压侧额定电流:28.9 A　　　低压侧额定电流:454.7 A

阻抗电压:3.96%　　　　　　空载损耗:740 W

负载损耗:4 717 W

(六)近区负荷变压器参数

型号:S9 – 630/10　　　　　额定容量:630 kVA

高压侧额定电压:10 kV　　　低压侧额定电压:6.3 kV

高压侧额定电流:36.37 A　　低压侧额定电流:57.7 A

阻抗电压:4.61%　　　　　　负载损耗:6.69 kW

空载损耗:1.1 kW

二、短路电流计算

　　水电厂运行方式:最大运行方式。

　　短路类型:三相对称短路。

短路计算点:110 kV 主母线短路点 $k_1^{(3)}$、6.3 kV 主母线短路点 $k_2^{(3)}$。

短路电流计算采用标幺值,统一选取基准容量 $S_j = 100$ MVA,基准电压为系统平均额定电压进行计算。

思考题

1. 电力系统中发生短路故障的原因有哪些?

2. 短路对电力系统有哪些影响?

3. 常见的短路形式有哪些?

4. 短路电流计算中常涉及哪些电气量? 这些电气量之间有何关联? 按惯例规定哪些是独立的电气量?

5. 什么叫标幺值? 如何选取基准值?

6. 标幺额定值、标幺基准值和百分值分别如何定义? 它们之间怎样进行换算?

7. 如何绘制规范的计算电路图和初始等值电路图?

8. 计算短路电流的步骤有哪几步?

9. 等值电路的化简方法有哪些?

10. 什么叫无限大容量电力系统? 无限大容量电力系统有什么主要特点? 由它供电的电路内发生短路时,系统母线电压和短路电流的周期分量如何变化? 为什么?

11. 什么叫冲击短路电流、次暂态短路电流和稳态短路电流? 计算它们有什么作用?

12. 试计算图7-17所示供电系统中 $k_1^{(3)}$ 和 $k_2^{(3)}$ 点分别发生三相短路时的短路电流、冲击短路电流和短路容量分别为多少?

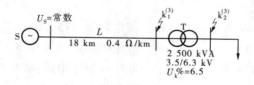

$U_S=$常数

S ~

L
18 km 0.4 Ω/km

T
2 500 kVA
3.5/6.3 kV
$U_k\%=6.5$

$k_1^{(3)}$ $k_2^{(3)}$

图 7-17 计算电路图

13. 发电机供电电路内三相短路电流周期分量如何变化?

14. 发电机供电电路内三相短路电流非周期分量如何变化?

15. 什么叫同一变化法和个别变化法?

16. 在什么情况下要采用个别变化法? 如何将电源进行分组?

17. 如何求计算电抗?

18. 什么叫运算曲线? 运算曲线有何作用?

学习情境八 高压电气设备选型

任务一 短路电流的发热及电动力计算

电气设备工作时,有电流流过设备,将产生各种损耗,主要的损耗是由于电器和载流导体存在着电阻,通过电流时产生的电阻损耗;另外,由于交变磁场的作用,会在附近的铁磁材料内产生磁滞损耗和涡流损耗,以及在绝缘体中产生介质损耗等。这些损耗几乎全部转化为热能,引起电气设备发热,使其温度升高,这就是电流的热效应。

电流流过载流导体引起的发热不仅和电流的大小有关,还与电流持续的时间有关。根据电气设备通过电流的大小和持续的时间,将电气设备的发热分为两种:一是正常情况下通过工作电流产生的长期发热,其发热温度较低但连续持久;二是因短路电流产生的短时发热,其发热温度高但持续时间极短。

一、发热对电气设备的影响

发热时不仅消耗功率,使电气设备温度升高,而且会对电气设备产生很多不良影响。

(1)绝缘性能降低。绝缘材料长期受到高温的作用,将逐渐变脆和老化,以致绝缘材料失去弹性和绝缘性能下降,使用寿命将大大缩短。绝缘材料老化的速度与温度的高低有关,温度越高,老化越快。因此,对不同的绝缘材料,规定了运行中允许发热的最高温度,若使用中超过这一温度,则会加速绝缘材料的老化,大大缩短使用寿命。由于绝缘材料变脆,绝缘强度显著下降,有可能被过电压甚至正常工作电压击穿。

(2)机械强度下降。当温度超过某一允许值后,会使绝缘材料退火软化,机械强度降低。例如,铜导体当温度超过150 ℃时,其抗拉强度便急剧降低,此时若承受较大电动力,电气设备有可能断裂损坏。铝导体当温度超过100 ℃时,也会出现上述情况。

(3)接触电阻增加。导体的接触连接处如果温度过高,接触连接表面会强烈氧化,产生电阻率很高的氧化层,使得接触电阻增加,引起接触部分的温度继续升高,并将产生恶性循环,从而可能导致接触处松动或烧熔。

为了保证电气设备可靠地工作,无论是在长期发热还是在短时发热的情况下,其发热温度都不能超过各自规定的最高温度。电气设备的长期发热允许温度主要由绝缘材料的允许温度和接触部分的允许温度决定,而短时发热允许温度则主要取决于导体的机械强度和绝缘材料的性能。

按照有关规定:铝导体的长期最高允许温度,一般不超过70 ℃,在计及太阳辐射(日照)的影响时,钢芯铝绞线及管型导体,可按不超过80 ℃来考虑。当导体接触面处有镀

（搪）锡的可靠覆盖层时,可提高到 85 ℃。

为了安全运行,必须对电器和载流导体在正常工作和故障（短路）情况下的发热进行计算,保证均不超过相应的最高允许温度。

二、均匀导体的发热计算

均匀导体是指沿全长有相同的截面和相同材料的导体（如母线、电缆）。进行发热计算的目的,就是要分析在不同的发热状况下,电器或载流导体可能达到的最高温度,并与允许温度相比较,以判定该电器或载流导体的热稳定性能。

（一）均匀导体的长期发热

导体的长期发热是指在正常工作情况下通过导体的电流和导体上电压均不超过额定值的发热过程。

导体内不通过电流时,其温度与周围介质温度 θ_0 相等,导体通电后,导体因发热而逐渐升温。若导体通过其额定电流 I_N,则温度将稳定上升到该导体的长期发热允许温度 θ_N。当导体流过最大长期电流 $I_{g.max}$（持续 30 min 以上的最大工作电流）时,则导体的工作温度 θ_g 可用下式计算:

$$\theta_g = \theta_0 + (\theta_N - \theta_{0N})\left(\frac{I_{g.max}}{I_N}\right)^2 \tag{8-1}$$

式中 θ_0——周围空气温度;

θ_{0N}——基准环境温度。

若 θ_g 不超过 θ_N,则认为导体满足长期发热条件。

当周围环境温度与基准环境温度不同时,导体的安全载流量应加以修正,此时导体允许的长期工作电流 I_y（简称载流量）便不是 I_N,其大小为

$$I_y = K_\theta I_N = \sqrt{\frac{\theta_N - \theta_0}{\theta_N - \theta_{0N}}} I_N \tag{8-2}$$

式中 K_θ——温度修正系数,$K_\theta = \sqrt{\dfrac{\theta_N - \theta_0}{\theta_N - \theta_{0N}}}$。

（二）均匀导体的短时发热

与长期发热相比,短时发热时导体中流过的短路电流很大,但持续时间却很短,一般为零点几秒到几秒。由于发热时间很短,发出的热量几乎来不及向周围散热,所以导体的温度在短时间内上升得非常快。

计算短时发热的目的,就是要确定导体可能出现的最高温度,以判断导体是否满足热稳定要求。

导体在短路前后温度的变化如图 8-1 所示。从该图可以看出,短路瞬间 t_1 导体的温度是短路前工作电流产生的温度 θ_g,短路后温度急剧上升,θ_k 是短路后导体的最高发热温度,到时间 t_2 时短路被切除,导体温度

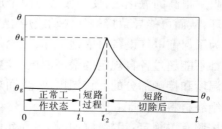

图 8-1 短路前后导体温度的变化示意图

逐渐下降,直至与周围介质的温度 θ_0 相同。

由于短路电流要比额定电流大很多倍,虽然通过的时间极短,但却使温度迅速上升到一个很高的数值,极可能超过短时发热允许温度,使电气设备的相关部分受到损坏。因此电气设备必须进行短时电流热稳定性校验,通过校验确定短路后导体的最高温度 θ_k 是否超过设备短时发热的允许温度 $\theta_{k \cdot y}$。

若导体通过短路电流,在 t s 内产生的热效应 Q_k 不超过导体所允许的热效应 Q_{re},则短路发热的最高温度 θ_k 不超过设备短时发热的允许温度 $\theta_{k \cdot y}$,便可认为导体满足热稳定要求。Q_{re} 的数据一般由制造厂提供,也可查阅相关手册得到。

短路电流由周期分量和非周期分量两部分组成。设其有效值分别为 I_k、I_{kz} 和 I_{kfz},则在任一时刻它们之间有以下关系:

$$I_k^2 = I_{kz}^2 + I_{kfz}^2 \tag{8-3}$$

式中　I_k——短路电流有效值;

　　　I_{kz}——短路电流周期分量有效值;

　　　I_{kfz}——短路电流非周期分量有效值。

故有

$$Q_k = \int_0^{t_k} I_k^2 dt = \int_0^{t_k} I_{kz}^2 dt + \int_0^{t_k} I_{kfz}^2 dt = Q_{kz} + Q_{kfz} \tag{8-4}$$

式中　　Q_{kz}——短路电流的周期分量热效应;

　　　　Q_{kfz}——短路电流的非周期分量热效应。

1. 周期分量热效应值 Q_{kz} 的计算

短路电流的周期分量有效值是一个时间的变量,很难用正确的公式进行计算,在工程实践中,通常采用两种近似方法来求 Q_{kz}。

1) 辛普森公式法计算 Q_{kz}

$$Q_{kz} = \frac{t_k}{12}(I''^2 + 10 I_{kz(t_k/2)}^2 + I_{kz t_k}^2) \tag{8-5}$$

式中　$I_{kz(t_k/2)}$——短路时间为 $\dfrac{t_k}{2}$ s 时的短路电流周期分量有效值。

式(8-5)说明,只要计算出短路电流的起始值、中值和末值,便可方便地求出 Q_{kz} 值,把此方法称为周期分量热效应实用计算法。由于式(8-5)分子上各项的系数分别为 1、10、1,因此该法也叫 1 – 10 – 1 法。这种方法计算工作量小,有足够的准确度,适用于大容量的发电机(大于 50 MW)的情况。

2) 等值时间法

短路电流周期分量在 t_k s 内的热效应 Q_{kz},也可以用发热等值时间法求得。

$$Q_{kz} = \int_0^{t_k} I_{kz}^2 dt = I_\infty^2 t_{kz} \tag{8-6}$$

其物理意义是短路电流周期分量 I_{kz} 在短路电流作用时间 t_k s 内的热效应,与稳态短路电流 I_∞ 在短路电流周期分量发热等值时间 t_{kz} s 内的热效应相同。

2. 非周期分量热效应值 Q_{kfz} 的计算

由式 (8-4)可得

$$Q_{kfz} = \int_0^{t_k} I_{kfz}^2 \, dt \tag{8-7}$$

式中 $I_{kfz} = \sqrt{2}\,I'' e^{-\frac{t}{T_f}}$，代入式(8-7)得

$$Q_{kfz} = \int_0^{t_k} \left(\sqrt{2}\,I'' e^{-\frac{t}{T_f}}\right)^2 dt = T_f I''^2 \left(1 - e^{-\frac{2t_k}{T_f}}\right) \tag{8-8}$$

式中，T_f 为非周期分量衰减时间常数，可取 $0.05\ \text{s}$，短路时间 t_k 至少大于 $0.1\ \text{s}$，式(8-8)后项可以忽略，得

$$Q_{kfz} = T_f I''^2 = 0.05 I''^2 \tag{8-9}$$

对非周期分量热效应值 Q_{kfz} 也可以引入非周期分量发热等值时间 t_{kfz} 的概念，令 $Q_{kfz} = I_\infty^2 t_{kfz} = T_f I''^2$，则

$$t_{kfz} = T_f \left(\frac{I''}{I_\infty}\right)^2 = 0.05 \left(\frac{I''}{I_\infty}\right)^2 = 0.05\beta'' \tag{8-10}$$

于是用等值时间法求总热效应值为

$$Q_k = Q_{kz} + Q_{kfz} = I_\infty^2 \left(t_{kz} + 0.05\beta''\right) = I_\infty^2 t_{js} \tag{8-11}$$

式中 t_{js}——总热效应等值计算时间，$t_{js} = t_{kz} + 0.05\beta''$。

在短路时间 t_k 大于 $1\ \text{s}$ 时，非周期分量的热效应值所占比例很小，可以忽略不计。

三、短路电流的电动力计算

通电导体在磁场中会受到电动力的作用。电力系统中的三相导体，每一相导体均位于其他两相导体产生的磁场中，因此在运行过程中它们都会受到电动力的作用。电器和载流体在正常工作情况下，流过的电流相对较小，所以受到的电动力也不大。但当电网发生短路时，三相导体中将流过巨大的短路电流，这时，载流导体也将承受巨大的电动力，如果导体本身及其支撑物的机械强度不够，就有可能使导体扭曲变形甚至损坏，引起更严重事故。

因此，需要计算在短路冲击电流的作用下载流导体所受到的电动力，也就是对载流导体和电气设备进行短路时电动力稳定性的校验，即计算出在短路电流作用下载流导体所承受的电动力是否符合要求，只有达到规定要求才称为电气设备具有足够的动稳定性。

（一）两平行导体间电动力的计算

当无限长的两平行导体通过电流，并假定电流集中在各导体的轴线时，导体间的相互作用力可用下式计算：

$$F = 2K_x \frac{L}{a} i_1 i_2 \times 10^{-7} \tag{8-12}$$

式中 L——平行导体的长度，m；

a——两导体轴线间的距离，m；

i_1、i_2——两导体分别通过的瞬时电流，A；

K_x——导体截面的形状系数，对圆形、管形导体，$K_x = 1$；对其他截面导体，当 $L \geqslant a$ 时，$K_x \approx 1$；对于矩形截面的导体，其值可以查阅有关技术手册。

电动力的方向与所通过电流的方向有关：当电流方向相同时，导体间产生吸力；而当

电流方向相反时,则产生斥力。

(二)三相短路时电动力计算

发生三相短路时,每相导体所承受的电动力等于该相导体与其他两相之间电动力的矢量和。当三相母线安于同一水平面时,经计算,中间相母线所受到的电动力最大,约比边缘相母线受力大7%。

在三相短路电流作用下,此时中间相母线所受到最大的电动力 $F^{(3)}$ 为

$$F^{(3)} = 1.732 \frac{L}{a} i_{ch}^{(3)2} \times 10^{-7} \tag{8-13}$$

式中　$i_{ch}^{(3)}$——三相短路的冲击短路电流,A;

　　　L——支柱绝缘子间的长度或跨距,m;

　　　a——母线相间距离,m。

此最大电动力大约出现于短路发生后的0.01 s瞬间,完全与三相短路电流最大瞬时值同步。

由于三相短路电流和两相短路电流的关系是 $i_{ch}^{(2)} = \frac{\sqrt{3}}{2} i_{ch}^{(3)}$,所以在同一地点的两相短路故障时平行母线间的最大电动力 $F^{(2)}$ 为

$$F^{(2)} = 2 \times 10^{-7} \frac{L}{a} i_{ch}^{(2)2} = 2 \times 10^{-7} \frac{L}{a} \left[\frac{\sqrt{3}}{2} i_{ch}^{(3)} \right]^2 = 1.5 \frac{L}{a} i_{ch}^{(3)2} \times 10^{-7} \tag{8-14}$$

显然,$F^{(2)} < F^{(3)}$,因此选择电气设备校验动稳定时,均采用三相短路电流进行校验。

任务二　电气设备选择的一般条件

电气设备选择是发电厂设计的主要内容之一。正确地选择电气设备是保证电力系统安全、经济运行的重要条件。

不同类别的电气设备承担的工作任务和工作条件各不相同,因此它们的具体选择方法也不相同。但是,为了保证电力系统安全、可靠及稳定地运行,在选择电气设备时,有些基本要求是相同的。这些基本要求就是电气设备选择的一般条件,也是各种电气设备共有的选择条件,即按正常工作条件选择电气设备的额定电压和额定电流、按短路条件校验设备的热稳定和动稳定。

一、按正常工作条件选择电气设备的额定电压、额定电流

(一)额定电压的选择

电气设备所在的电网因调压或负荷的变化,电网运行电压常高于电网的额定电压,故所选电气设备允许的最高电压 U_y 不得低于所在电网的最高运行电压 $U_{g.max}$,即

$$U_y \geq U_{g.max} \tag{8-15}$$

式中　U_y——电气设备允许的最高电压;

　　　$U_{g.max}$——设备安装处电网最高运行电压。

一般电气设备允许的最高电压为设备额定电压的1.1 ~ 1.15倍,而电网实际运行的

最高电压也不超过其额定电压的 1.1 倍。因此,一般按照电气设备的额定电压 U_N 不低于所在电网的额定电压 U_{Nw} 的条件选择,即

$$U_N \geqslant U_{Nw} \tag{8-16}$$

式中　U_N——电气设备的额定电压;

　　　　U_{Nw}——电网的额定电压。

(二)额定电流的选择

电气设备的额定电流是指在一定的周围环境温度下,电气设备长期允许通过的最大工作电流。选择时应使电气设备的长期发热允许电流 I_y(或额定电流 I_N)不小于其所在回路最大持续工作电流 $I_{g.max}$,即

$$I_N \geqslant I_{g.max} \quad 或 \quad I_y \geqslant I_{g.max} \tag{8-17}$$

按上式选择电气设备的额定电流需要做以下计算。

1. 由额定电流 I_N 修正为允许电流 I_y

应当注意的是,有关手册中给出的各种电气设备的额定电流,都是按标准环境条件确定的。当实际使用环境发生改变时,其长期允许电流应按式(8-2)修正。

2. 各种回路最大长期工作电流的计算

(1)发电机、同步调相机和变压器在电压降低 5% 时出力不变,故其相应回路的 $I_{g.max}$ 应为各自额定电流的 1.05 倍。

(2)若变压器有过负荷运行的可能,$I_{g.max}$ 应按过负荷确定(1.3~2 倍变压器额定电流)。

(3)出线回路的 $I_{g.max}$ 除考虑正常负荷电流(包括线路损耗)外,还应考虑事故时由其他回路转移过来的负荷。

(4)母线分段断路器或母线联络断路器的 $I_{g.max}$ 一般为该母线上最大一台发电机或变压器的计算工作电流。

另外,还应考虑所选设备的安装地点、使用条件、检修和运行等要求,对设备进行种类(屋内或屋外)和型式的选择。

二、按短路条件校验电气设备的热稳定和动稳定

(一)短路电流计算条件

为保证电气设备在短路时也能安全稳定地运行,用于校验动稳定和热稳定以及开断的短路电流,必须是实际可能通过该设备的最大短路电流。它的计算应考虑以下几个方面。

1. 短路类型

必须采用流过电气设备最大的短路电流作为校验电流。一般按三相短路校验。也有少数情况是单相短路电流或两相短路电流大于三相短路电流,这时应按短路电流大者来校验。

2. 容量和接线方式

容量和接线方式按工程设计最终容量计算,为使选定的设备在系统发展时仍能继续适用,一般按 5~10 年远景规划考虑系统容量,其接线应采用可能发生最大短路电流的正常接线方式,但不考虑在切换过程中可能短时并列运行的接线方式(如切换厂用变压器

时的并列)。

3. 短路点的选择

校验电气设备时,必须在计算电路图上确定电气设备处于最严重情况的短路地点,即流过最大短路电流的点,这样的点称为短路计算点。

选择短路计算点的方法说明如下。如图 8-2 所示,选择发电机回路断路器 QF_1,就考虑两个可能的计算点,即 k_1 和 k_2 点,由图可知,k_1 点短路时流过 QF_1 的仅为 G_1 供给的短路电流,而 k_2 点短路时流过 QF_1 的为其他三台发电机和系统供给的短路电流,因此,k_2 点短路时流过 QF_1 的短路电流大,它是选择 QF_1 的短路计算点。同理 QF_2、QF_3 的情况与 QF_1 完全相同。

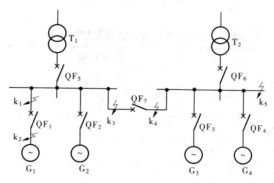

图 8-2　短路计算点示意图

选择分段断路器 QF_7 时,可考虑两种非切换过程的运行方式:第一种是 T_1 和 T_2 并列运行方式,此时由于电路对称,k_3 或 k_4 点短路时通过 QF_7 的短路电流一样大,可任选一处为计算点;第二种是 T_1 检修,但两段发电机电压母线通过 QF_7 并列运行,此时 k_3 点短路,通过 QF_7 的短路电流将由于系统通过 QF_7 的短路电流比第一种运行方式大而严重,因此选 k_3 点作为计算点。同理,在 T_2 检修时,选 k_4 点作为计算点。

选择右边汇流主母线时,由于主母线的损坏将使该段母线上的所有设备长期不能工作,因此必须选择最严重的 k_5 点作为计算点。

(二)电气设备的热稳定校验

通常制造厂直接给出电气设备的热稳定电流(有效值)I_t 及允许通过的持续时间 t。短路电流通过电气设备时,电气设备的各部件温度应不超过允许值,即满足热稳定的一般条件为

$$I_t^2 t \geq Q_k \tag{8-18}$$

式中　$I_t^2 t$——设备所允许承受的热效应;

　　　Q_k——短路时短路电流的热效应,$Q_k = I_\infty^2 t_{kz}$。

(三)电气设备的动稳定校验

动稳定校验的目的是判断初选设备是否能经受得住所在回路的最大短路冲击电流的电动力作用。

对于定型电器产品,制造厂直接或间接给出设备允许的动态峰值电流 i_{max},动稳定条

件简化为

$$i_{max} \geqslant i_{ch} \quad \text{或} \quad I_{max} \geqslant I_{ch} \tag{8-19}$$

式中　i_{ch}、I_{ch}——短路冲击电流幅值及其有效值；

　　　　i_{max}、I_{max}——电气设备允许通过动稳定电流的幅值和有效值。

由于一些电气设备的运行特点,下列几种情况可不校验热稳定和动稳定:

(1)熔断器保护的电气设备不用校验热稳定。

(2)装有限流熔断器保护的电气设备可不校验动稳定。

(3)装设在电压互感器回路中的裸导体和电气设备不用校验热稳定和动稳定。

高压电气设备选择及校验的项目见表 8-1,对于选择及校验的特殊要求将在相应项目任务中介绍。

表 8-1　高压电气设备选择及校验项目

设备名称	选择校验项目					其他校验项目
	额定电压	额定电流	开断电流	短路电流稳定性		
				热稳定	动稳定	
断路器	√	√	√	√	√	
隔离开关	√	√	—	√	√	
熔断器	√	√	√	—	—	选择性
负荷开关	√	√	√	√	√	
母线	—	√	—	√	√	
电缆	√	√	—	√	√	
支柱绝缘子	√	—	—	—	√	
套管绝缘子	√	√	—	√	√	
电流互感器	√	√	—	√	√	准确度及二次负荷
电压互感器	√	—	—	—	—	准确度及二次负荷
限流电抗器	√	√	—	√	√	电压损失校验

注:表中"√"者为应选择或校验项目。

总体来说,电气设备的选择除保证它们安全、可靠地工作外,还必须满足正常运行、检修、短路和过电压情况下的要求,并考虑远景发展,力求技术先进和经济合理,选择导体时尽量减少品种,注意节约投资和运行费用,并顾及与整个工程建设标准协调一致。

任务三　高压开关电器的选择

高压断路器、高压隔离开关以及高压熔断器的选择项目如表 8-2 所示。

表 8-2　高压断路器、高压隔离开关以及高压熔断器的选择项目

项目	额定电压	额定电流	开断电流	短路关合电流	热稳定	动稳定
高压断路器			$I_{Nbr} \geqslant I_{kz}$	$i_{Ncl} \geqslant i_{ch}$		
高压隔离开关	$U_N \geqslant U_{Nw}$	$I_N \geqslant I_{g.max}$	—	—	$I_t \geqslant I_\infty \sqrt{\dfrac{t_{kz}}{t}}$	$i_{max} \geqslant i_{ch}$
高压熔断器			$I_{Nbr} \geqslant I_{ch}$	—		

注:表中各符号意义同下文所述。

一、高压断路器的选择

高压断路器是电力系统中最重要的开关设备,断路器选择内容包括:①型式的选择;②额定电压的选择;③额定电流的选择;④额定短路电流的选择;⑤校验断路器的热稳定;⑥校验断路器的动稳定。

(一)型式的选择

高压断路器型式的选择与其安装场所配电装置的结构等条件有关,选择时应全面了解其使用环境,并结合产品的价格和已运行设备的使用情况加以确定。由于少油断路器制造简单、价格便宜、维护工作量较少,故在 3 ~ 220 kV 系统中应用较广,但近年来,真空断路器在 35 kV 及以下系统中得到广泛应用,有取代油断路器的趋势。SF$_6$ 断路器也已向中压 10 ~ 35 kV 系统发展,并在城乡电网的建设和改造中获得广泛应用。

(二)额定电压的选择

高压断路器的额定电压 U_N 不低于断路器安装处电网的额定电压 U_{Nw},即

$$U_N \geqslant U_{Nw} \tag{8-20}$$

(三)额定电流的选择

断路器的额定电流 I_N 不小于安装回路的最大持续工作电流 $I_{g.max}$,即

$$I_N \geqslant I_{g.max} \tag{8-21}$$

当断路器实际使用的环境温度 θ 不同于给定的标准环境温度时,其允许电流不再等于额定电流 I_N,此时应进行修正,修正方法如前所述,并按修正后的长期允许电流与最大持续工作电流进行比较。

(四)额定短路电流的选择

在额定电压下,断路器应能正常开断的最大短路电流称为额定短路电流。额定短路电流反映了断路器开断短路电流的能力。断路器额定短路电流 I_{Nbr} 不小于实际开断瞬间的短路电流周期分量 I_{kz},即

$$I_{Nbr} \geqslant I_{kz} \tag{8-22}$$

式中　I_{Nbr}——断路器的额定短路电流;

I_{kz}——断路器触头开断瞬间的短路电流周期分量的有效值。

当断路器的额定短路电流较系统的短路电流大很多时,也可以按次暂态电流进行选择,即 $I_{Nbr} \geqslant I''$。

我国生产的高压断路器在做型式试验时,仅计入了 20% 的非周期分量。一般中速、慢速断路器,由于开断时间较长(大于 0.1 s),短路电流非周期分量衰减较多,能满足国

家标准规定的非周期分量不超过周期分量幅值 20% 的要求。使用快速保护和高速断路器时,其开断时间小于 0.1 s,当在电源附近短路时,短路电流的非周期分量可能超过周期分量的 20% ,因此需要进行验算。短路电流的计算方法可参考有关手册,如果计算结果是非周期分量超过周期分量的 20% 以上,订货时需要向厂家提出要求。

为了确定上式中的短路电流,应正确选择短路点、短路类型和断路器触头开断时的计算时间。

若断路器装设在低于其额定电压的电网中,开断电流 I_{br} 相应提高,并按下式换算:

$$I_{br} = I_{Nbr} \frac{U_N}{U} \tag{8-23}$$

式中　U_N——断路器的额定电压;

　　U——电网电压;

　　I_{br}——对应于电网电压 U 下的断路器极限开断电流。

（五）短路关合电流的选择

在断路器合闸之前,若线路上已经存在短路故障,则在合闸过程中,动、静触头间在未接触时已经有巨大的短路电流流过(预击穿),容易发生触头熔焊和遭到电动力损坏,且断路器在关合短路电流时,不可避免地会在接通后又自动跳闸,此时还要求断路器能够切断短路电流,所以额定关合电流也是断路器的重要参数之一。为了保证断路器在关合短路电流时的安全,断路器的额定关合电流 i_{Ncl} 不应小于短路电流最大冲击值 i_{ch} ,即

$$i_{Ncl} \geqslant i_{ch} \tag{8-24}$$

一般断路器额定关合电流不会大于额定动稳态电流 i_{max} ,因为 $i_{Ncl} \geqslant i_{ch}$,则有 $i_{max} \geqslant i_{ch}$ 。

（六）断路器热稳定校验

按式(8-18)校验断路器的热稳定,即满足热稳定的条件是 $I_t^2 t \geqslant Q_k$ 。

（七）断路器动稳定校验

按式(8-19)校验断路器的动稳定,即满足动稳定的条件是 $i_{max} \geqslant i_{ch}$ 或 $I_{max} \geqslant I_{ch}$ 。

【例 8-1】 某水电站内发电机的铭牌数据如下:系统至发电机出口等值电抗为 1.26（基准容量 100 MVA）,系统等值发电机容量为 1 000 MVA,发电机主保护动作时间 $t_{p1} = 0.06$ s,后备保护时间 $t_{p2} = 3.01$ s。断路器为室内布置,环境温度为 +40 ℃,接线如图 8-3 所示。$P_{GN} = 10$ MW,$U_{GN} = 10.5$ kV,$\cos\varphi_N = 0.85$,$X_d'' = 0.231$。试选择发电机出口断路器型号。

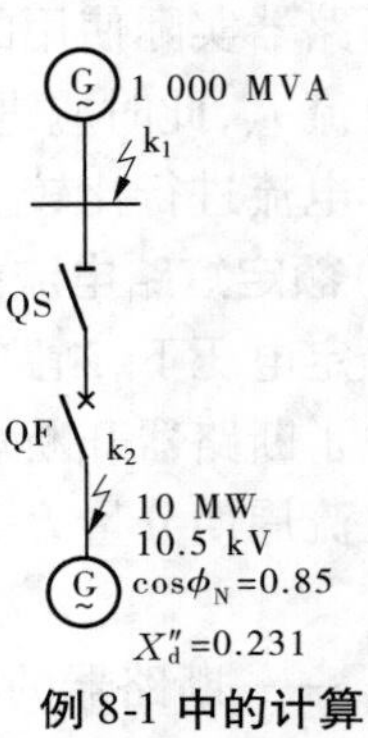

解:（1）初选断路器型号。

发电机回路的最大长期工作电流为

图 8-3　例 8-1 中的计算电路图

$$I_{g.max} = 1.05 \times \frac{P_{GN}}{\sqrt{3} \, U_{GN} \cos\varphi_N}$$

$$= 1.05 \times \frac{10}{\sqrt{3} \times 10.5 \times 0.85} = 0.679(kA)$$

根据 $U_{GN} = 10.5$ kV、$I_{g.max} = 0.679$ kA 及屋内布置要求,查附录,初选断路器的型号为 ZN－10 型真空断路器,其额定技术数据为:$U_N = 10$ kV,$I_N = 1\,000$ A,额定短路电流 $I_{Nbr} = 17.3$ kA,动稳定电流 $i_{max} = 44$ kA,热稳定电流及时间 $I_t = 17.3$ kA(4 s),固有分闸时间 $t_g = 0.07$ s,燃弧时间 $t_h = 0.02$ s。

(2)确定短路计算点及相应短路电流。

短路热稳定计算时间:$t_k = t_{p2} + t_g + t_h$。

$$t_k = 3.01 + 0.07 + 0.02 = 3.1(s)$$
$$0.5t_k = 0.5 \times 3.1 = 1.55(s)$$

短路最短切断计算时间:$t_1 = t_{p1} + t_g$。

$$t_1 = 0.06 + 0.07 = 0.13(s)$$

设 k_1 点短路,系统至 k_1 点的计算电抗:

$$X_{s*} = 1.26 \times \frac{1\,000}{100} = 12.6 > 3$$

则系统提供的短路电流为

$$I'' = I_t \frac{1}{12.6} \times \frac{1\,000}{\sqrt{3} \times 10.5} = 4.364(kA)$$
$$i_{ch} = 2.55I'' = 2.55 \times 4.364 = 11.128(kA)$$

由发电机提供的短路电流,可由 $X''_{d*} = 0.231$,直接查水轮机发电机运算曲线得 $I''_* = 4.85$,$I_{1.55*} = 3.3$,$I_{3.1*} = 3.22$。

其电流基准值为

$$I_j = \frac{P_{GN}}{\sqrt{3} U_{GN} \cos\varphi_N} = \frac{10}{\sqrt{3} \times 10.5 \times 0.85} = 0.647(kA)$$

各有名值分别为

$$I'' = I''_* I_j = 4.85 \times 0.647 = 3.14(kA)$$
$$I_{1.55} = I_{1.55*} I_j = 3.3 \times 0.647 = 2.14(kA)$$
$$I_{3.1} = I_{3.1*} I_j = 3.22 \times 0.647 = 2.08(kA)$$
$$i_{ch} = \sqrt{2} K_{ch} I'' = \sqrt{2} \times 1.9 \times 3.14 = 8.44(kA)$$

可见,发电机提供的短路电流数值很大,故取 k_1 点为短路计算点(如 k_2 点短路,则仅有系统提供的短路电流流经断路器,比较小)。

(3)校验断路器的开断能力。

因为 $t_1 = 0.13$ s > 0.1 s 故可以用 I'' 作开断电流,$I'' = 3.14$ kA < 17.3 kA,故满足要求。

(4)校验动稳定。

$i_{ch} = 8.44$ kA < 44 kA,故满足要求。

(5)校验热稳定。

因为 $t_k = 3.1$ s > 1 s,故不计非周期分量的发热影响。

$$Q_k = \frac{t_k}{12}(I''^2 + 10I^2_{kz(t_k/2)} + I^2_{kzt_k})$$

$$Q_k = \frac{3.1}{12}(3.14^2 + 10 \times 2.14^2 + 2.08^2) = 15.5 \text{ kA}^2 \cdot s < 17.3^2 \times 4 = 1\,197.2 \text{ kA}^2 \cdot s$$

以上计算表明,选 ZN – 10 型真空断路器可满足各项要求。

二、隔离开关的选择

隔离开关的选择要求和方法与高压断路器基本相同,除不必要验算其开断能力外,还要注意以下两方面的问题。

(一)型式的选择

隔离开关型式较多,应根据屋内外环境及其布置特点,按电压等级和使用要求等因素选型。尤其户外隔离开关的型式比较多,对配电装置的布置和占地面积影响很大,因此其型式应根据配电装置的特点和要求以及技术经济条件来确定。

户内隔离开关:6 ~ 10 kV 开关柜常用 GN_6、GN_8 和 GN_{19} 等系列;35 kV 的常用 GN_2 系列。

户外隔离开关:均有防污秽型供选用。GW_4 和 GW_5 等系列根据需要还可选择带一侧或两侧接地刀闸。

屋外配电装置:35 ~ 110 kV 的隔离开关现普遍使用 GW_4 和 GW_5 两个系列。6 ~ 10 kV 的常用 GW_1 和 GW_9 系列。GW_9 基础板倒挂、单极、无操动机构,用绝缘钩棒分相操作,适用于户外布置。单柱式的 GW_8 系列专用作主变中性点隔离开关。

(二)参数的选择

隔离开关的参数,参照表 8-2,按电气设备的一般选择条件进行选择。在选择隔离开关额定电流时宜稍留有裕度,因为隔离开关触头长期外露,易受污秽直接影响引起接触状态恶化、过载能力低。对装设有接地闸刀的,还应根据其安装处的短路电流校验接地闸刀的动、热稳定。

【例 8-2】 试选择例 8-1 中的隔离开关的型号。

解:由 $U_{Nw} = 10$ kV,$I_{g.max} = 0.679$ kA,查附录,选 $GN_8 – 10/1000$ 型隔离开关可满足要求。动稳定峰值电流 $i_{max} = 75$ kA,热稳定电流及时间 $I_t^2 t = 30^2 \times 5 = 4\ 500\,(kA^2 \cdot s)$。表 8-3 中列出所选断路器和隔离开关的各项数据。

表 8-3 高压断路器与隔离开关选择结果

电路计算结果		项目	ZN – 10 型真空断路器	$GN_8 – 10/1000$ 型隔离开关
U_{Nw}	10 kV	U_N	10 kV	10 kV
$I_{g.max}$	0.679 kA	I_N	1 kA	1 kA
I''	3.14 kA	I_{Nbr}	17.3 kA	—
i_{ch}	8.44 kA	i_{max}	44 kA	75 kA
Q_k	15.5 kA² · s	$I_t^2 t$	$17.3^2 \times 4 = 1\ 197.2\,(kA^2 \cdot s)$	$30^2 \times 5 = 4\ 500\,(kA^2 \cdot s)$

三、高压熔断器的选择

高压熔断器按型式、额定电压、额定电流、开断电流和保护的选择性等项来选择和校验。

（一）型式的选择

水电站和变电所常用的高压熔断器有两大类，一类是户内熔断器，另一类是户外熔断器。按环境条件选择合适的类型，必须注意户内型的熔断器绝对不能用于户外的场所，还应注意区分限流型和非限流型、跌落式和非跌落式的不同使用条件。

（1）户内熔断器用来保护电压互感器的选 RN_6 或 RN_2 型，保护电力变压器、电力电容器或配电线路的选 RN_5、RN_3 或 RN_1 型。它们均有 6 kV、10 kV 和 35 kV 等电压等级，都属限流型。

（2）户外熔断器的型式取决于电压等级。6～10 kV 可选用 RW_7、RW_4、RW_3 和防污的 RW_{11} 型。它们都是跌落式、非限流型，用于保护配电变压器和配电线路。35 kV 可选用 RW_5-35、$RW_{10}-35$ 或 RXW_0-35 等型。前一种属于跌落式、非限流型，用于保护配电变压器和配电线路；后两种属于非跌落式、限流型，可用于保护配电变压器，也可选用 0.5 A 熔体保护 35 kV 电压互感器。

（二）额定电压的选择

一般熔断器的额定电压 U_N 不低于所在电网额定电压 U_{Nw}，即

$$U_N \geqslant U_{Nw} \tag{8-25}$$

但对于限流型的熔断器，则不宜使用在低于熔断器额定电压的电网中，即只能按 $U_N = U_{Nw}$ 的条件选择。这是因为这种熔断器灭弧能力很强，能在短路电流达到最大值之前将电流截断，致使熔断器熔断时产生过电压。若将限流型熔断器用在低于其额定电压的电网中，过电压可能达到 3.5～4 倍电网相电压，将使电网产生电晕，甚至损坏电网中的电气设备。如果将限流型熔断器用在高于其额定电压的电网中，则熔断器产生的过电压将引起电弧重燃，并无法熄灭，使熔断器烧坏。当用于与其额定电压相等的电网中，熔断时的过电压仅为 2～2.5 倍电网相电压，仅比设备的线电压略高一些，不会超过电网中电气设备的绝缘水平。所以，对这类熔断器要求只能使用在与其自身额定电压相等的电网中，以免造成严重过电压。

（三）额定电流的选择

额定电流的选择包括熔管额定电流的选择和熔体额定电流的选择。

1. 熔管额定电流的选择

为保证熔断器外壳不受损坏，要求熔断器熔体先于外壳熔断，即

$$I_{N \cdot ft} \geqslant I_{N \cdot fs} \tag{8-26}$$

式中　$I_{N \cdot ft}$——熔管的额定电流；

　　　$I_{N \cdot fs}$——熔体的额定电流。

2. 熔体额定电流的选择

为防止熔体在通过变压器的励磁涌流和保护范围以外的短路以及电动机自启动等冲击电流时误动作，应按下列方法选择：

（1）保护 35 kV 及以下电压等级电力变压器的高压熔断器，其熔体额定电流选择条件为

$$I_{N \cdot fs} = K_k I_{g \cdot max} \tag{8-27}$$

式中　$I_{g \cdot max}$——熔断器所在回路的最大持续工作电流；

K_k——可靠系数,不计电动机自启动时 $K_k = 1.1 \sim 1.3$;若考虑电动机自启动,则 $K_k = 1.5 \sim 2.0$。

(2)保护电力电容器的高压熔断器,熔体额定电流选择条件为

$$I_{N \cdot fs} = K_k I_{NC} \tag{8-28}$$

式中　I_{NC}——电力电容器回路的额定电流;

K_k——可靠系数,对限流熔断器取 $K_k = 1.5 \sim 2.0$(一台电容器)或 $K_k = 1.3 \sim 1.8$(一组电容器),对跌落式熔断器取 $K_k = 1.2 \sim 1.3$。

熔体额定电流分为 2 A、3 A、5 A、7.5 A、10 A、15 A、20 A、30 A、40 A、50 A、75 A 等级。由上述 K_k 取值范围计算出的熔体电流范围中,一般包含 1~2 个额定电流等级。

(3)专用于保护电压互感器的熔断器,其熔体的额定电流均为 0.5 A。

(四)额定短路电流的校验

高压熔断器的作用是保护所在回路的电气设备,所以它必须具有可靠地切断短路电流的能力。

对于非限流型熔断器,选择时用冲击电流的有效值 I_{ch} 进行校验,故校验条件为

$$I_{Nbr} \geq I_{ch} \tag{8-29}$$

式中　I_{Nbr}——熔断器的额定短路电流;

I_{ch}——短路冲击电流的有效值。

对于限流型熔断器,在电流最大值之前已经截断,一般不出现非周期分量,可不考虑非周期分量影响,而采用 I'' 进行校验。故校验条件为

$$I_{Nbr} \geq I'' \tag{8-30}$$

式中　I''——次暂态电流有效值。

熔断器不需校验动稳定和热稳定,只需满足开断条件就同时满足了动、热稳定。

(五)高压熔断器选择性的校验

熔断器是一种简单的保护装置,也应满足保护的选择性。选择时应注意两级熔断器之间,以及熔断器与电源侧保护装置、负荷侧保护装置之间的配合。

为了保证前、后两级熔断器之间或熔断器与电源(或负荷)保护装置之间动作的选择性,应进行熔体选择性校验。各种型号熔断器的熔体熔断时间可从制造厂商提供的安秒特性曲线上查出。图 8-4 所示为两个不同熔体的安秒特性曲线($I_{N \cdot fs1} < I_{N \cdot fs2}$),同一电流同时通过这两个熔断器时,熔体 1 先熔断。因此,为了保证动作的选择性,前一级的熔体应采用熔体 1,后一级的熔体应采用熔体 2。

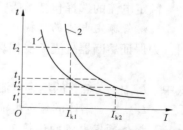

图 8-4　不同熔体的安秒特性曲线

四、负荷开关的选择

(一)开断能力校验

负荷开关能开断过负荷电流,也能关合一定的短路电流,但不能开断短路电流。它常和高压熔断器串联使用,或在小容量范围内代替断路器。有的负荷开关已与熔断器组成

一体,有的则分立。但不管哪一种,负荷开关的本体选择条件是一样的。其开断能力校验为

$$I_{Nbr} \geq I_{g.max} \tag{8-31}$$

式中　$I_{g.max}$——最大过负荷电流。

（二）动稳定校验

负荷开关动稳定校验与串联熔断器的类型有关。因为一般串联限流型熔断器的熔断过程几乎不出现非周期分量,故校验条件为

$$i_{max} \geq \sqrt{2}I'' \tag{8-32}$$

式中　i_{max}——负荷开关按动稳定要求允许通过的最大峰值电流。

由于电路受本级熔断器保护,负荷开关不需要校验热稳定性。

任务四　母线、电缆及绝缘子的选择

一、母线的选择

母线选择的主要内容包括母线型式(母线材料、截面形状、布置方式)的选择、母线截面面积的选择,并对母线进行热稳定和动稳定校验。对于 110 kV 以上的母线应校验其是否发生电晕,对重要的和大电流的母线,应校验其共振频率。

（一）型式的选择

在中小型发电厂中,屋内装置通常采用单片矩形铝母线,并主要根据三相水平或竖直排列的需要,按图 8-5 所示选择布置方式。35 ~ 110 kV 屋外装置一般采用钢芯铝绞线,10 kV 及以下屋外装置则根据情况,采用钢芯铝绞线或铝绞线或铝排。

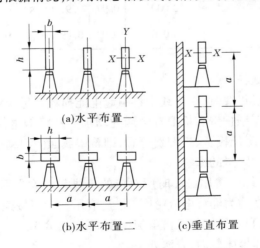

(a)水平布置一

(b)水平布置二　　(c)垂直布置

图 8-5　矩形母线的布置方式示意图

（二）母线截面面积的选择

母线截面面积的选择有两种方法:一是按最大长期工作电流选择,二是按经济电流密度选择。发电厂的主母线和引下线以及持续电流较小、年利用小时数较低的其他回路的

导线,一般按最大长期工作电流选择母线截面;而发电机出口母线,以及年平均负荷较大、长度在 20 m 以上的导线,则应按经济电流密度选择母线截面。

1. 按最大长期工作电流选择

为保证母线正常工作时的温度不超过允许值,因此通过母线的最大长期工作电流 $I_{g \cdot max}$ 不应大于母线长期允许电流 I_y,即

$$KI_y \geq I_{g \cdot max} \tag{8-33}$$

式中　I_y——对应于规定的环境温度及放置方式的母线允许电流;

　　　K——综合修正系数,与环境温度和导体连接方式等有关。

主母线各段的工作电流是不同的,要根据接线图计算。但为了安装与维修方便,通常按各种运行方式下有可能流过的最大电流的那段来选择,将母线全长都选择成同一截面。

对于户外钢芯铝绞线,由于风速、日照和海拔高度的影响,长期发热允许温度可按不超过 +80 ℃ 考虑,当导体接触面处有镀锡的可靠覆盖层时,长期发热允许温度可提高至 +85 ℃,母线的额定载流量也相应提高。此时的综合修正系数 K 可直接查表 8-4。

表 8-4　裸导体在不同海拔高度及环境温度时的综合修正系数 K

长期发热允许温度(℃)	适用范围	海拔高度(m)	实际环境温度 θ_0(℃)						
			+20	+25	+30	+35	+40	+45	+50
70	户内矩形导体及不计日照的户外软导体		1.05	1.00	0.94	0.88	0.81	0.74	0.67
80	计日照的户外软导体	1 000 及以下	1.05	1.00	0.95	0.89	0.83	0.76	0.69
		2 000	1.01	0.96	0.91	0.85	0.79		
		3 000	0.97	0.92	0.87	0.81	0.75		
		4 000	0.93	0.89	0.84	0.77	0.71		

2. 按经济电流密度选择

当正常工作电流通过母线时,在母线中将引起电能损耗。母线截面面积越大,电能损耗越小,但初期投资费、年维护费和折旧费会因此增加。从降低电能损耗的角度看,母线截面面积越大越好,但从降低投资、折旧费等看,则希望截面面积越小越好,因此在选择母线截面时要综合考虑各种因素的影响。

综合这些因素,使年综合费用最小时所对应的母线截面称为母线的经济截面 S_{ec},对应于经济截面的电流密度称为经济电流密度,用 J_{ec} 表示。为了按经济条件选择母线或导线截面,我国规定了母线和裸导体的经济电流密度值,见表 8-5。

按经济电流密度选择母线截面,方法如下:

(1)根据确定的母线材料和最大负荷年利用小时 T_{max},由表 8-5 查出经济电流密度 J_{ec}。

表 8-5　经济电流密度　　　　　　　　　　（单位: A/mm²）

导线材料	最大负荷利用小时数(h)			导线材料	最大负荷利用小时数(h)		
	3 000 以下	3 000 ~ 5 000	5 000 以上		3 000 以下	3 000 ~ 5 000	5 000 以上
铝母线和裸导体	1.65	1.15	0.9	铝芯电缆	1.92	1.73	1.54
铜母线和裸导体	3.0	2.25	1.75	铜芯电缆	2.5	2.25	2.0

(2)计算经济截面 S_{ec},即

$$S_{ec} = \frac{I_{g \cdot max}}{J_{ec}} \qquad (8-34)$$

式中　S_{ec}——经济截面;

　　　$I_{g \cdot max}$——正常工作情况下的电路中的最大持续工作电流;

　　　J_{ec}——经济电流密度,可按最大负荷利用小时数 T_{max} 查表 8-5 即得。

计算 S_{ec} 之后,按此选择母线标准截面 S,使其尽量接近经济截面 S_{ec}。若无合适的标准截面,允许略小于 S_{ec},但要同时满足式(8-33)的要求。

(三)母线热稳定校验

按正常电流及经济电流密度选出母线截面后,还应进行热稳定校验。进行母线热稳定校验之前,应先计算短路前母线通过最大持续工作电流 $I_{g \cdot max}$ 的稳定温度 θ_g。

按热稳定要求的导体最小截面为

$$S_{min} = \frac{I_\infty}{C} \sqrt{t_{kz} K_s} \qquad (8-35)$$

式中　I_∞——短路电流的稳态值;

　　　K_s——集肤效应系数,对于截面面积在 100 mm² 以下的矩形母线,$K_s = 1$;

　　　t_{kz}——热稳定计算时间;

　　　C——母线材料的热稳定系数。

热稳定系数反映每单位截面面积的导体承载短路电流热效应值的能力,其值取决于导体种类及正常最高工作温度,而与导体的尺寸无关。热稳定系数 C 值如表 8-6 所示。

表 8-6　母线的热稳定系数 C 值

导体材料及短时发热允许温度 θ_N (℃)	短路前稳定温度 θ_g (℃)										
	40	45	50	55	60	65	70	75	80	85	90
铝　200	99	97	95	93	91	89	87	85	83	81	79
铜　300	186	183	181	179	176	174	171	169	166	164	161

(四)母线动稳定校验

发电厂中各种截面形状的硬母线均被安装在支柱绝缘子上,当母线通过冲击短路电

流时,作用在母线上的电动力可能使其弯曲,严重时可能使母线结构损坏,因此必须进行母线动稳定校验。

母线通常每隔一定距离由绝缘瓷瓶自由支撑。因此,当母线受电动力作用时,可以将母线看成一个多跨距载荷均匀分布的梁,当跨距段在两段以上时,其最大弯曲力矩 M 为

$$M = \frac{F_{\max} l}{10} \tag{8-36}$$

若只有两段跨距,则

$$M = \frac{F_{\max} l}{8} \tag{8-37}$$

式中　l——母线的跨距;

　　　$F_{\max}$——一个跨距长度母线所受的电动力。

母线材料在弯曲时最大相间计算应力为

$$\sigma_{\max} = \frac{M}{W} \tag{8-38}$$

式中　W——母线对垂直于作用力方向轴的截面系数,也称抗弯矩,m^3,其值与母线截面形状及布置方式有关,如表 8-7 所示。

表 8-7　母线截面体系

导体布置方式			截面系数 W
A 相	B 相	C 相	
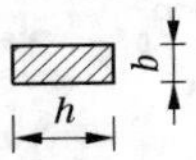		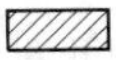	$bh^2/6$
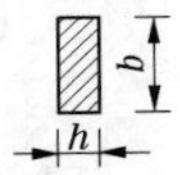			$b^2h/6$
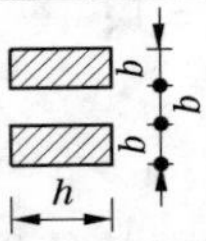	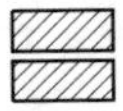	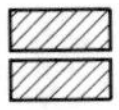	$0.333bh^2$
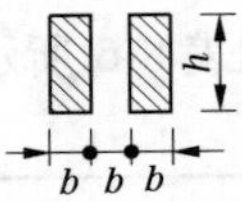			$1.44b^2h$
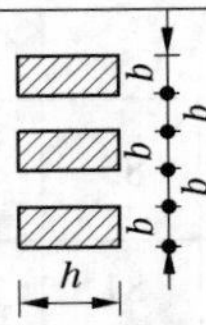	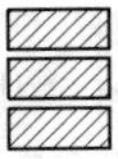	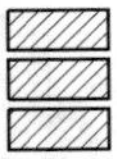	$0.5bh^2$
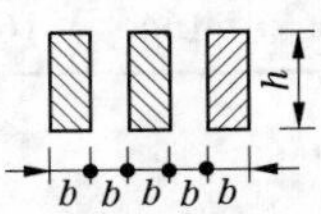	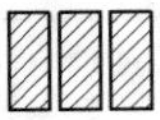	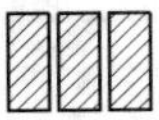	$3.3b^2h$

短路时为保证母线不变形或不损坏,装在支柱绝缘子上的硬母线的最大允许应力 σ_y 应不小于短路时母线中所产生的最大应力 σ_{max},否则将产生变形或损坏,即

$$\sigma_y \geq \sigma_{max} \tag{8-39}$$

式中　　σ_y——硬母线最大允许应力(硬铝为 69 MPa、硬铜为 137 MPa、钢为 157 MPa);

　　　　σ_{max}——短路时母线中的最大应力。

如果校验时,$\sigma_y \leq \sigma_{max}$,则必须采取措施减小母线短路时的最大应力。具体措施有:将母线由竖放改为平放;增加母线截面;增设电抗来限制短路电流的大小,使最大应力 σ_{max} 大大减小;增加相间的间距;减小母线跨距的尺寸等。

当矩形母线水平放置时,为了避免母线因自身重量而过分弯曲,要求所选用的绝缘子跨距一般不超过 1.5 ~ 2 m。考虑到绝缘子支座及引下线安装方便,常取绝缘子跨距等于配电装置间隔的宽度。

对于户外软导线可不进行机械强度方面的校验。

【例 8-3】　降压变电所中的一变压器,容量为 7 500 kVA,其二次母线电压为 10 kV,二次母线上短路电流为 $I'' = I_\infty = 5.5$ kA,短路电流热效应时间为 1.1 s,试根据已知条件选择 10 kV 的矩形母线以及绝缘瓷瓶。已知母线以及绝缘瓷瓶拟装于 JYN2 - 10 型高压开关柜中,呈垂直布置,且矩形母线平放于支持瓷瓶上,母线相间距离 $a = 250$ mm,跨距长取决于柜宽,即 $l = 1\,000$ mm,取母线的形状系数 $K_x = 1$,年最大负荷利用小时数为 6 000 h,环境温度为 30 ℃。

解:母线的最大工作电流为

$$I_{g.\,max} = 1.05 \times \frac{S_N}{\sqrt{3}\,U_N} = 1.05 \times \frac{7\,500}{\sqrt{3} \times 10} = 455(A)$$

根据允许发热条件,按附录选取 40×5 mm² 的矩形铝母线,其允许电流为 515 A,考虑到环境温度修正系数,实际允许载流量为

$$I_y = K_\theta I_N = \sqrt{\frac{\theta_N - \theta_0}{\theta_N - \theta_{0N}}}\,I_N = \sqrt{\frac{70 - 30}{70 - 25}} \times 515 = 485\ A > 455(A)$$

如果母线较长,应按经济电流密度选择母线截面。根据表 8-5 查得 $J_{ec} = 0.9$ A/mm²,则经济截面为

$$S_{ec} = \frac{I_{g.\,max}}{J_{ec}} = \frac{455}{0.9} = 506(mm^2)$$

为节省母线材料,初步选取相邻较小的标准截面 $S = 63 \times 6.3$ mm²,但还需进行热稳定和动稳定校验。

由题意得:$I'' = I_\infty = 5.5$ kA,$t_{kz} = 1.1$ s,并由表 8-6 查得母线材料的热稳定系数 $C = 95$ 和查附录得集肤效应系数 $K_s = 1.02$,则可求出满足热稳定性的最小允许截面面积为

$$S_{min} = \frac{\sqrt{Q_k}}{C} = \frac{\sqrt{I_\infty^2 t_{kz} K_s}}{C} = \frac{\sqrt{5\,500^2 \times 1.1 \times 1.02}}{95}$$

$$= 61.3(mm^2) < 63 \times 6.3 = 396.9(mm^2)$$

可见该母线按短路电流进行的热稳定性校验是合格的。

三相母线中间相最大受力为

$$F = 1.732 \times 10^{-7} i_{ch}^2 \frac{l}{a} = 1.732 \times 10^{-7} \times (2.55 \times 5\,500)^2 \times \frac{1}{0.25} = 136(\text{N})$$

母线上如接有多条引出线，需要多个开关柜，故其跨距大于 2 m，则母线的弯曲力矩为

$$M = \frac{F_{max} l}{10} = \frac{136 \times 1}{10} = 13.6(\text{N} \cdot \text{m})$$

矩形母线的截面系数（抗弯矩）为

$$W = 0.167 b^2 \delta = 0.167 \times 0.063^2 \times 0.006\,3 = 4.2 \times 10^{-6}(\text{m}^3)$$

故母线短路时的最大应力为

$$\sigma_{max} = \frac{M}{W} = \frac{13.6}{4.2 \times 10^{-6}} = 3.24(\text{MPa})$$

显然最大应力小于允许应力 $\sigma_y = 69$ MPa，因此动稳定性校验是合格的。

最后由附录选取 ZA – 10Y 型母线支持瓷瓶，并查得其破坏荷重为 3 675 N，允许荷重为 $0.6 \times 3\,675 = 2\,205(\text{N})$，此值大于三相母线上最大的受力 136 N。故选用 ZA – 10Y 型母线支持瓷瓶是合适的。

二、电缆的选择

电缆选择的主要内容有电缆型式的选择、电缆额定电压的选择、电缆截面和根数的选择、电缆热稳定的校验、电缆正常运行时电压损失的校验。电缆的动稳定不必校验。

（一）电缆型号的选择

根据电缆的用途、电缆敷设的方式和场所，选择电缆的芯数、芯线的材料、绝缘的种类、保护层的结构以及电缆的其他特征，最后确定电缆的型号。工程上选用电缆的一般情况是：三相低压动力电缆一般选用三芯或四芯（四线制时）聚氯乙烯绝缘聚氯乙烯护套电缆；厂用高压电缆选用纸绝缘铅包电缆；腐蚀性场所或技术经济合理时，可选用交联聚乙烯绝缘聚乙烯护套电缆；110 kV 及以上高压电缆选用单相充油电缆；高温场所选用耐热电缆；潮湿或腐蚀场所选用塑料护套电缆；直埋地下的电缆选用带钢带铠防腐电缆；重要的直流回路或保安电源回路的电缆选用阻燃型电缆。

（二）额定电压的选择

为了保证电缆的使用寿命，电缆的额定电压 U_N 不低于其安装点电网的额定电压 U_{Nw}，即

$$U_N \geqslant U_{Nw} \tag{8-40}$$

（三）电缆截面面积和根数的选择

电缆截面面积一般根据最大长期工作电流选择，但是对于某些回路，如发电机、变压器回路，其年最大负荷利用小时超过 5 000 h，且长度超过 20 m 时，应按经济电流密度来选择。

1. 按导体长期允许电流选择

电缆长期发热的允许电流 I_y 不小于所在回路的最大长期工作电流 $I_{g.max}$，即

$$KI_y \geq I_{g.\,max} \tag{8-41}$$

式中　K——综合修正系数（与环境温度、敷设方式及土壤热阻系数有关的综合修正系数，可由有关手册查得）。

2. 按经济电流密度选择

按经济电流密度选择电缆截面的方法与按经济电流密度选择母线截面的方法相同，即

$$S_{ec} = \frac{I_{g.\,max}}{J_{ec}} \tag{8-42}$$

经济电流密度 J_{ec} 可查表 8-5。按经济电流密度选出的电缆，必须按最大长期工作电流校验，还应取经济合理的电缆根数。电缆经济合理的根数是：当 $S < 150 \text{ mm}^2$ 时，其经济根数为一根；当 $S > 150 \text{ mm}^2$ 时，经济根数由 $\frac{S}{150}$ 决定，取其整数。例如，$S = 200 \text{ mm}^2$，通常选用两根截面面积为 120 mm^2 的电缆为宜。

为了不损伤电缆的绝缘和保护层，电缆敷设时的弯曲半径不应小于规定值（如三芯纸绝缘电缆弯曲半径不应小于电缆外径的 15 倍）。为此，一般避免使用截面面积大于 185 mm^2 的电缆。若所选截面面积大于 185 mm^2，可采用 2~3 根电缆并联，若仍不满足要求，一般宜采用铝排代替。

（四）热稳定校验

电缆热稳定校验的方法与母线相同。满足热稳定要求最小截面可按下式计算：

$$S_{min} = \frac{I_\infty}{C} \sqrt{t_{kz}} \tag{8-43}$$

式中　C——电缆的热稳定系数，可参考表 8-8 所示数值。

表 8-8　电缆的热稳定系数 C 值

电缆长期工作允许温度（℃）	10 kV 油浸纸绝缘电缆		6 kV 油浸纸绝缘电缆 10 kV 不滴油电缆		交联聚乙烯电缆		聚氯乙烯绝缘电缆	
	铝芯	铜芯	铝芯	铜芯	铝芯	铜芯	铝芯	铜芯
60	95×10^6	165×10^6	—	—	—	—	—	—
65	—	—	90×10^6	150×10^6	—	—	65×10^6	100×10^6
90	—	—	—	—	80×10^6	135×10^6	—	—

校验电缆稳定的短路点按下列情况确定：

（1）单根无中间接头的电缆，选电缆末端短路；长度小于 200 m 的电缆，可选用电缆首端短路。

（2）有中间接头的电缆，短路点选择在第一个中间接头处。

（3）无中间接头的并列连接电缆，短路点选择在并列点后。

（五）电压损失校验

对于供电距离较远、容量较大的电缆,还应校验其电压损失。正常运行时,电缆的电压损失应不大于额定电压的 5% ,即

$$\Delta U\% = \frac{\sqrt{3}I_{max}\rho L}{U_N S} \times 100\% \leqslant 5\% \tag{8-44}$$

式中　S——电缆截面面积,mm^2 ;

　　　ρ——电缆导体电阻率,50 ℃时,铝芯 $\rho = 0.035$ $\Omega \cdot mm^2/m$;铜芯 $\rho = 0.020\ 6$ $\Omega \cdot mm^2/m$。

三、绝缘子的选择

这里仅讲述支柱绝缘子和穿墙套管的选择方法。支柱绝缘子应按安装地点和额定电压选择,并进行动稳定校验;穿墙套管应按安装地点、额定电压和额定电流选择,并进行热稳定和动稳定校验。

（一）型式的选择

一般用于屋内配电装置的选用户内式,用于屋外配电装置的选用户外式,当户外污秽严重时,应选用防污式。

（二）额定电压的选择

支柱绝缘子或穿墙套管的额定电压 U_N 不小于其安装地点的电网额定电压 U_{Nw},即

$$U_N \geqslant U_{Nw} \tag{8-45}$$

对于发电厂 3 ~ 20 kV 户外支柱绝缘子和穿墙套管,考虑到冰雪和污秽的影响可能使其绝缘降低,宜选用比实际电网额定电压高一级的产品。

（三）额定电流的选择

穿墙套管的额定电流 I_N 应不小于通过穿墙套管的最大长期工作电流 $I_{g \cdot max}$,即

$$I_N \geqslant I_{g \cdot max} \tag{8-46}$$

应当注意,穿墙套管的额定电流 I_N 是按套管的最高允许温度为 80 ℃、周围环境的计算温度为 40 ℃给定的。当实际安装地点的周围环境温度在 40 ~ 60 ℃时,应将套管的额定电流乘以温度修正系数 k_θ。

对于母线型穿墙套管,因本身不带导体,因此不必按最大长期工作电流选择,但必须按母线的断面尺寸对套管的窗口尺寸进行校验。

（四）穿墙套管的热稳定校验

穿墙套管的热稳定参数一般以 t s 内允许通过的热稳定电流 I_t 给出,热稳定条件为

$$I_t^2 t \geqslant Q_k \tag{8-47}$$

式中　$I_t^2 t$——穿墙套管允许的热效应;

　　　Q_k——短路电流通过时产生的热效应。

（五）动稳定校验

由于三相母线是通过支柱绝缘子或穿墙套管来支持和固定的,因此短路时作用在母线上的电动力也会传到支柱绝缘子或穿墙套管上,为保证它们在这种情况下不受损坏,应

满足：

$$F_{al} \geqslant F_{ca} \tag{8-48}$$

式中 F_{al}——支柱绝缘子或穿墙套管的允许荷重，可按厂家给出的破坏荷重 F_{db} 的60%
考虑，即 $F_{al} = 0.6F_{db}$；

F_{ca}——加于支柱绝缘子或穿墙套管上的最大计算力。

F_{ca} 即最严重短路情况下作用于支柱绝缘子或穿
墙套管上的最大电动力，由于母线电动力是作用在母
线截面中心线上的，而支柱绝缘子的抗弯破坏荷重是
按作用在绝缘子帽上给出的，如图8-6所示，两者力
臂不等，短路时作用于绝缘子帽上的最大电动力为

$$F_{ca} = \frac{H}{H_1}F_{max} \tag{8-49}$$

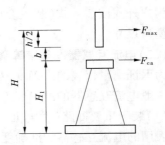

图 8-6　支柱绝缘子受力图

式中 F_{max}——最严重短路情况下作用于母线上的最
大电动力；

H_1——支柱绝缘子的高度；

H——从绝缘子底部至母线水平中心线的高度。

布置在同一平面内的三相母线（如图8-7所示），在发生短路时，母线上最大的电动力
为

$$F_{max} = 1.732 i_{ch}^2 \frac{L_{ca}}{a} \times 10^{-7} \tag{8-50}$$

式中 a——母线间距；

L_{ca}——计算跨距，对母线中间的支柱绝缘子，L_{ca} 取相邻跨距之和的一半，对母线端
头的支柱绝缘子，L_{ca} 取相邻跨距的一半，对穿墙套管，L_{ca} 取套管长度与相邻
跨距之和的一半。

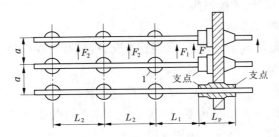

图 8-7　绝缘子和穿墙套管所受的电动力

任务五　互感器的选择

一、电流互感器的选择

选择电流互感器时首先根据装设地点、用途等条件确定电流互感器的结构类型和准

确度等级以及额定电流比,其次要根据电流互感器的额定容量和二次负荷计算二次回路连接导线的截面面积,最后进行热稳定和动稳定校验。

(一)型式的选择

电流互感器品种繁多,在选择时,应根据其安装地点(如屋内、屋外)和安装方式(如穿墙、支持式、装入式)等来选择其型式。一般情况下,35 kV 以下为户内式,而 35 kV 及以上为户外式或装入式(装入变压器或断路器内部)。选用母线型电流互感器时应注意校核窗口尺寸。

(二)电流互感器准确度等级的选择

为保证测量仪表的准确度,互感器的准确度等级不得低于所用测量仪表的准确度等级。一般电流互感器的准确度等级应根据以下几种情况来选择:

(1)装于重要回路(发电机、变压器、调相机、厂用馈线、出线等)中的电能表和计费的电能表用的电流互感器的准确度等级不应低于 0.5 级。

(2)对测量精度要求较高的大容量发电机、变压器、系统干线和 500 kV 级宜用 0.2 级。

(3)供监视电能的电能表、功率表和电流表用的电流互感器的准确度等级为 0.5 ~ 1 级。

(4)只需估算电参数仪表用的电流互感器的准确度等级为 3 级。

(5)供继电保护用的电流互感器的准确度等级一般为 5 P 或 10 P 级。

如果几个性质不同的测量仪表需要共用一台电流互感器,则互感器的准确度等级按"就高不就低"的原则确定。

(三)一次侧额定电压的选择

电流互感器的一次侧额定电压 U_{1N} 不低于安装处电网的额定电压 U_{Nw},即

$$U_{1N} \geqslant U_{Nw} \tag{8-51}$$

式中　U_{1N}——电流互感器一次侧的额定电压;

U_{Nw}——电流互感器安装处电网的额定电压。

(四)一、二次侧额定电流的选择

1. 一次侧额定电流的选择

电流互感器一次侧的额定电流 I_{1N} 已经标准化,应选择比一次回路最大长期工作电流 $I_{g \cdot max}$ 略大一点的标准值,即

$$I_{1N} \geqslant I_{g \cdot max} \tag{8-52}$$

电流互感器的计算环境温度 θ_0 为 40 ℃,当实际环境温度 θ 不等于 40 ℃时,其一次侧额定电流 I_{1N} 应进行修正,修正方法如前所述。

2. 二次侧额定电流的选择

电流互感器二次侧额定电流 I_{2N} 有 5 A 和 1 A 两种,一般强电系统用 5 A,弱电系统用 1 A。当一次侧额定电流 I_{1N} 确定后,电流互感器的额定电流比也随之确定,即为

$$K_L = \frac{I_{1N}}{I_{2N}} \tag{8-53}$$

(五)电流互感器连接导线截面的选择

为保证互感器的准确度等级,互感器二次侧所接实际负载 Z_{2l} 或所消耗的实际负荷

S_{21}应不大于该准确度等级所规定的额定负载Z_{2N}或额定容量S_{2N}(Z_{2N}、S_{2N}均可从产品样表或附表中查到),即

$$S_{2N} \geq S_{21} = I_{2N}^2 Z_{21} \quad 或 \quad Z_{2N} \geq Z_{21} \approx R_{wi} + R_{tou} + R_m + R_r \quad (8\text{-}54)$$

式中　R_m、R_r——电流互感器二次回路中所接仪表内阻的总和与所接继电器内阻的总和,可由产品样本或附录中查得;

　　　　R_{wi}——电流互感器二次连接导线的电阻;

　　　　R_{tou}——电流互感器二次连线的接触电阻,一般取$0.1\ \Omega$。

　　其中

$$R_{wi} \leq \frac{S_{2N} - I_{2N}^2 (R_{tou} + R_m + R_r)}{I_{2N}^2} \quad (8\text{-}55)$$

因为$S = \dfrac{\rho L_{ca}}{R_{wi}}$,故

$$S \geq \frac{\rho L_{ca}}{Z_{2N} - (R_{tou} + R_m + R_r)} \quad (8\text{-}56)$$

式中　S——连接导线截面面积,mm^2;

　　　　L_{ca}——连接导线的计算长度,mm;

　　　　ρ——导线电阻率,$\Omega \cdot mm^2/m$。

　　按规程要求连接导线应采用不小于$1.5\ mm^2$的铜线,实际工作中常取$2.5\ mm^2$的铜线。当截面面积选定之后,即可计算出连接导线的电阻R_{wi}。有时也可先初选电流互感器,在已知其二次侧连接的仪表及继电器型号的情况下,利用式(8-56)确定连接导线的截面面积。但须指出,当只用一只电流互感器时,电阻的计算长度应取连接长度的2倍;当用3只电流互感器接成完全星形接线时,由于中线电流接近于零,则电阻的计算长度为连接长度;当用2只电流互感器接成不完全星形接线时,其二次公用线中的电流为两相电流的相量和,其值与相电流相等,但相位差为60°,故应取连接长度的$\sqrt{3}$倍为电阻的计算长度,如图8-8所示。

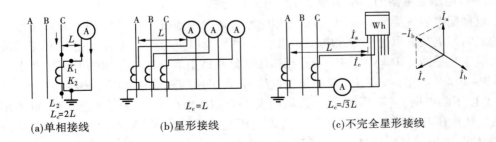

图8-8　互感器二次侧导线截面的计算示意图

(六)电流互感器的热稳定校验

一般只对本身带有一次回路导体的电流互感器进行热稳定校验。电流互感器热稳定

能力常以 1 s 允许通过的一次额定电流 I_{1N} 的倍数 K_h 来表示,故热稳定校验为

$$(K_h I_{1N})^2 \geqslant I_\infty^2 t_{kz} \tag{8-57}$$

式中　K_h、I_{1N}——由厂家给出的电流互感器的热稳定倍数以及一次侧额定电流;

　　　　I_∞、t_{kz}——短路稳态电流及热效应等值计算时间。

当所选的电流互感器不能满足短路的热稳定要求时,则选额定电流较大的电流互感器。

(七)电流互感器的动稳定校验

电流互感器内部动稳定能力,常以允许通过的一次额定电流最大值的倍数 K_{mo} 表示,故内部动稳定校验为

$$\sqrt{2} K_{mo} I_{1N} \geqslant i_{ch} \tag{8-58}$$

式中　K_{mo}、I_{1N}——由生产厂给出的电流互感器的动稳定倍数及一次侧额定电流;

　　　　i_{ch}——通过电流互感器的最大三相短路电流冲击值。

由于邻相之间电流的相互作用使电流互感器的绝缘瓷帽上受到外力的作用,因此对于瓷绝缘型电流互感器应校验瓷套管的机械强度。瓷套管上作用力可按一般电动力公式计算,故外部动稳定应满足:

$$F_{al} \geqslant 0.5 \times 1.73 \times 10^{-7} i_{ch}^2 \frac{L}{a} \tag{8-59}$$

式中　0.5——表示互感器瓷套端部承受该跨距上电动力的一半;

　　　　F_{al}——作用于电流互感器瓷帽端部的允许力;

　　　　L——电流互感器出线端至最近一个母线支柱绝缘子之间的跨距;

　　　　a——母线间距。

二、电压互感器的选择

电压互感器的选择内容包括:根据装设地点、用途等条件确定电压互感器的结构类型、接线方式和准确度等级;确定额定电压;计算电压互感器的二次负荷,使其不超过相应准确度的额定容量。

(一)电压互感器的结构类型及接线方式的选择

根据配电装置类型,电压互感器可相应地选择户内式或户外式。6 kV 及以下空气干燥的屋内配电装置可选用干式电压互感器;35 kV 及以下可选用油浸式电压互感器或浇注式电压互感器;110 kV 及以上可选用串级式结构或电容分压式结构的电压互感器。

3 ~ 20 kV 的电网,当只需要测量线电压时,可采用两只单相电压互感器的 V/V 接线。35 kV 以下的电网,当需要测线电压,同时又需要测相电压和监视电网绝缘时,可采用三相五柱式电压互感器或由 3 个单相三绕组电压互感器构成 $Y_0/Y_0/\triangle$ 接线。110 kV 及以上的电网,则根据需要选择一台单相电压互感器或由 3 个单相三相绕组电压互感器构成 $Y_0/Y_0/\triangle$ 接线。

(二)额定电压的选择

1. 一次侧额定电压的选择

电压互感器一次侧额定电压 U_N 应与安装地点所在电网的额定电压 U_{Nw} 相等,即

$$U_{1N} = U_{Nw} \tag{8-60}$$

2. 二次侧额定电压的选择

电压互感器二次侧额定电压为 100 V,应和所接用仪表或继电器相适应,如表 8-9 所示。

表 8-9 电压互感器二次绕组额定电压选择

接线型式	电网电压 (kV)	型式	二次绕组电压(V)	接成开口三角形的 辅助绕组电压(V)
单相、V/V、Y/Y	3～35	单相式	100	
Y₀/Y₀/△	110～500	单相式	$100/\sqrt{3}$	100
	3～60	单相式	$100/\sqrt{3}$	100/3
	3～15	三相式	100	100/3

(三)准确度等级的选择

电压互感器准确度等级要根据二次负荷的需要选择。如果二次负荷为电能计量,应选 0.5 级电压互感器;发电厂中功率表和电压继电器可选用 1.0 级电压互感器;一般的测量表计可选用 3.0 级电压互感器。如果几种准确度等级要求不同的二次负荷接同一只电压互感器,则应按负荷要求的最高等级考虑。

(四)互感器二次负荷的校验

选定准确度等级后,此时互感器的二次额定容量(对应于所要求的准确级)S_{2N} 应不小于电压互感器的二次负荷 S_2,尽量使 S_{2N} 和 S_2 接近,否则会使电压互感器准确度降低。即

$$S_{2N} \geqslant S_2 \tag{8-61}$$

$$S_2 = \sqrt{\left(\sum S\cos\varphi\right)^2 + \left(\sum S\sin\varphi\right)^2} = \sqrt{\left(\sum P\right)^2 + \left(\sum Q\right)^2} \tag{8-62}$$

式中 S、P、Q——各种仪表和继电器电压线圈的视在功率、有功功率、无功功率;

$\cos\varphi$——各种仪表和继电器电压线圈的功率因数。

如果各种仪表和继电器功率因数接近,或为简化计算,也可以将各种仪表和继电器的视在功率直接相加,得出大于 S_2 的近似值,但若不超过 S_{2N},则实际值更能满足式(8-61)的要求。

由于电压互感器三相负荷通常不等,为了满足准确度等级的要求,通常以负荷最大相进行比较。

计算电压互感器各相的负荷时,必须注意互感器和负荷的接线方式。表 8-10 中列出了电压互感器和负荷接线方式不一致时每相负荷的计算公式。

电压互感器的型式和电压综合选择参照表 8-11 进行。

表 8-10　电压互感器二次侧绕组负荷的计算公式

接线及相量			
A	$P_A = [S_{ab}\cos(\varphi_{ab} - 30°)]/\sqrt{3}$ $Q_A = [S_{ab}\sin(\varphi_{ab} - 30°)]/\sqrt{3}$	AB	$P_{AB} = \sqrt{3}S\cos(\varphi + 30°)$ $Q_{AB} = \sqrt{3}S\sin(\varphi + 30°)$
B	$P_B = [S_{ab}\cos(\varphi_{ab} + 30°) + S_{bc}\cos(\varphi_{bc} - 30°)]/\sqrt{3}$ $Q_B = [S_{ab}\sin(\varphi_{ab} + 30°) + S_{bc}\sin(\varphi_{bc} - 30°)]/\sqrt{3}$	BC	$P_{BC} = \sqrt{3}S\cos(\varphi - 30°)$ $Q_{BC} = \sqrt{3}S\sin(\varphi - 30°)$
C	$P_C = [S_{bc}\cos(\varphi_{bc} + 30°)]/\sqrt{3}$ $Q_C = [S_{bc}\sin(\varphi_{bc} + 30°)]/\sqrt{3}$		

表 8-11　电压互感器的型式和电压综合选择一览表

装设地点		母线段、桥接点 T－WL 组外侧	线路	发电机		发电机制造厂配套
				3 000 kW 及以下	3 000 kW 及以上	
用途		同期、测量、保护、单相接地监视	同期	同期 测量 保护	同期、测量、保护、单相接地监视	励磁专用
额定电压（kV）	6 10	$JDZ1 - \dfrac{6}{\sqrt{3}} / \dfrac{0.1}{\sqrt{3}} / \dfrac{0.1}{3}$ $ISJW - 6 \dfrac{0.1}{3} / \dfrac{0.1}{3}$	$JDZ - 6/0.1$ $JDJ - 6/0.1$	$JDZ - 6/0.1$ $JDJ - 6/0.1$ $JSBJ - 6/0.1$	与母线段相同	按厂家要求
	35	$JDJJ - \dfrac{35}{\sqrt{3}} / \dfrac{0.1}{\sqrt{3}} / \dfrac{0.1}{3}$	$JDJ - 35/0.1$			
	110	$JCC - \dfrac{110}{\sqrt{3}} / \dfrac{0.1}{\sqrt{3}} / 0.1$	$JCC - \dfrac{110}{\sqrt{3}} / \dfrac{0.1}{\sqrt{3}} / 0.1$			
台数		单相三台 或三相一台	单相一台	单相两台	单相三台 或三相一台	按厂家要求
接线		$Y_0/Y_0/\triangle$	1/1	V/V	$Y_0/Y_0/\triangle$	按厂家要求

工程实例

本工程案例要求运用高压电气设备选型计算和方法,根据学习情境七中工程实例的短路电流计算成果表,结合原始资料及相关数据,对天楼地枕水力发电厂主要高压电气设备进行选型计算与校验,并按照要求编制计算书。

各种高压电气设备按正常工作条件选择,按短路时的动、热稳定性进行校验。在进行热稳定校验时,其周围空气温度以 40 ℃计算,短路电流热效应等值计算时间取 $t_{kz} = 2.1$ s。

选择电气设备时还应考虑所选设备的安装地点、使用条件、检修和运行等要求,对设备进行种类(屋内或屋外)和型式的选择。

在进行高压电气设备选择时,应根据实际情况,在保证安全、可靠的前提下积极稳妥地采用新技术,并注意节省投资,合理选择电气设备。

对照图 8-9 所示的天楼地枕水力发电厂电气主接线图,进行以下主要高压电气设备选型计算并校验。

一、110 kV 侧电气设备选择与校验

(1)选择以下编号的 110 kV 侧高压断路器型号并进行校验:天 11、天 12、天 13、天 14。

(2)选择以下编号的 110 kV 侧高压隔离开关型号并进行校验:天 111、116、天 112、天 131、天 136、天 132、天 141、天 146、天 142、天 121、天 122、互 01。

(3)选择以下编号的 110 kV 侧母线型号并进行校验:主母线 1 M、旁母线 2 M。

(4)选择以下 110 kV 侧电流互感器型号并进行校验:主变压器 1B、2B 高压侧出线电流互感器。

(5)选择以下 110 kV 侧电压互感器型号并进行校验:天 1M 母线上电压互感器(互 01PT)。

二、6.3 kV 侧电气设备选择与校验

(1)选择以下编号的 6.3 kV 侧高压断路器型号并进行校验:天 71、天 72、天 73、天 74、天 75、天 76。

(2)选择以下编号的 6.3 kV 侧高压隔离开关型号并进行校验:天 711、天 721、天 732、天 742、天 716、天 736、天 751、天 762。

(3)选择以下编号的 6.3 kV 侧母线型号并进行校验:主母线 3M 及 4M。

(4)选择以下 6.3 kV 侧电流互感器型号并进行校验:主变压器 1B、2B 低压侧出线电流互感器。

(5)选择以下 6.3 kV 侧电压互感器型号并进行校验:天 3M、天 4M 母线上电压互感器(互 03、互 04PT)。

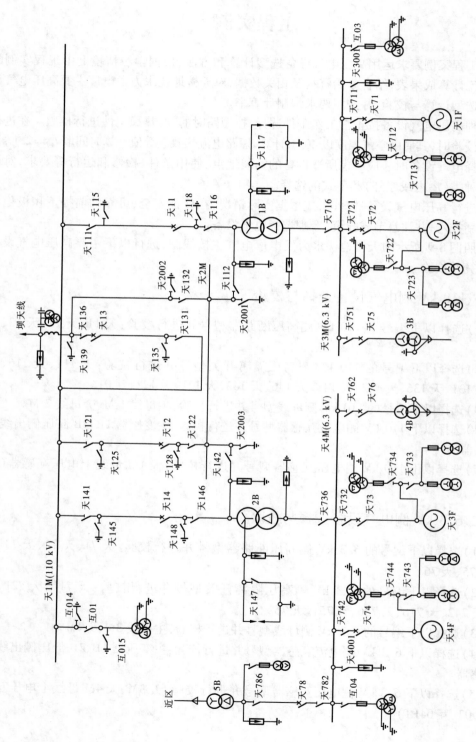

图 8-9 天楼地枧水力发电厂电气主接线图

思考题

1. 发热对电气设备的影响有哪些?

2. 短路电流产生的电动力对设备有哪些影响?

3. 高压电气设备的一般选择条件及校验条件有哪些?

4. 各种高压电气设备具体按哪些条件进行选择? 按哪些条件进行校验?

5. 如何确定短路计算点?

6. 某降压变电所变压器的容量为 10 000 kVA,电压变比为 35 kV/10 kV,变电所配置的定时限过流保护装置的动作时间为 1.5 s,10 kV 母线上最大的短路电流为 $I'' = I_\infty = 7$ kA,环境温度为 $\theta_0 = 35$ ℃,负荷的年最大负荷利用小时为 4 500 h,试选择变压器 10 kV 出线的高压断路器。

7. 按经济电流密度选择导体截面后,为何还必须按长期发热允许电流进行校验?

8. 怎样选择母线和电缆?

9. 某降压变电所变压器的容量为 10 000 kVA,电压变比为 35 kV/10 kV,变电所配置的定时限过流保护装置的动作时间为 1.5 s,10 kV 母线上最大短路电流为 $I'' = I_\infty = 7$ kA,环境温度为 $\theta_0 = 35$ ℃,负荷的年最大负荷利用小时为 4 500 h。拟在变电所 10 kV 配电装置中采用 JYN2 - 10 型多个高压开关柜,三相母线在柜中呈直角三角形布置,直角三角形的勾股弦三边长分别为 $a_1 = 260$ mm, $a_2 = 320$ mm, $a_3 = 412$ mm,开关柜的宽度即母线的跨距长为 700 mm,变压器 10 kV 出线架空进入室内配电装置,从柜后引入高压开关柜,试选择矩形铝母线以及支持瓷瓶。

10. 为什么互感器所带负荷超过额定容量时其准确度就下降?

附　录

附表 F-1　汽轮发电机运算曲线数字表

$$(X_{j*} = 0.12 \sim 0.95)$$

X_{j*}	$t(s)$										
	0	0.01	0.06	0.1	0.2	0.4	0.5	0.6	1	2	4
0.12	8.963	8.603	7.186	6.400	5.220	4.252	4.006	3.821	3.344	2.795	2.512
0.14	7.718	7.467	6.441	5.839	4.878	4.040	3.829	3.673	3.280	2.808	2.526
0.16	6.763	6.545	5.660	5.146	4.336	3.649	3.481	3.359	3.060	2.706	2.490
0.18	6.020	5.844	5.122	4.697	4.016	3.429	3.288	3.186	2.944	2.659	2.476
0.20	5.432	5.280	4.661	4.297	3.715	3.217	3.099	3.016	2.825	2.607	2.462
0.22	4.938	4.813	4.296	3.988	3.487	3.052	2.951	2.882	2.729	2.561	2.444
0.24	4.526	4.421	3.984	3.721	3.286	2.904	2.816	2.758	2.638	2.515	2.425
0.26	4.178	4.088	3.714	3.486	3.106	2.769	2.693	2.644	2.551	2.467	2.404
0.28	3.872	3.705	3.472	3.274	2.939	2.641	2.575	2.534	2.464	2.415	2.378
0.30	3.603	3.536	3.255	3.081	2.785	2.520	2.463	2.429	2.379	2.360	2.347
0.32	3.368	3.310	3.063	2.909	2.646	2.410	2.360	2.332	2.299	2.306	2.316
0.34	3.159	3.108	2.891	2.754	2.519	2.308	2.264	2.241	2.222	2.252	2.283
0.36	2.975	2.930	2.736	2.614	2.403	2.213	2.175	2.156	2.149	2.109	2.250
0.38	2.811	2.770	2.597	2.487	2.297	2.126	2.093	2.077	2.081	2.148	2.217
0.40	2.664	2.628	2.471	2.372	2.199	2.045	2.017	2.004	2.017	2.099	2.184
0.42	2.531	2.499	2.357	2.267	2.110	1.970	1.946	1.936	1.956	2.052	2.151
0.44	2.411	2.382	2.253	2.170	2.027	1.900	1.879	1.872	1.899	2.006	2.119
0.46	2.302	2.275	2.157	2.082	1.950	1.835	1.817	1.812	1.845	1.963	2.088
0.48	2.203	2.178	2.069	2.000	1.879	1.774	1.759	1.756	1.794	1.921	2.057
0.50	2.111	2.088	1.988	1.924	1.813	1.717	1.704	1.703	1.746	1.880	2.027
0.55	1.913	1.894	1.810	1.757	1.665	1.589	1.581	1.583	1.635	1.785	1.953
0.60	1.748	1.732	1.662	1.617	1.539	1.478	1.474	1.479	1.538	1.699	1.884

续附表 F-1

X_{j*}	t(s)										
	0	0.01	0.06	0.1	0.2	0.4	0.5	0.6	1	2	4
0.65	1.610	1.596	1.535	1.497	1.431	1.382	1.381	1.388	1.452	1.621	1.819
0.70	1.492	1.479	1.426	1.393	1.336	1.297	1.298	1.307	1.375	1.549	1.734
0.75	1.390	1.379	1.332	1.302	1.253	1.221	1.225	1.235	1.305	1.484	1.596
0.80	1.301	1.291	1.249	1.223	1.179	1.154	1.159	1.171	1.243	1.424	1.474
0.85	1.222	1.214	1.176	1.152	1.114	1.094	1.100	1.112	1.186	1.358	1.370
0.90	1.153	1.145	1.110	1.089	1.055	1.039	1.047	1.060	1.134	1.279	1.279
0.95	1.091	1.084	1.052	1.032	1.002	0.990	0.998	1.012	1.087	1.200	1.200
1.00	1.035	1.028	0.999	0.981	0.954	0.945	0.954	0.968	1.043	1.129	1.129
1.05	0.985	0.979	0.952	0.935	0.910	0.904	0.914	0.928	1.003	1.067	1.067
1.10	0.940	0.934	0.908	0.893	0.870	0.866	0.876	0.891	0.966	1.011	1.011
1.15	0.898	0.892	0.869	0.854	0.833	0.832	0.842	0.857	0.932	0.961	0.961
1.20	0.860	0.855	0.832	0.819	0.800	0.800	0.811	0.825	0.898	0.915	0.915
1.25	0.825	0.820	0.799	0.786	0.769	0.770	0.781	0.796	0.864	0.874	0.874
1.30	0.793	0.788	0.768	0.756	0.740	0.743	0.754	0.769	0.831	0.836	0.836
1.35	0.763	0.758	0.739	0.728	0.713	0.717	0.728	0.743	0.800	0.802	0.802
1.40	0.735	0.731	0.713	0.703	0.688	0.693	0.705	0.720	0.769	0.770	0.770
1.45	0.710	0.705	0.688	0.678	0.665	0.671	0.682	0.697	0.740	0.740	0.740
1.50	0.686	0.682	0.665	0.656	0.644	0.650	0.662	0.676	0.713	0.713	0.713
1.55	0.663	0.659	0.644	0.635	0.623	0.630	0.642	0.657	0.687	0.687	0.687
1.60	0.642	0.639	0.623	0.615	0.604	0.612	0.624	0.638	0.664	0.664	0.664
1.65	0.622	0.619	0.605	0.596	0.586	0.594	0.606	0.621	0.642	0.642	0.642
1.70	0.604	0.601	0.587	0.579	0.570	0.578	0.590	0.604	0.621	0.621	0.621
1.75	0.586	0.583	0.570	0.562	0.554	0.562	0.574	0.589	0.602	0.602	0.602
1.80	0.570	0.567	0.554	0.547	0.539	0.548	0.559	0.573	0.584	0.584	0.584
1.85	0.554	0.551	0.539	0.532	0.524	0.534	0.545	0.559	0.566	0.566	0.566
1.90	0.540	0.537	0.525	0.518	0.511	0.521	0.532	0.544	0.550	0.550	0.550
1.95	0.526	0.523	0.511	0.505	0.498	0.508	0.520	0.530	0.535	0.535	0.535

续附表 F-1

X_{j*}	$t(s)$										
	0	0.01	0.06	0.1	0.2	0.4	0.5	0.6	1	2	4
2.00	0.512	0.510	0.498	0.492	0.486	0.496	0.508	0.517	0.521	0.521	0.521
2.05	0.500	0.497	0.486	0.480	0.474	0.485	0.496	0.504	0.507	0.507	0.507
2.10	0.488	0.485	0.475	0.469	0.463	0.474	0.485	0.492	0.494	0.494	0.494
2.15	0.476	0.474	0.464	0.458	0.453	0.463	0.474	0.481	0.482	0.482	0.482
2.20	0.465	0.463	0.453	0.448	0.443	0.453	0.464	0.470	0.470	0.470	0.470
2.25	0.455	0.453	0.443	0.438	0.433	0.444	0.454	0.459	0.459	0.459	0.459
2.30	0.445	0.443	0.433	0.428	0.424	0.435	0.444	0.448	0.448	0.448	0.448
2.35	0.435	0.433	0.424	0.419	0.415	0.426	0.435	0.438	0.438	0.438	0.438
2.40	0.426	0.424	0.415	0.411	0.407	0.418	0.426	0.428	0.428	0.428	0.428
2.45	0.417	0.415	0.407	0.402	0.399	0.410	0.417	0.419	0.419	0.419	0.419
2.50	0.409	0.407	0.399	0.394	0.391	0.402	0.409	0.410	0.410	0.410	0.410
2.55	0.400	0.399	0.391	0.387	0.383	0.394	0.401	0.402	0.402	0.402	0.402
2.60	0.392	0.391	0.383	0.379	0.376	0.387	0.393	0.393	0.393	0.393	0.393
2.65	0.385	0.384	0.376	0.372	0.369	0.380	0.385	0.386	0.386	0.386	0.386
2.70	0.377	0.377	0.369	0.365	0.362	0.373	0.378	0.378	0.378	0.378	0.378
2.75	0.370	0.370	0.362	0.359	0.356	0.367	0.371	0.371	0.371	0.371	0.371
2.80	0.363	0.363	0.356	0.352	0.350	0.361	0.364	0.364	0.364	0.364	0.364
2.85	0.357	0.356	0.350	0.346	0.344	0.354	0.357	0.357	0.357	0.357	0.357
2.90	0.350	0.350	0.344	0.340	0.338	0.348	0.351	0.351	0.351	0.351	0.351
2.95	0.344	0.344	0.338	0.335	0.333	0.343	0.344	0.344	0.344	0.344	0.344
3.00	0.338	0.338	0.332	0.329	0.327	0.337	0.338	0.338	0.338	0.338	0.338
3.05	0.332	0.332	0.327	0.324	0.322	0.331	0.332	0.332	0.332	0.332	0.332
3.10	0.327	0.326	0.322	0.319	0.317	0.326	0.327	0.327	0.327	0.327	0.327
3.15	0.321	0.321	0.317	0.314	0.312	0.321	0.321	0.321	0.321	0.321	0.321
3.20	0.316	0.316	0.312	0.309	0.307	0.316	0.316	0.316	0.316	0.316	0.316
3.25	0.311	0.311	0.307	0.304	0.303	0.311	0.311	0.311	0.311	0.311	0.311
3.30	0.306	0.306	0.302	0.300	0.298	0.306	0.306	0.306	0.306	0.306	0.306
3.35	0.301	0.301	0.298	0.295	0.294	0.301	0.301	0.301	0.301	0.301	0.301
3.40	0.297	0.297	0.293	0.291	0.290	0.297	0.297	0.297	0.297	0.297	0.297
3.45	0.292	0.292	0.289	0.287	0.286	0.292	0.292	0.292	0.292	0.292	0.292

附表 F-2　水轮发电机运算曲线数字表

（$X_{j*} = 0.18 \sim 0.95$）

X_{j*}	$t(s)$										
	0	0.01	0.06	0.1	0.2	0.4	0.5	0.6	1	2	4
0.18	6.127	5.695	4.623	4.331	4.100	3.933	3.876	3.807	3.605	3.300	3.081
0.20	5.526	5.184	4.297	4.045	3.856	3.754	3.716	3.681	3.563	3.378	3.234
0.22	5.055	4.767	4.026	3.806	3.633	3.556	3.531	3.508	3.430	3.302	3.191
0.24	4.647	4.402	3.764	3.575	3.433	3.378	3.363	3.348	3.300	3.220	3.151
0.26	4.290	4.083	3.538	3.375	3.253	3.216	3.208	3.200	3.174	3.133	3.098
0.28	3.993	3.816	3.343	3.200	3.096	3.073	3.070	3.067	3.060	3.049	3.043
0.30	3.727	3.574	3.163	3.039	2.950	2.938	2.941	2.943	2.952	2.970	2.993
0.32	3.494	3.360	3.001	2.892	2.817	2.815	2.822	2.828	2.851	2.895	2.943
0.34	3.285	3.168	2.851	2.755	2.692	2.699	2.709	2.719	2.754	2.820	2.891
0.36	3.095	2.991	2.712	2.627	2.574	2.589	2.602	2.614	2.660	2.745	2.837
0.38	2.922	2.831	2.583	2.508	2.464	2.484	2.500	2.515	2.569	2.671	2.782
0.40	2.767	2.685	2.464	2.398	2.361	2.388	2.405	2.422	2.484	2.600	2.728
0.42	2.627	2.554	2.356	2.297	2.267	2.297	2.317	2.336	2.404	2.532	2.675
0.44	2.500	2.434	2.256	2.204	2.179	2.214	2.235	2.255	2.329	2.467	2.624
0.46	2.385	2.325	2.164	2.117	2.098	2.136	2.158	2.180	2.258	2.406	2.575
0.48	2.280	2.225	2.079	2.038	2.023	2.064	2.087	2.110	2.192	2.348	2.527
0.50	2.183	2.134	2.001	1.964	1.953	1.996	2.021	2.044	2.130	2.293	2.482
0.52	2.095	2.050	1.928	1.895	1.887	1.933	1.958	1.983	2.071	2.241	2.438
0.54	2.013	1.972	1.861	1.831	1.826	1.874	1.900	1.925	2.015	2.191	2.396
0.56	1.938	1.899	1.798	1.771	1.769	1.818	1.845	1.870	1.963	2.143	2.355
0.60	1.802	1.770	1.683	1.662	1.665	1.717	1.744	1.770	1.866	2.054	2.263
0.65	1.658	1.630	1.559	1.543	1.550	1.605	1.633	1.660	1.759	1.950	2.137
0.70	1.534	1.511	1.452	1.440	1.451	1.507	1.535	1.562	1.663	1.846	1.964
0.75	1.428	1.408	1.358	1.349	1.363	1.420	1.449	1.476	1.578	1.741	1.794
0.80	1.336	1.318	1.276	1.270	1.286	1.343	1.372	1.400	1.498	1.620	1.642

续附表 F-2

X_{j*}	$t(s)$										
	0	0.01	0.06	0.1	0.2	0.4	0.5	0.6	1	2	4
0.85	1.254	1.239	1.203	1.199	1.217	1.274	1.303	1.331	1.423	1.507	1.513
0.90	1.182	1.169	1.138	1.135	1.155	1.212	1.241	1.268	1.352	1.403	1.403
0.95	1.118	1.106	1.080	1.078	1.099	1.156	1.185	1.210	1.282	1.308	1.308
1.00	1.061	1.050	1.027	1.027	1.048	1.105	1.132	1.156	1.211	1.225	1.225
1.05	1.009	0.999	0.979	0.980	1.002	1.058	1.084	1.105	1.146	1.152	1.152
1.10	0.962	0.953	0.936	0.937	0.959	1.015	1.038	1.057	1.085	1.087	1.087
1.15	0.919	0.911	0.896	0.898	0.920	0.974	0.995	1.011	1.029	1.029	1.029
1.20	0.880	0.872	0.859	0.862	0.885	0.936	0.955	0.966	0.977	0.977	0.977
1.25	0.843	0.837	0.825	0.829	0.852	0.900	0.916	0.923	0.930	0.930	0.930
1.30	0.810	0.804	0.794	0.798	0.821	0.866	0.878	0.884	0.888	0.888	0.888
1.35	0.780	0.774	0.765	0.769	0.792	0.834	0.843	0.847	0.849	0.849	0.849
1.40	0.751	0.746	0.738	0.743	0.766	0.803	0.810	0.812	0.813	0.813	0.813
1.45	0.725	0.720	0.713	0.718	0.740	0.774	0.778	0.780	0.780	0.780	0.780
1.50	0.700	0.696	0.690	0.695	0.717	0.746	0.749	0.750	0.750	0.750	0.750
1.55	0.677	0.673	0.668	0.673	0.694	0.719	0.722	0.722	0.722	0.722	0.722
1.60	0.655	0.652	0.647	0.652	0.673	0.694	0.696	0.696	0.696	0.696	0.696
1.65	0.635	0.632	0.628	0.633	0.653	0.671	0.672	0.672	0.672	0.672	0.672
1.70	0.616	0.613	0.610	0.615	0.634	0.649	0.649	0.649	0.649	0.649	0.649
1.75	0.598	0.595	0.592	0.598	0.616	0.628	0.628	0.628	0.628	0.628	0.628
1.80	0.581	0.578	0.576	0.582	0.599	0.608	0.608	0.608	0.608	0.608	0.608
1.85	0.565	0.563	0.561	0.566	0.582	0.590	0.590	0.590	0.590	0.590	0.590
1.90	0.550	0.548	0.546	0.552	0.566	0.572	0.572	0.572	0.572	0.572	0.572
1.95	0.536	0.533	0.532	0.538	0.551	0.556	0.556	0.556	0.556	0.556	0.556
2.00	0.522	0.520	0.519	0.524	0.537	0.540	0.540	0.540	0.540	0.540	0.540
2.05	0.509	0.507	0.507	0.512	0.523	0.525	0.525	0.525	0.525	0.525	0.525
2.10	0.497	0.495	0.495	0.500	0.510	0.512	0.512	0.512	0.512	0.512	0.512

续附表 F-2

X_{j*}	t(s)										
	0	0.01	0.06	0.1	0.2	0.4	0.5	0.6	1	2	4
2.15	0.485	0.483	0.483	0.488	0.497	0.498	0.498	0.498	0.498	0.498	0.498
2.20	0.474	0.472	0.472	0.477	0.485	0.486	0.486	0.486	0.486	0.486	0.486
2.25	0.463	0.462	0.462	0.466	0.473	0.474	0.474	0.474	0.474	0.474	0.474
2.30	0.453	0.452	0.452	0.456	0.462	0.462	0.462	0.462	0.462	0.462	0.462
2.35	0.443	0.442	0.442	0.446	0.452	0.452	0.452	0.452	0.452	0.452	0.452
2.40	0.434	0.433	0.433	0.436	0.441	0.441	0.441	0.441	0.441	0.441	0.441
2.45	0.425	0.424	0.424	0.427	0.431	0.431	0.431	0.431	0.431	0.431	0.431
2.50	0.416	0.415	0.415	0.419	0.422	0.422	0.422	0.422	0.422	0.422	0.422
2.55	0.408	0.407	0.407	0.410	0.413	0.413	0.413	0.413	0.413	0.413	0.413
2.60	0.400	0.399	0.399	0.402	0.404	0.404	0.404	0.404	0.404	0.404	0.404
2.65	0.392	0.391	0.392	0.394	0.396	0.396	0.396	0.396	0.396	0.396	0.396
2.70	0.385	0.384	0.384	0.387	0.388	0.388	0.388	0.388	0.388	0.388	0.388
2.75	0.378	0.377	0.377	0.379	0.380	0.380	0.380	0.380	0.380	0.380	0.380
2.80	0.371	0.370	0.370	0.372	0.373	0.373	0.373	0.373	0.373	0.373	0.373
2.85	0.364	0.363	0.364	0.365	0.366	0.366	0.366	0.366	0.366	0.366	0.366
2.90	0.358	0.357	0.357	0.359	0.359	0.359	0.359	0.359	0.359	0.359	0.359
2.95	0.351	0.351	0.351	0.352	0.353	0.353	0.353	0.353	0.353	0.353	0.353
3.00	0.345	0.345	0.345	0.346	0.346	0.346	0.346	0.346	0.346	0.346	0.346
3.05	0.339	0.339	0.339	0.340	0.340	0.340	0.340	0.340	0.340	0.340	0.340
3.10	0.334	0.333	0.333	0.334	0.334	0.334	0.334	0.334	0.334	0.334	0.334
3.15	0.328	0.328	0.328	0.329	0.329	0.329	0.329	0.329	0.329	0.329	0.329
3.20	0.323	0.322	0.322	0.323	0.323	0.323	0.323	0.323	0.323	0.323	0.323
3.25	0.317	0.317	0.317	0.318	0.318	0.318	0.318	0.318	0.318	0.318	0.318
3.30	0.312	0.312	0.312	0.313	0.313	0.313	0.313	0.313	0.313	0.313	0.313
3.35	0.307	0.307	0.307	0.308	0.308	0.308	0.308	0.308	0.308	0.308	0.308
3.40	0.303	0.302	0.302	0.303	0.303	0.303	0.303	0.303	0.303	0.303	0.303
3.45	0.298	0.298	0.298	0.298	0.298	0.298	0.298	0.298	0.298	0.298	0.298

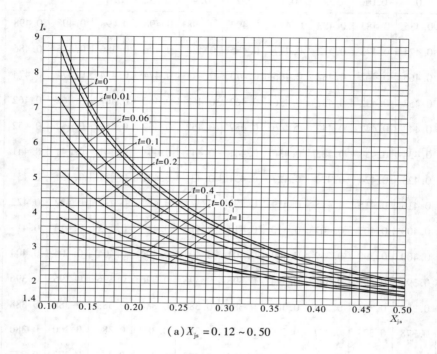

（a）$X_{js} = 0.12 \sim 0.50$

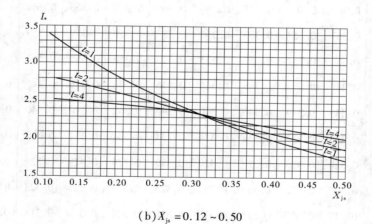

（b）$X_{js} = 0.12 \sim 0.50$

附图 F-1　汽轮发电机运算曲线

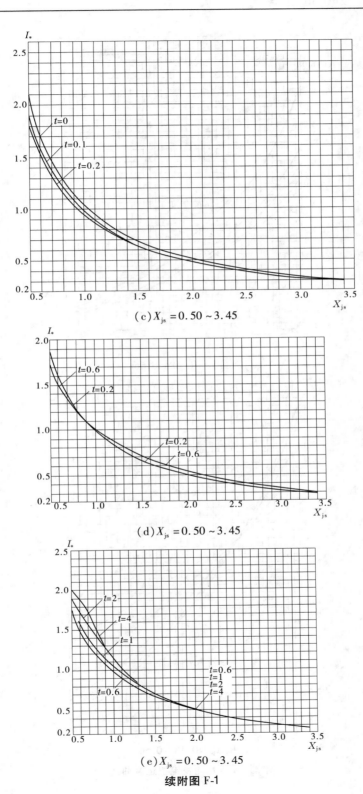

(c) $X_{js} = 0.50 \sim 3.45$

(d) $X_{js} = 0.50 \sim 3.45$

(e) $X_{js} = 0.50 \sim 3.45$

续附图 F-1

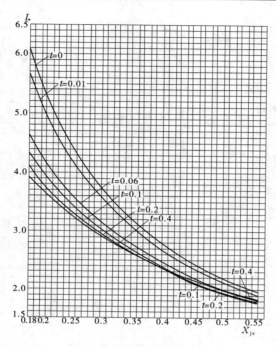

(a) $X_{js} = 0.18 \sim 0.56$

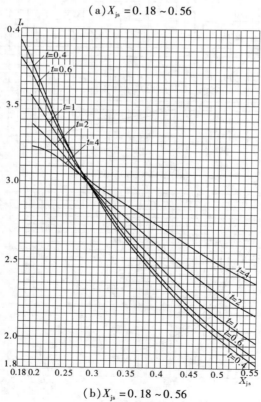

(b) $X_{js} = 0.18 \sim 0.56$

附图 F-2　水轮发电机运算曲线

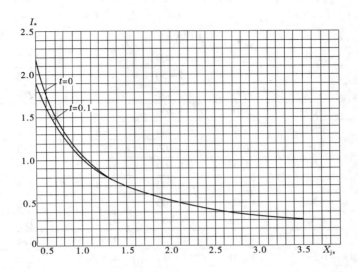

$(c) X_{js} = 0.50 \sim 3.50$

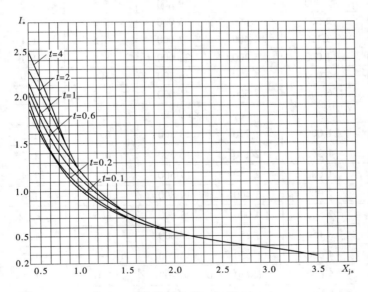

$(d) X_{js} = 0.50 \sim 3.50$

续附图 2

附表 F-3 电力变压器的技术参数
SL7 系列低损耗三相电力变压器的主要技术数据

型号	额定容量 （kVA）	空载损耗 （W）	短路损耗 （W）	阻抗电压 （%）	空载电流 （%）	绕组联结组
10 kV 级						
SL7 – 100/10	100	320	2 000	4	2.6	
SL7 – 125/10	125	370	2 450	4	2.5	
SL7 – 160/10	160	460	2 850	4	2.4	
SL7 – 200/10	200	540	3 400	4	2.4	
SL7 – 250/10	250	640	4 000	4	2.3	
SL7 – 315/10	315	760	4 800	4	2.3	
SL7 – 400/10	400	920	5 800	4	2.1	
SL7 – 500/10	500	1 080	6 900	4	2.1	
SL7 – 630/10	630	1 300	8 100	4.5	2.0	均为 Y. yn0 接线
SL7 – 800/10	800	1 540	9 900	4.5,5.5	1.7	
SL7 – 1000/10	1 000	1 800	11 600	4.5,5.5	1.4	
SL7 – 1250/10	1 250	2 200	13 800	4.5,5.5	1.4	
SL7 – 1600/10	1 600	2 650	16 500	4.5,5.5	1.3	
SL7 – 2000/10	2 000	3 100	19 800	5.5	1.2	
SL7 – 2500/10	2 500	3 650	23 000	5.5	1.2	
SL7 – 3150/10	3 150	4 400	27 000	5.5	1.1	
SL7 – 4000/10	4 000	5 300	32 000	5.5	1.1	
SL7 – 5000/10	5 000	6 400	36 700	5.5	1.0	
SL7 – 6300/10	6 300	7 500	41 000	5.5	1.0	
35 kV 级						
SL7 – 1000/35	1 000	1 770	13 500	6.5	1.5	
SL7 – 1250/35	1 250	2 100	16 300	6.5	1.5	
SL7 – 1600/35	1 600	2 550	17 500	6.5	1.4	
SL7 – 2000/35	2 000	3 400	19 800	6.5	1.4	
SL7 – 2500/35	2 500	4 000	23 000	6.5	1.32	
SL7 – 3150/35	3 150	4 750	27 000	6.5	1.2	
SL7 – 4000/35	4 000	5 650	32 000	7.0	1.2	均为 Y,d11
SL7 – 5000/35	5 000	6 750	36 700	7.0	1.1	
SL7 – 6300/35	6 300	8 200	41 000	7.5	1.05	
SL7 – 8000/35	8 000	9 800	50 000	7.5	1.05	
SL7 – 10000/35	10 000	11 500	59 000	7.5	1.0	
SL7 – 12500/35	12 500	13 500	70 000	8.0	1.0	
SL7 – 16000/35	16 000	16 000	86 000	8.0	1.0	
SL7 – 20000/35	20 000	18 700	103 000	8.0	1.0	

附表 F-4　母线技术数据

矩形导体长期允许载流量(A)和集肤效应系数 K_s

导体尺寸 $h \times b$ (mm × mm)	单条			双条			三条			四条		
	A		K_s	A		K_s	A		K_s	A		K_s
	平放	竖放		平放	竖放		平放	竖放		平放	竖放	
25 × 4	292	308										
25 × 5	332	350										
40 × 4	456	480		631	665	1.01						
40 × 5	515	543		719	756	1.02						
50 × 4	565	594		779	820	1.01						
50 × 5	637	671		884	930	1.03						
63 × 6.3	872	949	1.02	1 211	1 319	1.07						
63 × 8	995	1 082	1.03	1 511	1 644	1.1	1 908	2 075	1.2			
63 × 10	1 129	1 227	1.04	1 800	1 954	1.14	2 107	2 290	1.26			
80 × 6.3	1 100	1 193	1.03	1 517	1 649	1.18						
80 × 8	1 249	1 358	1.04	1 858	2 022	1.27	2 355	2 560	1.44			
80 × 10	1 411	1 535	1.05	2 185	2 375	1.3	2 806	3 050	1.6			
100 × 6.3	1 363	1 481	1.04	1 840	2 000	1.26						
100 × 8	1 547	1 682	1.05	2 259	2 455	1.3	2 778	3 020	1.5			
100 × 10	1 663	1 807	1.08	2 613	2 840	1.42	3 284	3 570	1.7	3 819	4 180	2.0
125 × 6.3	1 693	1 840	1.05	2 276	2 474	1.28						
125 × 8	1 920	2 087	1.08	2 670	2 900	1.4	3 206	3 485	1.6			
125 × 10	2 063	2 242	1.12	3 152	3 426	1.45	3 903	4 243	1.8	4 560	4 960	2.2

注：载流量是按最高允许温度 70 ℃，基准环境温度 25 ℃，无风、无日照计算的。

附表 F-5　电力电缆技术数据

LGJ 型钢芯铝绞线的允许电流($\theta_y = 70$ ℃，$\theta_N = 25$ ℃)及单位长度有效电阻电抗

绞线型号	LGJ - 16	LGJ - 25	LGJ - 35	LGJ - 50	LGJ - 70	LGJ - 95	LGJ - 120	LGJ - 150	LGJ - 185	LGJ - 240	LGJ - 300
长期允许电流(A)	105	135	170	220	275	335	380	445	515	610	700
有效电阻 (Ω/km)	2.04	1.38	0.95	0.65	0.46	0.33	0.27	0.21	0.17	0.138	0.107
单位长质量 (kg/km)	62	92	150	196	275	404	492	617	771	997	1 257
计算直径 (mm)	5.4	6.6	8.4	9.6	11.4	13.7	15.2	17	19	21.6	24.2

续附表 F-5

几何均距 （mm）	单位长度感抗 （Ω/km）										
1 000	0.387	0.374	0.359	0.351	0.340	0.328	0.322	0.315	0.308	0.300	0.293
1 250	0.401	0.388	0.373	0.365	0.354	0.342	0.336	0.329	0.322	0.314	0.307
1 500	0.412	0.400	0.385	0.376	0.365	0.354	0.347	0.340	0.333	0.326	0.318
2 000	0.430	0.418	0.403	0.394	0.383	0.372	0.365	0.358	0.351	0.344	0.336
2 500	0.444	0.432	0.417	0.408	0.397	0.386	0.379	0.372	0.365	0.357	0.350
3 000	0.456	0.443	0.428	0.420	0.409	0.398	0.391	0.384	0.377	0.369	0.362
3 500	0.466	0.453	0.438	0.429	0.418	0.406	0.400	0.394	0.386	0.378	0.371
4 000	0.473	0.461	0.446	0.438	0.427	0.416	0.409	0.403	0.395	0.388	0.380
4 500	0.481	0.468	0.454	0.445	0.434	0.423	0.416	0.410	0.402	0.395	0.387

附表 F-6　熔断器技术数据

型号	额定电压 （kV）	额定电流 （kA）	最大 开断容量 （MVA）	最大切断电流 （有效值） （kA）	最大切断电流 或过电压倍数	备注
RN1	3 6 10 15	20～400 20～300 20～200 5～40	200		$1.3I_N$	电力线路短路 或过电流保护用
RN2	3.6 10,20,35	0.5 0.5	500 1 000	85 50,27,17	0.6～1.8（A）	保护户内 TV
RW10－35	35	0.5	2 000	28	≤2.5U_N	保护户外 TV

注：R—熔断器；N—户内；W—户外。

附表 F-7　常用高压隔离开关技术数据

型号	额定电压 （kV）	额定电流 （A）	动稳定电流（kA）		5 s 热稳定 电流（kA）	操动机构 型号
			峰值	有效值		
GN2－10/2000	10	2 000	85	50	36（10 s）	CS6－2
GN2－10/3000	10	3 000	100	60	50（10 s）	CS7
GN2－20/400	20	400	50	30	10（10 s）	CS6－2
GN2－35/400	35	400	50	30	10（10 s）	CS6－2
GN2－35/600	35	600	50	30	14（10 s）	CS6－2
GN2－35T/400	35	400	52	30	14	CS6－2T
GN2－35T/600	35	600	64	37	25	CS6－2T
GN2－35T/1000	35	1 000	70	49	27.5	CS6－2T

续附表 F-7

型号	额定电压（kV）	额定电流（A）	动稳定电流（kA）		5 s 热稳定电流（kA）	操动机构型号
			峰值	有效值		
GN8 - 6T/200, GN8 - 6/200	6	200	25.5	14.7	10	
GN8 - 6T/400, GN8 - 6/400	6	400	52	30	14	
GN8 - 6T/600, GN8 - 6/600	6	600	52	30	20	
GN8 - 10T/200, GN8 - 10/200	10	200	25.5	14.7	10	CS6 - 1T
GN8 - 10T/400, GN8 - 10/400	10	400	52	30	14	
GN8 - 10T/600, GN8 - 10/600	10	600	52	30	20	
GN8 - 10T/1 000, GN8 - 10/1000	10	1 000	75	43	30	
GN10 - 10T/3000	10	3 000	160	90	75	GS9 或 CJ2
GN10 - 10T/4000	10	4 000	160	90	80	CS9 或 CJ2
GN10 - 10T/5000	10	5 000	200	110	100	CJ2
GN10 - 10T/6000	10	6 000	200	110	105	CJ2
GN10 - 10T/8000	20	8 000	250	145	80	CJ2
GW4 - 35/1250	35	1 250	50		20(4 s)	
GW4 - 35/2000	35	2 000	80		31.5(4 s)	
GW4 - 35/2500	35	2 500	100		40(4 s)	
GW4 - 110G/1250	110	1 250	50		20(4 s)	
GW4 - 110/1250	110	1 250	80		31.5(4 s)	CS11G
GW4 - 110/2000	110	2 000	80		31.5(4 s)	CS14G
GW4 - 110/2500	110	2 500	100		40(4 s)	
GN4 - 220/1250	220	1 250	80		31.5(4 s)	
GN4 - 220/2000	220	2 000	100		40(4 s)	
GN4 - 220/2500	220	2 500	125		50(4 s)	
GW5 - 35/630, GW5 - 35/630D	35	630	50,80		20,31.5(4 s)	
GW5 - 35/1250	35	1 250	50,80		20,31.5(4 s)	
GW5 - 35/1600	35	1 600	50,80		20,31.5(4 s)	
GW5 - 110/630, GW5 - 110/630D	110	630	50,80		20,31.5(4 s)	CS17
GNW5 - 110/1250	110	1 250	50,80		20,31.5(4 s)	
GW5 - 110/1600	110	1 600	50,80		20,31.5(4 s)	

附表 F-8 常用高压断路器技术数据

型号	额定电压(kV)	额定电流(A)	额定断路电流(kA)	额定断路容量(MVA)	动稳定电流(kA) 峰值	动稳定电流(kA) 有效值	热稳定电流(kA)：热稳定时间(s)	固有分闸时间(s)	合闸时间(s)	操动机构型号
少油高压断路器										
SN10 – 10 Ⅰ	10	600	20.2	350	52	30	20.2:4	0.05	0.2	CD10，CS2
SN10 – 10 Ⅱ	10	1 000	28.9	500	74	42	28.9:4	0.05	0.2	CT8
SN10 – 10 Ⅲ	10	1 250	40	690	125		40:4	0.07	0.15	CD10 Ⅲ
SN10 – 35	10	4 000	40	690	125		40:4	0.07	0.15	
SN10G/5000	10	5 000	105	1 800	300	173	105:5	0.15	0.65	
SN10 – 35	35	1 000	16	1 000	40		16:5	0.06	0.25	
SW2 – 35Ⅰ.Ⅱ	35	1 000	24.8	1 500	63.4	39.2	24.8:4	0.06	0.4	CD3 – XG
SW3 – 110G	110	1 200	15.8	3 000	41		15.8:4	0.07	0.4	CD5 – XG
SW6 – 110	110	1 200	21	4 000	55	32	21:4	0.04	0.2	CY3
多油高压断路器										
DN3 – 10	10	400	11.6	200	37	14.2	13:5	0.08	0.15	CD10
DW6 – 35	35	400	6.6	400	19	11	6.6:5	0.1	0.27	CD2
DW8 – 35	35	600	16.5	1 000	41	29	16.5:4	0.07	0.3	CD11 – X
		800	16.5	1 000	41	29	16.5:4	0.07	0.3	CD11 – X
		1 000	16.5	1 000	41	29	16.5:4	0.07	0.3	CD11 – X
真空高压断路器										
ZN – 10	10	600	8.7	150	22	12.7	8.7:4	0.05	0.2	CD25
		1 000	17.3	390	44	25.4	17.3:4	0.05	0.2	CD35
		1 250	31.5		80		31:2	0.06	0.1	CT
ZNG – 10	10	630	12.5	216				0.05	0.2	CD40
		1 250	20	350				0.05	0.2	CD40
ZN3 – 10	10	600	8.7	150	22	12.7	8.5:4	0.05	0.2	
		1 000	17.3	300	44	25.4	17.3:4	0.05	0.2	
ZN4 – 10	10	600	8.7	150	22	12.7	8.7:4	0.05	0.2	
		1 250	20		50		20:4	0.05	0.2	CD
ZN5 – 10	10	630	20		50		20:2	0.05	0.1	CD
		1 000	20		50		20:2	0.05	0.1	CD
		1 250	25		63		25:2	0.05	0.1	CD
ZN – 35	35	630	8	135	20		8:2	0.06	0.2	
ZW – 10/400	10	400	6.3		15.8		6.3:4	0.05	0.2	
六氯化硫高压断路器										
LW30 – 72.5	72.5	2 500	31.5		80		31.5:4	0.06	0.105	CT24
LW36 – 126	126	3 150	40		100		40:4	0.06	0.105	CT24
LW38 – 252	252	3 150	40		100		40:3	0.06	0.105	CT24

附表 F-9　绝缘子技术数据

支柱绝缘瓷套管			绝缘瓷套管				附注
型号	额定电压（kV）	破坏荷重（kg/N）	型号	额定电压（kV）	额定电流（A）	破坏荷重（kg/N）	
ZA – 6Y	6		CLB – 6/250	6	250，400，600		
ZA – 6T	6		400				
ZA – 10Y	10		600				
ZA – 10T	10	375/3 765	CLB – 10/250	10	250，400，600，1 000，1 500	750/7 350	1. 绝缘瓷套管型号中"L"表示其穿心导体为矩形铝母线；若为铜母线，其型号中无"L"，如 CA – b/200、400 型。
ZA – 35Y	35		400				
ZA – 35T	35		600				
ZNA – 6MM	6		1000				
ZNA – 10MM	10		1500				
ZA – 6Y	6		CLB – 35/250	35	250，400，600，1 000，1 500		
ZA – 6T	6		400				
ZA – 10Y	10	750/7 350	600				2. 破坏荷重分子为 kg 值，分母为 N 值。
ZA – 10T	10		1000				
ZB – 35F	35		1500			1 250/12 250	
ZNB – 10MM	10		CLC – 10/2000	10	2 000，3 000		以上为户内式
ZNB₂ – 10MM	10		3000				
ZC – 10F	10	1 250/12 250	CLD – 10/2000	10	2 000，3 000，4 000	2 000/1 960	
ZD – 10F	10		3000				
ZD – 20F	20	2 000/19 500	4000				
ZNDI – 10MM	10		CLC – 20/2000	20	2 000，3 000	1 250/12 250	
ZNE – 20MM	20		3000				

续附表 F-9

支柱绝缘瓷套管			绝缘瓷套管				附注
型号	额定电压（kV）	破坏荷重（kg/N）	型号	额定电压（kV）	额定电流（A）	破坏荷重（kg/N）	
			CWLB－6/250	6	250，400，600	750/7350	
ZS－10/500	10	500/4 900	400				
ZS2－10/500	10		600				
ZS－20/1000	20	1 000/9 800	CWLB－10/250	10	250，400，600	750/7 350	
ZS－35/800	35	800/7840	400				
ZS－35/400A	35	400/3 920	600				
ZPA－6	6	374/3 675	1000				
ZPA－10	10	500/4 900	1500				
ZPD－10	10	2 000/19 600	CWLC－10/1000	10	1 000，2 000，3 000	1 250/12 250	户外式
ZPC1－35	35	1 250/12 250	2000				
ZPC2－35	35		3000				
ZPD1－35	35	2 000/19 600	CWLD－10/2000	10	2 000，3 000，4 000	2 000/19 600	
CD10－1～8	10	250/2 450	3000				
CD35－1～4	35	350/3 430	4000				
			CWLB－35/250	35	250，400，500，1 000，1 500	750/7 350	
			400				
			600				
			1000				
			1500				

附表 F-10　电流互感器技术数据高压电流互感器的技术数据

型号	额定电流比（A/A）	级次组合	准确度	0.5级	1级	3级	B	二次负载(Ω)	倍数	1 s 热稳定定倍数	动稳定倍数	备注
LA-10	5、10、15、20、30、40、50								10	90	160	1. 型号中：L—电流互感器；F—多匝；D—单匝；M—母线式；C—瓷绝缘；Z—支柱式。第三字母：Z—浇注式；J—加强型；Q—线固式；B—具有保护级；S—塑料浇注；W—户外式。 2. LFS、LFX、LZZB6、LZZQB6、LFSQ、LDJ 等型均可装于开关柜中。 3. LB5-35型为全密封式户外式电流互感器
	75、100、150、200、300								10	75	135	
	400、500、600、700、1 000/5								10	50	90	
LFZ1-10	5~200/5	0.5/1	0.5	0.4	0.4			0.4	2.5~10	90	160	
	300~400/5	0.5/3	1					0.6	2.5~10	75	130	
LFX-10	5~400/5	1/3	3							60		
LFX-10	5~200/5						0.6			90	225	
	300、400/5									75	160	
	500、600、750、1 000/5									50	90	
LFZB6-10	5~300/5			0.4			0.6			150~80	103	
LFZJB6-10	100~300/5			0.4			0.6			80	103	
LFSQ-10	5~200/5			0.4			0.6			150	230	
	400~1 500/5			0.8			1.2			42	60	
LFZJ	5~150/5			0.4			0.6		10	106	180	
	200~800/5			0.6			0.8		10	40	70	
	1 000~3 000/5			0.8			1		10	20	35	
LZZB6-10	5~300/5			0.4			0.6		15	150~80	103	
LZZJB6-10	100~300/5			0.4			0.6		15	150~80	103	
	400~800/5	0.5/B		0.4			0.6		15	55	70	
	1 000,1 200,1 500/5			0.4			0.6		15	27	35	
LZZQB6-10	100~300/5			0.6			0.8		15	148	188	
	400~800/5			0.8			1.2		15	55	70	
	1 000,1 500/5			1.2			1.6		15	40	50	
LDZB6-10	400~1 500/5			0.8			1.2		15	28	52	
LDJ-10	5~150/5			0.4			0.6			106	188	
	200~3 000/5			0.4			0.6			100~130	23	
LMZB6-10	1 500~4 000/5			2			2		15			
LMZB1-10	150~1 250/5			0.4			0.8			35	45	
LQJ-10	5~400/5	0.5/3		0.4			1.2		6	75	100	
LQZQ-10	50,100/5	1			0.2		B₁	B₂		480	1 400	
LB6-35	5~300/5	0.5/B₁		1.6			1.6	1.2	20	100	180	
	400~2 000/5	B₂		1.6			1.6	1.2	20	20	36	
LCW-35	15~1 000/5	0.5/3		2	4	2	4		28	65	100	
LCWD-35	15~1 000/5	0.5/D		1.2	3	3		0.8	35	65	150	
LCW-60	20~600/5	0.5/1		1.2	1.2			1.2	15	75	150	
LCWD-60	20~600/5	1/D		1.2	1.2			0.8	30	75	150	
LCW-110	50~600/5	0.5/1		1.2	1.2			1.2	15	75	150	
LCWD-110	50~600/5	1/D		1.2	1.2			0.8	30	75	150	

附表 F-11 电压互感器技术数据

型号	额定电压(kV)			二次额定容量(VA)			最大容量(VA)	质量(kg)	备注
	一次绕组	二次绕组	剩余电压绕组	0.5 级	1 级	3 级			
JDG6－0.38	0.38	0.1		15	25	60	100		
JDZ6－3	3	0.1		25	40	100	200		
JDG6－6	6	0.1		50	80	200	400		
JDZ6－10	10	0.1		50	80	200	400		
JDG6－35	35	0.1		150	250	500	1 000		
JDZ6－3	$3/\sqrt{3}$	$0.1/\sqrt{3}$	0.1/3	25	40	100	200		
JDG6－6	$6/\sqrt{3}$	$0.1/\sqrt{3}$	0.1/3	50	80	200	400		
JDZ6－10	$10/\sqrt{3}$	$0.1/\sqrt{3}$	0.1/3	50	80	200	400		
JDZ6－35	$35/\sqrt{3}$	$0.1/\sqrt{3}$	0.1/3	150	250	500	1 000		型号中第一个字母:J—电压互感器;第二个字母:D—单相,S—三相,C—串级式;第三个字母:G—干式,Z—环氧树脂浇注绝缘,J—油浸,C—瓷绝缘;第四个数字:1、2、6为设计序号,字母X(J)—带有剩余电压绕组用以接地监察、W—五柱式电压互感器、GY—用于高原地区,TH—用于湿热地区
JDJ－3	3	0.1		30	50	120	240	23	
JDJ－6	6	0.1		50	80	200	400	23	
JDJ－10	10	0.1		80	150	320	640	36.2	
JDJ－13.8	13.8	0.1		80	150	320	640	95	
JDJ－15	15	0.1		80	150	320	640	95	
JDJ－35	35	0.1		150	250	600	1 200	248	
JSJB－3	3	0.1		50	80	200	400	48	
JSJB－6	6	0.1		80	150	320	640	48	
JSJB－10	10	0.1		120	200	480	960	105	
JSJW－3	$3/\sqrt{3}$	0.1	0.1/3	50	80	200	400	115	
JSJW－6	$6/\sqrt{3}$	0.1	0.1/3	80	150	320	640	115	
JSJW－10	$10/\sqrt{3}$	0.1	0.1/3	120	200	480	960	190	
JSJW－13.8	$13.8/\sqrt{3}$	0.1	0.1/3	120	200	480	960	250	
JSJW－15	$15/\sqrt{3}$	0.1		120	200	480	960	250	
JDJJ1－35	$35/\sqrt{3}$	$0.1/\sqrt{3}$	0.1/3		250	600	1 000	120	
JCC1－60	$60/\sqrt{3}$	$0.1/\sqrt{3}$	0.1/3		500	1 000	2 000	350	
JCC1－110	$110/\sqrt{3}$	$0.1/\sqrt{3}$	0.1/3		500	1 000	2 000	530	
JCC1－110	$110/\sqrt{3}$	$0.1/\sqrt{3}$	0.1/3	150	500	1 000	2 000	600	
JCC2－110	$110/\sqrt{3}$	$0.1/\sqrt{3}$	0.1/3		500	1 000	2 000	350	
JCC2－220	$220/\sqrt{3}$	$0.1/\sqrt{3}$	0.1/3		500	1 000	1 000	750	
JCC1－220	$220/\sqrt{3}$	$0.1/\sqrt{3}$	0.1/3		500	1 000	2 000	1 120	

参考文献

[1] 刘增良.电气设备及运行维护[M].北京:中国电力出版社,2010.

[2] 尹厚丰.水电站电气设备[M].北京:中国水利水电出版社,1996.

[3] 卢文鹏.发电厂变电的电气设备[M].北京:中国电力出版社,2005.

[4] 戴宪滨.发电厂电气部分[M].北京:中国水利水电出版社,2008.

[5] 陈化钢.电气设备及运行[M].合肥:合肥工业大学出版社,2004.

[6] 马小玲.电气设备及运行[M].北京:中国电力出版社,2007.

[7] 电力工业部电力规划设计总院.电力系统设计手册[M].北京:中国电力出版社,1998.

[8] 水利电力部西北电力设计院.电力工程电气设计手册(第1册) 电气一次部分[M].北京:中国电力出版社,1989.